普通高等教育"十三五"规划教材
中国石油和石化工程教材出版基金资助项目

过程设备综合设计指导

赵延灵　　王建军　　国亚东　　主编

U0264176

中国石化出版社

内容提要

　　《过程设备综合设计指导》主要介绍典型过程设备工程设计的相关基础知识。全书内容主要由三部分组成。第一部分是化工设备工程设计技术文件、图样基础知识和技术要求编制；第二部分是典型化工设备常用材料和选材要求；第三部分为典型化工设备的标准零部件、结构设计和强度计算，配有典型设备的工程设计算例。

　　本书内容简明扼要，方便使用，可以作为高等学校过程装备与控制工程、环保设备工程、化学工程与工艺等专业"综合设计"课程的实训教材，也可以作为相关专业毕业设计以及相关工程设计人员的参考资料。

图书在版编目（CIP）数据

过程设备综合设计指导/赵延灵，王建军，国亚东主编 . —北京：中国石化出版社，2019.2
　　普通高等教育"十三五"规划教材
　　ISBN 978 - 7 - 5114 - 5148 - 4

　　Ⅰ.①过… 　Ⅱ.①赵… ②王… ③国… 　Ⅲ.①化工过程-化工设备-设计-高等学校-教材 　Ⅳ.①TQ051.02

中国版本图书馆 CIP 数据核字（2019）第 029924 号

中国石化出版社出版发行
地址：北京市朝阳区吉市口路 9 号
邮编：100020　电话：(010)59964577
发行部电话：(010)59964526
http://www. sinopec-press. com
E-mail：press@ sinopec. com
北京富泰印刷有限责任公司印刷
全国各地新华书店经销
＊
787×1092 毫米 16 开本 21 印张 463 千字
2019 年 2 月第 1 版　2019 年 2 月第 1 次印刷
定价：50.00 元

前　言

　　《过程设备综合设计指导》是配套过程装备与控制工程专业"综合设计"实践教学环节而编写的配套教材，其目的是使学生在掌握了压力容器设计和过程设备设计理论知识的基础上，初步具备典型过程设备（塔设备、换热设备和储存设备）的设计能力，培养和提高学生的工程意识与工程设计能力，为解决过程设备领域的复杂工程问题打下基础。

　　本教材内容立足于培养学生的工程设计能力，内容架构主要包括三部分。第一部分是化工设备工程设计技术文件编制要求，重点讲述了化工设备设计文件的分类及组成、化工设备的图样统一要求、图面表达方法以及典型化工设备的技术要求；第二部分是典型化工设备常用材料和选材要求；第三部分为典型化工设备的标准零部件选用以及机械结构设计和强度计算，并配有典型的工程设计算例。由于过程设备大多为特种设备，材料、型式、设计、制造、检验等环节涉及较多的国家、部委和行业等相关工程技术标准，本书编写过程中力求内容要求与时俱进，尽可能引用最新标准规定，并对技术标准的应用方法给予详细的介绍。

　　本书力求内容简明扼要，通俗易懂，方便使用，可以作为"过程装备与控制工程""环保设备工程""化学工程与工艺"等专业"综合设计"课程的实训教材，也可以作为学生进行毕业设计环节以及相关工程设计人员的设计参考资料。

　　本书由中国石油大学（华东）化工装备与控制工程系静设备组组织编写，第1～3章及附录部分由赵延灵编写，第4、5章由王建军编写，第6章由徐书根、国亚东编写，第7章由国亚东编写。全书由李国成老师统一审订成稿，编写过程中得到全体静设备组老师的帮助指导，在此一并表示衷心感谢！

　　由于编者水平有限，书中有错误和不妥之处，恳请读者予以指正。

编　者

前　言

目　　录

第1章 概　　述

过程设备综合设计是过程装备与控制工程专业的重要实践性教学环节之一，是在学习《过程设备设计》的基本理论和基本知识后对基本技能的一次综合实战训练。通过训练，熟悉和了解典型过程设备（塔设备、换热设备、储存设备等）设计的一般方法和步骤，培养工程设计能力和分析解决实际问题的能力。

1.1　综合设计的目的

综合设计过程中要求注意培养积极思考、深入钻研的学习精神，认真负责、踏实细致的工作作风和保质保量按时完成任务的习惯。通过过程设备综合设计应达到以下目的：

（1）把所学《过程设备设计》及其相关课程的理论知识，在综合设计中联系实际加以运用，把过程工艺条件与过程设备设计有机地结合起来，巩固和强化过程设备设计的基本理论和基本知识。

（2）培养工程设计的基本技能以及独立分析、解决复杂工程问题的能力。树立正确的设计思想，掌握典型过程设备设计的基本方法和步骤，为今后创造性地进行过程设备设计打下一定的基础。

（3）培养工程意识以及熟悉、查阅并综合运用各种有关的设计手册、规范、标准等设计技术资料的能力；进一步培养识图、计算机绘图、运算、编写设计说明书等设计文件的基本技能；完成作为工程技术人员在过程设备设计方面所必备的基本设计能力的训练。

1.2　综合设计的要求

为了达到以上目的，对综合设计的要求如下：

①树立正确的设计思想。在设计中要本着对工程设计负责的态度，从难从严要求，综合考虑安全可靠性、经济性、实用性和先进性，严肃认真地进行设计，高质量地完成设计任务。

②具有积极主动的学习态度和进取精神。在综合设计过程中遇到问题不敷衍，通过查

阅资料、技术标准和复习有关理论知识，积极思考，提出个人解决方案，主动发现问题、解决问题，注重能力培养。在综合设计中学会收集整理、理解、熟悉和使用各种资料，正是培养设计能力的重要方面，也是设计能力强的重要表现。

③学会正确使用标准和规范，使设计有法可依、有章可循。当设计与标准规范相矛盾时必须严格计算和验证，直到符合设计要求，否则应优先按标准选用。

④学会正确的设计方法，统筹兼顾，抓主要矛盾。对于初学设计者，往往把设计片面地理解是理论上的强度、刚度等的计算，认为这些计算结果不可更改。实际上，对于设备的合理设计，其计算结果只是设计时某方面的依据，设计时还要考虑结构等方面的要求。

在设计中还要处理好强度计算与结构设计的关系。设计中要求计算、制图、选型、修改同步进行，但零件的尺寸以最后图样标注的为准。对尺寸作出修改后，可以根据修改幅度、原强度裕度及计算准确程度等来判断是否有必要再进行强度计算。

1.3　综合设计的内容

根据设计任务（设计条件单）的要求，完成一种典型过程设备（塔设备、换热设备、存储设备）的机械设计，工作量应包括：过程设备总装图 1 张，零部件图 3 张左右，过程设计计算说明书 1 份。

1.4　综合设计的步骤

1.4.1　准备阶段

①认真研究设计任务书（设计条件单），分析设计题目的原始数据和工艺条件，明确设计要求和设计内容。

②设计前应预先准备好设计资料、技术标准、手册、图册、计算和绘图软件工具、报告纸等。

③设计前应认真复习有关专业教材、熟悉有关资料和设计步骤。

④有条件的应结合现场参观，熟悉典型过程设备的结构，比较其优缺点，以便选出适当的结构为己所用。没有现场条件的，至少也要看懂几张石油化工设计院的典型过程设备规范工程图纸。

⑤了解过程设备工程设计图样的表达方法和习惯。

1.4.2　设计阶段

过程设备的机械设计是在设备的工艺设计后进行的。根据设备的工艺条件（包括工作压力、温度、介质特性、结构形式和工艺尺寸、管口方位、标高等），围绕着设备内、外附件的选型进行机械结构设计、围绕着承压元件厚度的确定进行强度、刚度和稳定性的设计和校核计算。一般步骤如下：

①全面考虑按压力大小、温度高低、介质特性和腐蚀性大小等因素来选材。通常先按压力因素来选材；当温度高于200℃或低于−40℃时，温度就是选材的主要因素；在腐蚀强烈或对反应物及物料污染有特定要求的，介质特性和腐蚀因素又成了选材的依据。在综合考虑以上几方面同时，还要考虑材料的加工性能、焊接性能及材料的来源和经济性。

②选用零部件。设备内部附件结构类型如塔板，常由工艺设计而定；外部附件结构形式，如法兰、支座、加强圈、开孔附件等，在满足工艺要求条件下，由受力条件、制造、安装等因素决定。

③计算外载荷，包括内压、外压、设备自重，零部件的偏心载荷、风载、地震载荷等，常用列表法、分项统计的方法来进行。

④强度、刚度、稳定性设计和校核计算。根据结构形式、受力条件和材料的力学性能、耐腐蚀性能等进行强度、刚度和稳定性计算，最后确定出合理的结构尺寸。

⑤绘制设备总装图。对初学者，常采用"边算、边选、边画、边改"的作法，初步计算后，确定大体结构尺寸，利用AutoCAD软件绘制设备总图。

⑥绘制零部件图。根据总装图绘制零部件图（常称之为拆图）。对于标准零部件，有专门厂家生产的，可以不必拆图，对于具有独立结构的零部件要进行拆图，以便加工制造。

⑦提出技术要求。对设备设计、制造、安装、检验等工序提出合理的要求，以文字形式标注在总图上。

1.4.3 设计计算说明书

设计计算说明书是图纸设计的理论依据，是设计计算的整理和总结，是审核设计的技术文件之一。其内容大致包括：

①目录；
②设计任务书；
③设计方案的分析和拟定；
④各部分结构尺寸的确定和设计计算；
⑤设计小结；
⑥参考资料。

设计计算说明书要求结构清晰，计算正确，论述清楚，文字精练，插图简明，书写工整，装订成册。

1.4.4 综合设计答辩

综合设计的图样及说明书全部完成后，须经指导老师审阅，得到认可后，方能参加答辩。综合设计的成绩要根据图样、设计计算说明书和答辩所反映的设计质量和能力，以及设计过程中的学习工作态度综合加以评定。

第2章　化工设备设计文件

2.1　设计文件的分类及组成

2.1.1　设计文件分类

一般来说工程设计的文件内容主要包括两大类，即设计图样和技术文件，如图2-1所示。

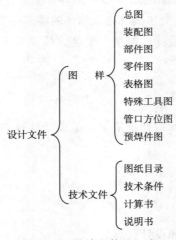

$$
\text{设计文件}
\begin{cases}
\text{图　样}
\begin{cases}
\text{总图} \\
\text{装配图} \\
\text{部件图} \\
\text{零件图} \\
\text{表格图} \\
\text{特殊工具图} \\
\text{管口方位图} \\
\text{预焊件图}
\end{cases} \\
\text{技术文件}
\begin{cases}
\text{图纸目录} \\
\text{技术条件} \\
\text{计算书} \\
\text{说明书}
\end{cases}
\end{cases}
$$

图2-1　设计文件的组成

2.1.2　设计文件的说明

①总图：表示设备的全貌、组成和特性的图样。它应全面表达设备各主要部分的结构特征、装配和连接关系，注有主要特征尺寸、外形尺寸，并写明技术特性、技术要求等内容。

注：当装配图能体现总图所应表示的内容，而又不影响装配图的清晰时，可不绘制总图。

②装配图：表示设备的结构、尺寸、各零部件之间的装配和连接关系、技术特性和技术要求等内容的图样。对于不绘制总图的设备，其装配图必须包括总图应表示的内容。

③部件图：表示可拆或不可拆部件的结构、尺寸，所属零部件之间的关系、技术特性和技术要求等内容的图样。

④零件图：表示零件的形状、尺寸以及加工、热处理和检验等内容的图样。

⑤表格图：用综合图表表示多个形状相同，尺寸不一的零件、部件或设备的图样。

⑥特殊工具图：表示设备安装、试验和维修时使用的特殊工具的图样。

⑦预焊件图：表示供设备保温或设置平台等需要，在制造厂预先焊制的零、部件的图样。该图一般根据设备安装需要确定，其图号编入设备安装图中。

⑧管口方位图：为了提供设计文件再次选用的可能性，或由于绘制设备施工图时管口方位尚难确定，装配图上的管口方位可不定，此时，应在图纸的技术要求中注明"管口方位见管口方位图，图号见选用表"。根据工程配管需要，由工艺人员编制管口方位图，图号编入设备安装图中。但设备制造时，应根据提供的管口方位图进行制造，该图样只表示设备的管口方位及管口与支座、地脚螺栓等的相对位置（指在垂直于设备主轴线的视图上的位置），其管口的符号、大小、数量等均应与装配图上管口表中所示的一致，且必须注明设备名称、设备装配图图号，以及该设备在使用单位生产工艺流程图中的位号。管口方位图须经设备设计人员会签。

⑨图纸目录：表示每个设备（包括通用部件或标准部件）全套设计文件的清单。

⑩技术条件（要求）：包括设备（或零部件）在制造、试验和验收时应遵循的规范或规定，以及对于材料、表面处理及涂饰、润滑、包装、保管和运输等方面的特殊要求。

⑪计算书：设备或零部件的计算文件，采用计算机计算时，软件必须经全国锅炉压力容器标准化技术委员会评审鉴定，并在国家质量监督检验检疫总局特种设备局认证备案。打印结果中应有软件程序编号、输入数据和计算结果等内容，可以将输入数据和打印结果作为计算文件。其内容至少包括设计条件、所用规范和标准、材料、腐蚀裕量、名义厚度、计算结果等等。

⑫说明书：关于设备的结构原理、主要参数选用、材料选择、技术特性、制造、安装、运输、使用、维护、检修及其他必须说明的文件。

2.2 化工设备图样基本要求

2.2.1 图纸幅面及格式

化工设备图样的幅面尺寸和格式应符合国家标准 GB/T 14689—2008《技术制图 图纸幅面和格式》规定的要求。

2.2.1.1 图纸幅面

（1）基本幅面

绘制化工设备图样时，优先采用表 2-1 中规定的幅面尺寸。A1、A2、A3 为常用幅面，A3 幅面不允许单独竖放；A4 幅面不允许横放；A5 幅面不允许单独存在。

表 2-1　图纸基本幅面

图面代号	$B \times L$	a	c	e
A0	841×1189	25	10	20
A1	594×841	25	10	20
A2	420×594	25	10	10
A3	297×420	25	5	10
A4	210×297	25	5	10
A5	148×210	25	5	10

（2）加长幅面

由于化工设备中的有些立式设备及卧式设备纵、横尺寸差距较大，根据图样表达的需要也可以采用加长幅面。图纸加长时规定可以沿图纸的长边加长，加长规则如下：

①对 A0、A2、A4 幅面的加长量应按 A0 幅面长边的八分之一的倍数增加；

②对 A1、A3 幅面的加长量应按 A0 幅面短边的四分之一的倍数增加；

③A0 及 A1 幅面也允许同时加长两边。

在选择图纸幅面时第一选择图 2-2 中粗实线图幅即基本幅面，第二选择细实线图幅，第三选择虚线图幅。

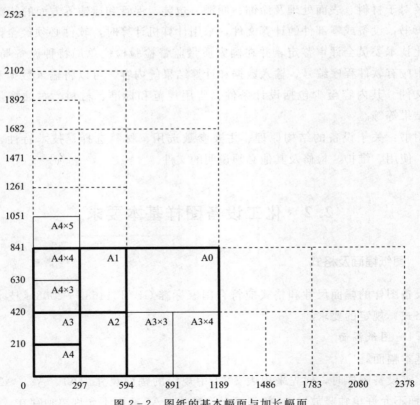

图 2-2　图纸的基本幅面与加长幅面

（3）拼图规则

当在一张图纸上绘制若干个图样（即拼图）时，可按标准规定分为若干个小幅面，如图 2-3 所示，其中每个幅面的尺寸应符合国家标准的规定（各图幅为细实线，边框线为粗实线）；亦可如图 2-4 所示，以内边框为准，用细线划分为接近标准幅面尺寸的图样幅面。

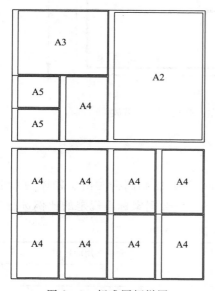 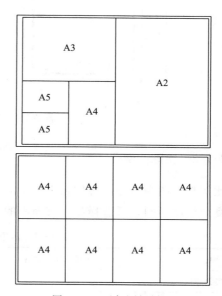

图 2-3　标准图幅拼图　　　　　　　　图 2-4　近似图幅拼图

2.1.1.2　图框格式

在图纸上，必须用粗实线画出图框，其格式分为不留装订边和留装订边两种。留装订边的图纸，其图框格式如图 2-5 所示；不留装订边的图纸，其图框格式如图 2-6 所示。周边尺寸 a、c 和 e 按表 2-1 选取。

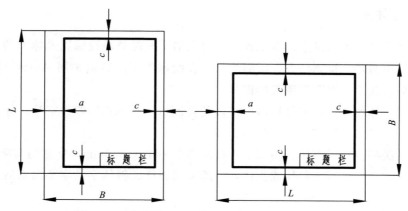

图 2-5　需要装订的图样（左：竖放；右：横放）

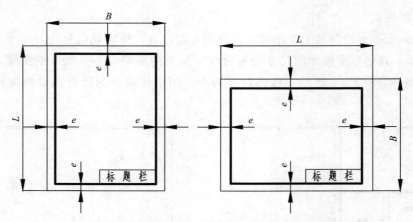

图 2-6　不需要装订的图样（左：竖放；右：横放）

2.1.2　绘图比例

比例是指图中图形与实物相应要素的线性尺寸之比。绘制图样时由于物体的大小及结构的复杂程度不同，可选择放大或缩小的比例，按表 2-2 国家标准规定的比例进行选取。

表 2-2　国家标准规定的绘图比例

种类	优先选用的比例	允许选用的比例
与实物相同	$1:1$	
放大比例	$2:1$，$5:1$ $2\times10^n:1$，$5\times10^n:1$	$4:1$，$2.5:1$ $4\times10^n:1$，$2.5\times10^n:1$
缩小比例	$1:2$，$1:5$ $1:10^n$，$1:2\times10^n$，$1:5\times10^n$	$1:1.5$，$1:2.5$，$1:3$，$1:4$，$1:6$ $1:1.5\times10^n$，$1:2.5\times10^n$，$1:3\times10^n$ $1:4\times10^n$，$1:6\times10^n$

2.1.3　字体要求

图样和技术文件中的汉字、数字和字母等在书写时都必须按照国家标准的规定，做到字体工整、笔画清楚、排列整齐、间隔均匀。在绘制施工图普遍采用 AutoCAD 软件的基础上，字体质量较手工书写有明显的进步。

①字号　字体的大小用字号标示，字体的高度（单位 mm）即为字号。标准规定字号有八种：1.8、2.5、3.5、5、7、10、14、20。

②汉字　汉字应写成直体长仿宋字，最小高度不小于 3.5mm，字宽约为字高的 2/3。

③数字和字母　可写成斜体或直体，一般采用斜体。斜体字的字头向右倾斜，与水平线成 75°。

2.1.4 线条规定

国家标准 GB/T 17450《技术制图 图线》和 GB/T 4457.4—2002《机械制图 图样画法 图线》中规定了绘图时应用的 15 种基本线型，如表 2-3 所示。

表 2-3 常用线型、宽度及主要应用

名称	线型	图线宽度		用途
		相对关系	宽度/mm	
粗实线	——————	b	1.0～2.0	图框线、标题栏外框线
中实线	————	$b/2$	0.5～1.0	勘探线、可见轮廓线、粗地形线、平面轨道中心线
细实线	————	$b/4$	0.25～0.7	改扩建设计中原有工程轮廓线，局部放大部分范围线，次要可见轮廓线，轴测投影及示意图的轮廓线
最细实线	————	$b/5$	0.18～0.25	尺寸线、尺寸界线、引出线、地形线、坐标线、细地形线
粗虚线	— — — —	b	1.0～2.0	不可见轮廓线、预留的临时或永久的矿柱界限
中虚线	— — — —	$b/2$	0.5～1.0	不可见轮廓线
细虚线	·········	$b/3$	0.35～1.0	次要不可见轮廓线、拟建井巷轮廓线
粗点画线	—·—·—	b	1.0～2.0	初期开采境界线
中点画线	—·—·—	$b/2$	0.5～1.0	
细点画线	—·—·—	$b/3$	0.35～1.0	轴线、中心线
粗双点画线	—··—··—	b	1.0～2.0	末期开采境界线
中双点画线	—··—··—	$b/2$	0.5～1.0	
细双点画线	—··—··—	$b/3$	0.35～1.0	假想轮廓线、中断线
折断线	—〜—	$b/3$	0.35～1.0	较长的断裂线
波浪线	〰〰〰	$b/3$	0.35	短的断裂线，视图与剖视的分界线，局部剖视或局部放大图的边界线
断开线	— —	b	1.0～1.4	剖切线

常用的图线宽度分粗线和细线两种，其宽度比为 2∶1。粗线的宽度可根据图形的大小和复杂程度在 0.13mm，0.18mm，0.25mm，0.35mm，0.5mm，0.7mm，1mm，1.4mm 和 2mm 范围内选取。化工设备图样中粗线比较常用的为 0.35mm 和 0.5mm，对应的细线宽度为 0.18mm 和 0.25mm。在实际绘图过程中对图线绘制有如下几点要求：

①在同一张图样中，同一类图线的宽度要保持基本一致。虚线、点画线及双点画线的线段长短间隔应各自大致相等，两条平行线间的距离不得小于粗实线的两倍宽且不小于 0.7mm。

②绘制对称图形的中心线时，所用细点画线应超出轮廓 3～5mm，与轮廓相交处应是线段而不是点。绘制圆的对称中心线（细点画线）时，圆心应为线段的交点。

③虚线及点画线与其他图线相交时，都应以线段相交，不应在空隙或短画处相交；当虚线是粗实线的延长线时，粗实线应画到分界点，而虚线应留有空隙；当虚线圆弧和虚线直线相切时，虚线圆弧的线段应画到切点，而虚线直线需留有空隙。在较小图形上绘制点画线或双点画线有困难时，可以用细实线代替。

2.3 化工设备图基本内容

一般来说一台化工设备装配图应包括下列内容：

①视图 用一组视图表示该设备的主要结构形状和零部之间的装配连接关系。视图用正投影方法，按国家标准《技术制图》《机械制图》及化工行业有关标准或规定绘制。

②尺寸 图上注写必要的尺寸，以表示设备的总体大小、规格、装配和安装等尺寸数据，为制造、装配、安装、检验等提供依据。

③零部件编号及明细栏 对组成该设备的每一种零部件必须依次编号，并在明细栏中填写各零部件的名称、规格、材料、数量及有关图号或标准号等内容。

④管口符号和管口表 设备上所有的管口（物料进出管口、仪表管口等），均需注出符号（按拉丁字母或阿拉伯数字顺序编号）。在管口表中列出各管口的有关数据和用途等内容。

⑤技术特性表 用表格形式列出设备的主要工艺特性（工作压力、工作温度、物料名称等）及其他特性（容器类别等）等内容。

⑥技术要求 用文字说明设备在制造、检验时应遵循的规范和规定以及对材料表面处理、涂饰、润滑、包装、保管和运输等的特殊要求。

⑦标题栏 用以填写该设备的名称、主要规格、作图比例、设备单位、图样编号，以及设计、制图、校审人员签字等项内容。

⑧其他 其他需要说明的问题，如图样目录、附注、修改表等内容。

2.3.1 化工设备图的布图

化工设备图的装配图、零部件图允许安排在同一图幅内。如设备的装配图无法安排在一个图幅内，可以分画在两张或多张图纸上。

2.3.1.1 装配图的布置

化工设备的装配图，通常包括视图及尺寸、标题栏、明细栏、管口表、技术特性表、图纸目录、技术要求以及"注"等，在图幅中的位置安排格式如图 2－7、图 2－8 所示。

装配图一般不与零、部件画在同一张图纸上。但对只有少数零、部件的简单设备允许将零、部件图和装配图安排在同一张图纸上，此时图纸应不超过 A1 幅面，装配图安排在图纸的右方。

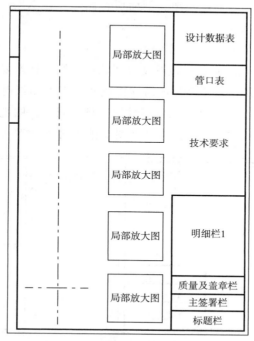

图 2-7 立式设备装配图布图格式

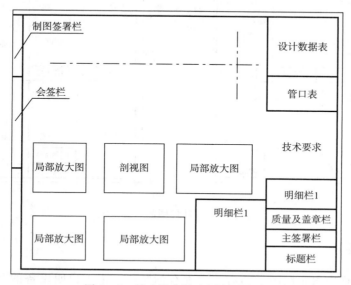

图 2-8 卧式设备装配图布图格式

当一个装配图的部分视图分画在数张图纸上时，主要视图及其所属设计数据表、技术要求、注、管口表、明细栏、质量及盖章栏、主签署栏等均应安排在第一张图纸上，在每张图纸的"注"中要说明其相互关系。

例如：在主视图图纸上"注：左视图、A 向视图及 B－B 剖面见 XX～XXXX－2 图纸"，其中 XX～XXXX－2 为上述视图、剖面所在图号。在 XX－XXXX－2 图纸上"注：主视图见 XX～XXXX－1 图纸"。

2.3.1.2 零部件图的布置

化工设备的零部件图，通常包括视图及尺寸、标题栏和技术要求，同一设备的零件图样，应尽量编排成 A1 图纸。若干零件图需安排成两张以上图纸时，应尽可能将件号相连的零件图或加工、安装、结构关系密切的零件图安排在同一张图纸上，在有标题栏 1 的图纸右下角不得安排 A5 幅面的零件图。零部件图安排如图 2－9 所示。

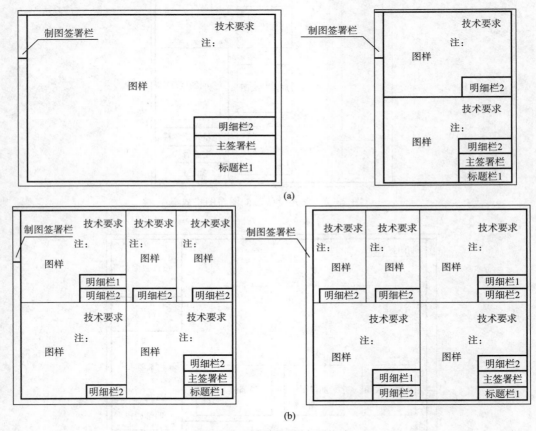

图 2－9 零部件图的布置格式

2.3.2 标题栏

化工设备图样中每张图图纸的右下角都有标题栏，用于说明设备的名称、设备规格、设计单位等内容。

2.3.2.1 标题栏的内容、格式及尺寸

字体大小如表 2－4、表 2－5 所示。图中线型边框为粗线，其余均为细线。

表 2－4 标题栏的格式及尺寸（用于 A0、A1～A4 幅面）

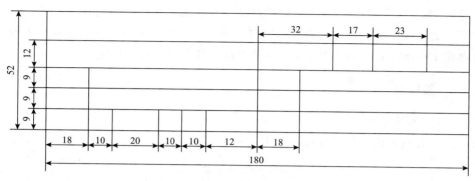

表 2－5 标题栏填写内容及字体大小

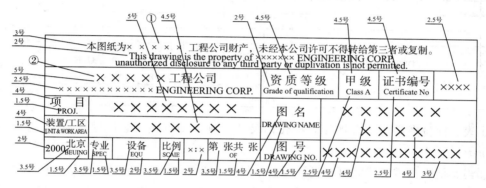

2.3.2.2 标题栏的填写

标题栏的格式如表 2－5 所示。

①②栏填单位名称。

资质等级及证书编号：是经建设部批准发给单位资格证书规定的等级和编号，有者填，无者不填。

项目栏：是本设备所在项目名称。

装置/工区：设备一般不填。

图名：一般分两行填写。第一行填设备名称、规格及图样名称（装配图、零件图等）。第二行填设备位号。

图名表示如：

溶剂再生塔 DN3000×32505 装配图
C－301

溶剂再生塔零部件图
C－301

部件图的图名中不填设备规格。

"设备名称"：由化工名称和设备结构特点组成，如乙烯塔氮气冷却器、聚乙烯反应釜等。

"设备主要规格"：塔类设备的规格为 $DN×H$（即公称直径×高）；若有压力要求，

应冠以"$PN\times\times$"。当塔由两段不同直径的筒体组成时，应注 $DN1/DN2\times H$（$DN1$ 和 $DN2$ 分别为塔上、下段公称直径）。而换热器可只注换热面积，$F=\times\times m^2$。

图号：又称为图纸档案号，由各单位自行确定，但图号中应包含有设备分类号。设备分类号参照 HG 20668—2000 附录 C "设备设计文件分类方法的规定"。

2.3.3 签署栏

2.3.3.1 主签署栏

（1）主签署栏的内容格式及尺寸（表 2-6）

表 2-6 主签署栏

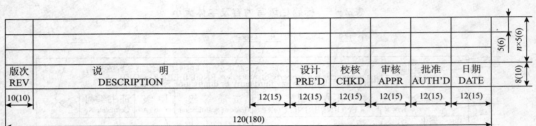

①表中前位数字为工程图用，括弧内尺寸为施工图（包含装配图）用，n 示需要定，一般 $n=3$。

②当其他人员需签署时可在设计栏前添加如表 2-6 中虚线所示，此栏一般不设。

③表 2-6 中字体尺寸，对施工图（包含装配图）一律为中文 3.5 号字，英文 2 号字。

（2）主签署栏的填写

①版次栏以 0、1、2、3 阿拉伯数字表示。

②说明栏表示此版图的用途，如询价用、基础设计用、制造用等。当图纸修改时，此栏填写修改内容。

2.3.3.2 会签签署栏

（1）会签署栏的内容格式及尺寸（表 2-7）

表 2-7 会签签署栏

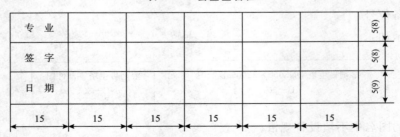

表中右方尺寸有括弧者为装配图用，无括弧者为工程图用；下方尺寸工程图、装配图均用。表中文字尺寸均为 3 号。

（2）会签署栏的填写

按表2-7所示要求填写。

2.3.3.3　制图签署栏

（1）制图签署栏的内容、格式及尺寸
（表2-8）

表中右方尺寸有括弧者为装配图用，无
括弧者为工程图用；下方尺寸工程图、装配
图均用。表中文字均为3号。

（2）制图签署栏的填写

按表2-8要求填写。

表2-8　制图签署栏

资　料　号		5(8)
制　　图		5(8)
日　　期		5(9)
20	30	

2.3.4　质量和签章栏

2.3.4.1　质量及盖章栏的内容、格式及尺寸（表2-9）

表2-9　质量及盖章栏的内容、格式及尺寸

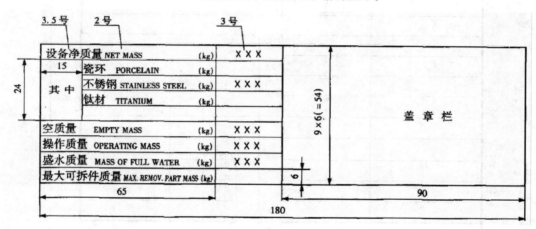

①设备净质量"其中栏"可以按需增加或减少。

②表的线型，边框为粗线、其余为细线。

2.3.4.2　质量及盖章栏的填写

①设备净质量：表示设备所有零、部件，金属和非金属材料质量的总和。当设备中有特殊材料如不锈钢、贵金属、催化剂、填料等，应分别列出。

②设备空质量：为设备净质量、保温材料质量、防火材料质量、预焊件质量、梯子平台质量的总和。

③操作质量：设备空质量与操作介质质量之和。

④充水质量：设备空质量与充水质量之和。

⑤最大可拆件质量：是指拆卸后最大件的质量，如U型管管束或浮头换热器浮头管束质量等。

⑥盖章栏：按有关规定盖单位的压力容器设计资格印章。

2.3.5 设计数据表

表示设备的基本设计数据与技术要求。数据表的基本形式和内容划分为几个大类。数据表设计型式是举例推荐性的，使用时可根据实际需要做适当修改。

2.3.5.1 设计数据表基本格式及尺寸（表2-10）

表 2-10 设计数据表基本格式

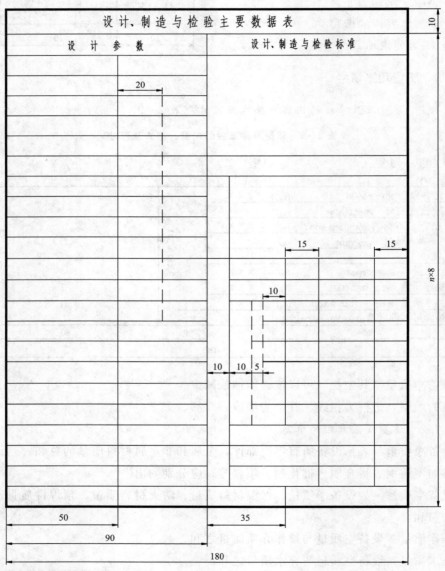

注：1. 表中虚线按需设置。

2. 表中字体尺寸：汉字 3.5 号，英文 2 号，数字 3 号，亦可根据需要适当调整。

3. 表中 n 按需确定。

2.3.5.2 内容及填写

设计数据表是表示设备设计依据及特性参数的一览表,一般应包括工作压力(指表压)、设计压力、设计温度、工作温度、焊接接头系数、无损检测比例、全容积、容器类别等。还应根据设备类型不同填写各自的特有内容。比如:对容器类产品,应填写容器的全容积,必要时填写操作容积;对换热器类产品,应按管、壳程分别填写,还应填写换热面积;对搅拌类产品,应填写全容积、搅拌轴转速、电动机功率等;对塔器类产品,应填写设计风压值、地震烈度等;对专用化工、石油化工设备应填写主要物料名称,特别是有毒或腐蚀性介质名称、介质特性和设备厚度。

下面以压力容器、搅拌反应器、塔设备、换热器、球形储罐的设计数据表为例,需填写的内容及填写方法供参考。设计者可按需要增减,其余类型的过程设备的设计数据表可以由设计者适当增减或调整其中的项目内容,但在同一项工程中表格的形式必须一致。

(1)容器设计数据表填写示例(表2-11)

表 2-11 容器设计数据表

设 计、制 造 与 检 验 主 要 数 据 表						
设 计 参 数		设 计、制 造 与 检 验 标 准				
容 器 类 别						
设 计 寿 命 (年)						
工 作 压 力 (MPa)						
设 计 压 力 (MPa)						
工 作 温 度 (℃)						
设 计 温 度 (℃)						
介 质		制 造 与 检 验 要 求				
介 质 特 性		接头型式				
介 质 密 度 (kg/m³)						
主 要 受 压 元 件 材 料						
腐 蚀 裕 量 (mm)						
焊接接头系数 (筒体/封头)		无损检测	射线技术等级		超声技术等级	
全 容 积 (m³)			焊接接头种类	检测率(%)	检测方法	合格级别
充 装 系 数			A B 筒体			
安 全 阀 起 跳 压 力(MPa)			封头			
保 温 材 料			C D			
保 温 厚 度 (mm)		试验	水压试验压力(MPa)			
最 大 吊 装 质 量(kg)			气密试验压力(MPa)			
设 备 最 大 质 量(kg)		热 处 理				

表中各栏的内容及填写要求如下：

①容器类别：按 TSG 21—2016《固定式压力容器安全技术监察规程》确定，填写大写罗马数字Ⅰ、Ⅱ、Ⅲ。

②设计寿命：符合 TSG 21—2016《固定式压力容器安全技术监察规程》的容器，即有类别的容器需填写。

③工作压力：依据工艺数据及 GB/T 150—2011《压力容器》定义填写，内压为正，外压为负。

④设计压力：按 GB/T 150—2011《压力容器》及 HG/T 20580—2011《钢制化工容器设计基础规定》的规定填写，内压为正，外压为负。当有两个设计压力时，用斜杠"/"隔开，如"－0.1/1.6"。

⑤工作温度：对用于某一种操作状态下的，填写可能的最高或最低介质工作温度，或进出口介质工作温度 $t_1 \sim t_2$；对于两种操作状态下的，要填写各自的最高或最低介质温度，如 $100/-30℃$。

⑥设计温度：按 GB/T 150—2011《压力容器》及 HG/T 20580—2011《钢制化工容器设计基础规定》的规定选取。当有两个设计温度时，用斜杠"/"隔开，如"－45/160"。

⑦介质：对易燃及有毒介质的混合物，要填写各组分的质量（或体积）分数。

⑧介质特性：主要表明介质的易燃性、渗透性及毒性程度等与选材、容器类别划定和容器检验有密切关系的特性。

⑨主要受压元件材料：对容器是指受压壳体（筒体、封头）的材料。若采用的材料有特殊要求，则需在文字中作特别规定，比如 Q345 正火。

⑩焊接接头系数：该系数用于确定壳体厚度。对受压筒体，取纵向焊缝的焊接接头系数，其值按 GB/T 150—2011《压力容器》规定填写。

⑪安全阀启跳压力：安全阀启跳压力或爆破片爆破压力，依据工艺数据及 GB/T 150.1—2011 附录 B 确定。

⑫设备最大质量：设备最大质量应取在压力试验或操作（当 $\rho_{物料} > \rho_{水}$）状态下，设备质量和内充介质质量相加的最大值。设备质量应包括保温（保冷）材料和安装在设备上所有附件及其他设备的质量。

⑬设计、制造与检验标准：应根据容器形式、材料类别等实际情况，按表 2-12 选择。

表 2-12　压力容器标准选用

压力容器及材料		设计、制造及检验标准	
钢制压力容器	一般压力容器	TSG 21—2016《固定式压力容器安全技术监察规程》（无类别容器不填）	GB/T 150—2011《压力容器》 HG/T 20584—2011《钢制化工容器制造技术规定》
	卧式容器		NB/T 47042—2014《卧式容器》

续表

压力容器及材料		设计、制造及检验标准
钢制压力容器	钢制衬里压力容器	GB/T 150—2011《压力容器》 HG/T 20678—2000《衬里钢壳设计技术规定》
	复合钢板焊接容器	GB/T 150—2011《压力容器》 CD 130A3—1984《不锈复合钢板焊制压力容器技术条件》
	低温容器	GB/T 150—2011《压力容器》 HG/T 20585—2011《钢制低温压力容器设计规定》
非钢制压力容器	钛制焊接容器	JB/T 4745—2002《钛制焊接容器》
	铝制焊接容器	JB/T 4734—2002《铝制焊接容器》

（TSG 21—2016《固定式压力容器安全技术监察规程》（无类别容器不填），位于"设计、制造及检验标准"列中间。）

⑭焊接接头型式：可根据设计需求，按下列情况填写。

a) 如按 HG/T 20583—2011《钢制化工容器结构设计规定》推荐选择焊接接头型式时，按如下内容填写：除图中注明外，焊接接头型式及尺寸按 HG/T 20583—2011 中的规定；对接接头为_____；接管与筒体（封头）的焊接接头为_____；带补强圈的接管与筒体（封头）的焊接接头为_____；角焊缝的焊角尺寸按较薄板厚度；法兰焊接按相应法兰标准中的规定；其余按 GB/T 985.1—2008 中规定。

b) 如采用其他方式表达的焊接接头型式，需按相应标准规定，正确地标注符号和数字。

c) 特殊焊接接头可参照 GB/T 150.3—2011 的附录 D 选用，或采用已有工程中的成熟经验，绘制出焊接接头详图。

d) 压力容器对接接头（A 类和 B 类），若必须采用全焊透结构，且容器直径过小，手工双面焊确有困难时，可采用：

（a）自动焊；

（b）氩弧焊封底，双面焊透工艺的单面对接焊；

（c）带垫板的单面对接焊。

e) 接管和凸缘（包括人、手孔等）与筒体或封头的连接焊缝，符合下列条件之一者，一般需采用全焊透结构：

（a）储存或处理极度和高度危害或易燃介质的压力容器；

（b）低温压力容器；

（c）开孔要求整体补强的压力容器；

（d）第Ⅲ类压力容器；

（e）作气压试验或气液组合试验的压力容器。

f) 对于低温压力容器、按疲劳准则设计的压力容器，以及有应力腐蚀的容器，其主要焊接接头除了采用全焊透结构外，对所有接管（凸缘）与筒体（封头）的角焊缝应打磨光滑，并圆滑过渡；接管端部应打磨圆滑，圆角半径 R3～R5，并需在文字条款中明确规定。

⑮焊条：一般按焊条电弧焊要求填写。如果设计要求必须采用自动焊、电渣焊及其他焊接方法时，应在文字条款中特别说明并标注相应的焊丝、焊剂牌号。焊条、焊丝、焊剂的牌号按 HG/T 20581—2011 中规定或按其他焊接规程选用。

⑯无损检测：无损检测要求按 GB/T 150.4—2011 的各项说明选择确定。填写方法：如 NB/T 47013—2015 标准，在合格级别前应冠以 RT（射线检测）、UT（超声检测）、MT（磁粉检测）或 PT（渗透检测），以区别检测方法。

如：NB/T 47013—2015 RT-Ⅱ，表示按 NB/T 47013—2015 射线检测Ⅱ级合格；

NB/T 47013—2015 MT－Ⅰ，表示按 NB/T 47013—2015 磁粉检测Ⅰ级合格。

⑰液压试验压力：容器的压力试验一般采用液压试验，并首选水压试验，其试验压力按 GB/T 150—2011 要求确定，试验方法和要求超出 GB/T 150—2011 规定的应在文字条款中另作说明。

⑱气密性试验：一般采用压缩空气进行气密性试验，试验压力按 GB/T 150—2011 要求确定，何种情况需作气密性试验可按下列情况考虑：

a）按 HG/T 20584—2011 规定，符合下列情况时，容器应考虑进行气密性试验：

（a）介质的毒性程度为极度或高度危害的容器；

（b）介质为易燃、易爆的容器；

（c）对真空度有较严格要求的容器；

（d）如有泄漏将危及容器的安全性（如衬里等）和正常操作者。

b）工艺条件有指定要求或工程项目有统一规定的。

⑲热处理：主要填写容器整体或部件焊后消除应力热处理，或固熔化处理等要求。

一般按 TSG 21—2016《固定式压力容器安全技术监察规程》、GB/T 150—2011 和其他相关标准中规定填写。

对于采用高强度或厚钢板制造的压力容器壳体，其焊接预热、保温、消氢及焊后热处理的要求，应通过焊接评定试验，做出详细规定。具体要求应在文字条款中说明。

（2）搅拌反应器设计数据表填写示例（表 2-13）

表 2-11 中相同的各栏填写要求同样适用于表 2-13，只是以下各栏在搅拌反应器中有自己的特定要求：

①容器类别：夹套容器的类别是以容器内和夹套内两侧的操作和设计条件分别考虑，以类别较高侧确定其容器类别。

容器内部或外部有加热或冷却盘管或焊接半管的容器可类比使用本表，其容器类别一般按容器内条件确定。当盘管或焊接半管的内直径≥150mm，且其容积≥0.025m³ 时，其容器类别按夹套容器确定。

②设计压力：容器和夹套两侧的设计压力，应分别按 GB/T 150—2011 及 HG/T 20580—2011 规定确定和填写，应避免将两侧可能产生的最大压力差视作某一侧的设计压力。

表 2-13　搅拌反应器设计数据表

设 计、制 造 与 检 验 主 要 数 据 表			
设 计 参 数		设计、制造与检验标准	
容 器 类 别			
设 计 寿 命 （年）			
参 数 名 称	容器内	夹套(盘管)	
工 作 压 力 （MPa）			
设 计 压 力 （MPa）			
工 作 温 度 （℃）		制 造 与 检 验 要 求	
设 计 温 度 （℃）		接头型式	
安 全 阀 起 跳 压 力(MPa)			
介 质			
介 质 特 性			
主 要 受 压 元 件 材 料		无损检测 射线技术等级 / 超声技术等级	
腐 蚀 裕 量 （mm）		焊接接头种类 检测率(%) 检测方法 合格级别	
焊 接 接 头 系 数 (筒体/封头)		AB 容器 筒体/封头 夹套 筒体/封头	
操 作 容 积 （m³）			
全 容 积 （m³）			
搅 拌 装 置 型 号		CD 容器 夹套	
电 机 功 率 （kW）			
搅 拌 器 转 速 （r/min）			
保 温 材 料		试验 试验种类 容器 夹套	
保 温 厚 度 （mm）		水压试验压力(MPa)	
最 大 吊 装 质 量(kg)		气密试验压力(MPa)	
设 备 最 大 质 量(kg)		热 处 理	

③无损检测：容器筒体、封头和夹套的无损检测需分别根据两侧的设计条件按相应的标准规定要求。

④试验：夹套容器的水压试验和气密试验的顺序和要求必须在文字条款中明确规定，防止由于试验不当造成容器变形失效。

⑤热处理：当容器壳体需要进行热处理时，应在夹套与容器全部焊接完毕后进行，并须在文字条款中明确规定。

⑥设计、制造与检验标准：按表 2-11、表 2-12，并填写 HG/T 20569—2013《机械搅拌设备》，HG/T 20569—2013《机械搅拌设备》适用于化工、石油化工装置的搅拌设备的设计、制造、检验和验收。该标准中所指搅拌设备包括搅拌容器和搅拌机两大部分。

⑦设备最大质量：应包括容器的最大质量和搅拌装置质量之和。

（3）塔设备设计数据表填写示例（表 2-14）

表 2-14 塔设备设计数据表

设 计 参 数		设 计、制 造 与 检 验 标 准			
容 器 类 别					
设 计 寿 命 (年)					
工 作 压 力 (MPa)					
设 计 压 力 (MPa)					
工 作 温 度 (℃)					
设 计 温 度 (℃)					
介 质					
介 质 特 性		制 造 与 检 验 要 求			
主 要 受 压 元 件 材 料		接头型式			
腐 蚀 裕 量 (mm)					
焊接接头系数(筒体/封头)					
全 容 积 (m³)					
安 全 阀 起 跳 压 力(MPa)					
塔 板 类 型/塔 板 数		无损检测	射线技术等级		超声技术等级	
填 料 高 度 (mm)			焊接接头种类	检测率(%) 检测方法	合格级别
基 本 风 压 (Pa)			A B	筒体	
地 震 烈 度				封头	
保 温 材 料			C D		
保 温 厚 度 (mm)		试验	水压试验压力(MPa)		
最 大 吊 装 质 量(kg)			气密试验压力(MPa)		
设 备 最 大 质 量(kg)		热 处 理			

表中顶部标题：设 计、制 造 与 检 验 主 要 数 据 表

表 2-14 中除以下内容有另外要求外，其余表 2-11 中的相同内容适用于本表。

①设计、制造与检验标准

a）划有类别的钢制塔式容器应填写：NB/T 47041—2014《塔式容器》和 TSG 21—2016《固定式压力容器安全技术监察规程》；需要时增加填写 HG/T 20652—1998《塔器设计技术规定》。

b）当为低温塔时，还应填写 GB/T 150—2011；必要时还应填写 HG/T 20652—1998《塔器设计技术规定》。

c）无类别的钢制塔式容器应填写：NB/T 47041—2014《塔式容器》

d）非钢制塔式容器，应填写：

（a）相应材料的容器材料；

（b）参照 NB/T 47041—2014《塔式容器》和 HG/T 20652—1998《塔器设计技术规定》。

②液压试验压力

a）立置状态下液压试验压力：按 GB/T 150—2011 规定。

b）卧置状态下液压试验压力：取立置状态下液压试验压力与最高液柱静压力之和。

（4）换热器设计数据表填写示例（表 2-15）

表 2-15 换热器设计数据表

设 计、制 造 与 检 验 主 要 数 据 表								
设 计 参 数			设 计、制 造 与 检 验 标 准					
容 器 类 别								
设 计 寿 命 （年）								
参 数 名 称	壳 程	管 程						
工 作 压 力 （MPa）								
设 计 压 力 （MPa）								
工 作 温 度 进/出(℃)			制 造 与 检 验 要 求					
设 计 温 度 （℃）			接头型式					
壁 温 （℃）								
安 全 阀 起 跳 压 力(MPa)								
介 质								
介 质 特 性				射线技术等级		超声技术等级		
主 要 受 压 元 件 材 料			无损检测试验	焊接接头种类	检测率(%)	检测方法	合格级别	
腐 蚀 裕 量 （mm）				A B	壳程	筒体		
焊接接头系数 (筒体/封头)						封头		
程 数					管程	筒体		
保 温 材 料						封头		
保 温 厚 度 （mm）				C D	壳程			
传 热 面 积 （m²）					管程			
传 热 管 规 格 (ØXtXL)				试验种类		壳 程	管 程	
管 子 与 管 板 连 接 方 式				水压试验压力(MPa)				
最 大 吊 装 质 量(kg)				气密试验压力(MPa)				
设 备 最 大 质 量(kg)			热 处 理					

表 2-11 中相同的各栏填写要求同样适用于表 2-15，只是以下各栏在换热器中有自己的特定要求：

①容器类别：换热器的容器类别，应分别按管程和壳程设计条件划定，且按类别较高侧确定容器类别。

②壁温：指操作状态下管壁及壳壁沿轴向长度平均壁温度。

③设计、制造与检验标准：应根据换热器结构形式、材料、容器类别参照表 2-16 选择填写。

表 2-16 换热器标准选用表

换热器结构形式及材料	设计、制造及检验标准	
钢、铅、铜、钛制管壳式换热器	TSG 21—2016《固定式压力容器安全监察规程》（无类别容器不填）	GB/T 151—2014《热交换器》
排管式（喷淋管式）换热器 套管式换热器		HG/T 2650—2011《水冷管式换热器》
绕管式换热器		专用技术条件或制造厂标准
其他形式换热器		专用技术条件或制造厂标准

（5）球罐设计数据表填写示例（表 2-17）

表 2-17 球罐设计数据表

<table>
<tr><th colspan="5" style="text-align:center">设 计、制 造 与 检 验 主 要 数 据 表</th></tr>
<tr><th colspan="2">设 计 参 数</th><th colspan="3">设计、制造与检验标准</th></tr>
<tr><td>容 器 类 别</td><td></td><td colspan="3"></td></tr>
<tr><td>设 计 寿 命 （年）</td><td></td><td colspan="3"></td></tr>
<tr><td>工 作 压 力 （MPa）</td><td></td><td colspan="3"></td></tr>
<tr><td>设 计 压 力 （MPa）</td><td></td><td colspan="3"></td></tr>
<tr><td>工 作 温 度 （℃）</td><td></td><td colspan="3"></td></tr>
<tr><td>设 计 温 度 （℃）</td><td></td><td colspan="3"></td></tr>
<tr><td>介 质</td><td></td><td colspan="3"></td></tr>
<tr><td>介 质 特 性</td><td></td><td colspan="3"></td></tr>
<tr><td>介 质 密 度 （kg/m³）</td><td></td><td colspan="3">制造与检验要求</td></tr>
<tr><td>球 壳 材 料</td><td></td><td rowspan="5">接 头 型 式</td><td colspan="2"></td></tr>
<tr><td>腐 蚀 裕 量 （mm）</td><td></td><td colspan="2"></td></tr>
<tr><td>焊 接 接 头 系 数</td><td></td><td colspan="2"></td></tr>
<tr><td>全 容 积 （m³）</td><td></td><td colspan="2"></td></tr>
<tr><td>充 装 系 数</td><td></td><td colspan="2"></td></tr>
<tr><td>安全阀起跳压力（MPa）</td><td></td><td rowspan="5">无 损 检 测</td><td>射线技术等级</td><td>超声技术等级</td></tr>
<tr><td>基 本 风 压 （Pa）</td><td></td><td colspan="2">焊接接头种类 检测率（%） 检测方法 合格级别</td></tr>
<tr><td>基 本 雪 压 （Pa）</td><td></td><td>A B</td><td></td></tr>
<tr><td>地 震 设 防 烈 度</td><td></td><td>C D</td><td></td></tr>
<tr><td>保 温 材 料</td><td></td><td colspan="2"></td></tr>
<tr><td>保 温 厚 度 （mm）</td><td></td><td rowspan="3">试 验</td><td colspan="2">水压试验压力（MPa）</td></tr>
<tr><td>最 大 吊 装 质 量（kg）</td><td></td><td colspan="2">气密试验压力（MPa）</td></tr>
<tr><td>设 备 最 大 质 量（kg）</td><td></td><td colspan="2">热 处 理</td></tr>
</table>

表 2-11 中①、⑥、⑦、⑩、⑪和⑭适用于本表；其余设计参数按 GB/T 12337—2014《钢制球形储罐》中规定。

①设计、制造与检验标准

a）TSG 21—2016《固定式压力容器安全技术监察规程》

b）GB/T 12337—2014《钢制球形储罐》，设计温度≤−20℃时，需增加填写附录 A《低温球形储罐》

c）GB/T 50094—2010《球形储罐施工及验收规范》

②接头型式

a）球壳对接接头型式及尺寸，按 GB/T 12337—2014 附录 C 推荐，在图样中绘制节点放大图，数据表中不再填写。

b）接管与球壳对接或角接焊缝，按表 2-12 中⑬要求。

2.3.6　管口数据表

2.3.6.1　管口表的内容、格式及尺寸（表 2-18）

①表中尺寸前者为工程图用，括弧内尺寸为施工图（包含装配图）用，n 按需确定。

②表 2-18 线型：边框为粗线，其余均为细线。

表 2-18　管口数据表基本格式

管口编号	管口名称或用途	数量	公称尺寸 (mm)	公称压力 (MPa)	管口型式	管口外伸高度 (mm)	焊接接头型式	备注
				开口说明				
A	通风口	1	200	2.0	RF	见图	D.3	GB/T 150.3-2011附录D
B	回流口	1	200	2.0	RF	见图	D.3	GB/T 150.3-2011附录D
C_{1-4}	人孔	4	600	2.5	RF	/	D.5	GB/T 150.3-2011附录D
D	压力变送器口	1	20	5.0	RF	200	D.4	GB/T 150.3-2011附录D
E	放空口	1	100	2.0	RF	/	/	
F	航煤中段回流口	1	200	2.0	RF	250	D.3	GB/T 150.3-2011附录D
G	内回流入口	1	400	2.0	RF	250	D.3	GB/T 150.3-2011附录D
H_{1-2}	航煤汽提塔汽相返回口	2	250	2.0	RF	300	D.3	GB/T 150.3-2011附录D
I_{1-2}	液位计口	2	25	5.0	RF	200	D.3	GB/T 150.3-2011附录D

（尺寸标注：15　40　10　15　15　15　20　20　180；右侧：10　10　8xn）

2.3.6.2　管口表的填写规定

（1）管口编号栏

管口表中的"管口编号"应与视图中的管口符号一致，按管口符号的规定用法标注管口符号，按英文字母或阿拉伯数字的顺序由上而下填写，当管口规格、连接标准、用途完全相同时，可合并成一项填写，如 C_{1-4}、H_{1-2} 等。

（2）管口名称或用途栏

填写标准名称、习惯用名称或简明的用途术语，如："回流口""人孔""放空口""液位计口"等。

（3）管口公称尺寸

①按公称直径填写，对于无公称直径的接管，按实形尺寸填写（矩形孔填"长×宽"，椭圆孔填"椭圆长轴×短轴"，螺纹连接的管口，公称尺寸栏按实际内径填写）。

②对于带衬管的接管，公称直径按衬管的实际内径填写；对于带薄衬里的钢接管，按钢接管的公称直径填写。

（4）管口公称压力

填写管口所配标准的连接法兰的公称压力等级。

（5）管口形式栏

填写法兰的密封面形式，如："平面""凹面""槽面"等；螺纹连接填写"内螺纹或外螺纹"；不对外连接的管口：如人孔、手孔不填此项，在连接面型式栏内用斜细实线表示。

（6）管口外伸高度栏

指法兰密封面至设备外表面距离已在此栏内填写，在图中不需注出。如需在图中标注则需填写"见图"的字样。

（7）焊接接头型式

指设备上开孔接管焊接结构形式，早期每个设计单位均有自己复用图，目前GB/T 150.3—2011附录D给出了典型开孔接管结构的焊接结构图可选用。

2.3.7　明细栏

明细栏用于装配图和零部件图中，用于说明设备上所有零部件的名称、材料、数量、重量等内容，是工程技术人员看图及进行图样管理的重要依据。化工设备图样中明细栏共分三种，即明细栏1、明细栏2和明细栏3，分别用于装配图及零件图、零部件图（拼图中零件）和管口零件。

2.3.7.1　明细栏1

（1）明细栏1的内容、格式

明细栏1用于装配图及零件图，如表2-19、表2-20所示，线型边框为粗线，其余均为细线。

表2-19　明细栏1

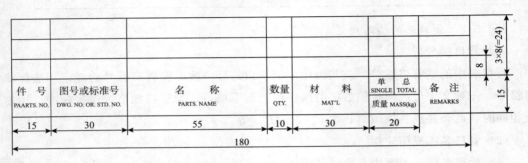

表 2-20 明细栏 1 填写示例

3号 3号 3.5号 3号 3号 3号 3号

3	GB6170-92	螺母 M20	24	6级	0.052	8.74	
2	JB4707-92	螺柱 M20×150-A	12	35	0.312	26.2	
1	25-EF0201-4	管箱(1)	1	—		140	
件号 PARTS. NO.	图号或标准号 DWG. NO. OR. STD. NO.	名称 PARTS. NAME	数量 QTY.	材料 MAT'L	单 SINGLE 质量 MASS(kg)	总 TOTAL	备注 REMARKS

3.5号 3.5号 2号 2号 2号 2号 2号

（2）明细栏 1 的填写

①件号栏：与图中件号一致，按图形上件号的顺序由下而上逐一填写。

②图号或标准号栏：填写零、部件所在图纸的图号（不绘零部件图的零件，此栏不填），或标准零部件的标准号（当材料不同于标准零部件时，此栏不填，在备注栏中填“尺寸按××标准号”）。

③名称栏：填写零、部件或外购件的名称和规格。零、部件的名称应尽可能简短，并采用公认的术语，例如人孔、管板、筒体等。

标准零、部件按标准规定的标注方法填写。如填料箱 PN6、DN50；椭圆封头 EHA 1000×10；

对于不绘图的零件，在名称后应列出规格或实际尺寸。如：

筒体 DN1000$\delta=10$ $H=2000$（指以内径标注时）

筒体 $\phi1020\times10$ $H=2000$（指以外径标注时）

接管 $\phi57\times3.5$ $L=160$（当用英制管时，填 2″Sch40）

垫片 $\phi1140/\phi1030$ $\delta=3$

角钢∠50×50×5 $L=500$

外购件按有关部门规定的名称填写。

④数量栏：装配图、部件图中填写设备中同一件号所属零、部件及外购件的全部件数。

对于大量使用的木材、标准胶合剂、填充物等以 m^3 计；

对于标准耐火砖、标准耐酸砖、特殊砖等以块或 m^3 计；

对于大面积的衬里材料，如橡胶板、石棉板、铝板、金属网等以 m^3 计。

⑤材料栏：填写零件的材料名称时，应按国家或部颁标准规定标出材料的标号或名称。

对于国内某生产厂的或国外的标准材料，应同时标出材料的名称或代号。必要时，尚需在“技术要求”中作一些补充说明；

标准规定的材料，应按材料的习惯名称标出；

对于部件和外购件，此栏不填（用斜细实线表示）。但对需注明材料的外购件，此栏仍需填写。

⑥质量栏：分单重和总重填写，以 kg 为单位，准确到小数点后 1 位。若质量小于准确度的零件，质量可不填，设备净重应写在明细表右上方。

⑦备注栏：仅对需要说明的零部件加以说明，如填"外购""尺寸按××标准号""现场配制"等字样。

当件号较多位置不够时，可按顺序将一部分放在标题栏的左边。此时该处明细栏 1 的表头中各项字样可不重复。

2.3.7.2 明细栏 2

明细栏 2 主要用于零部件图（如拼图中的零件），如表 2-21、表 2-22 所示。填写时注意：

表 2-21 明细栏 2

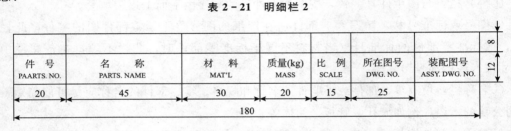

表 2-22 明细栏 2 填写示例

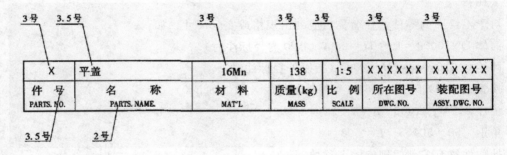

①件号、名称、材料、质量栏中的填写内容均与总图、装配图或部件图中明细栏 1 中相同。

②当直属零件和部件中的零件或不同部件中的零件用同一零件图样时，件号栏内应分行填写清楚各个零件的件号。

③比例栏：填写零件或部件主要视图比例，不按比例的图样，应用斜实线表示。

2.3.7.3 明细栏 3

明细栏 3 主要用于管口零件，如表 2-23、表 2-24 所示。

表 2 - 23   明细栏 3

管口符号 NOZZLES. NO.	图号或标准号 DWG. NO. OR. STD. NO.	名 称 PARTS. NAME	数量 QTY.	材 料 MAT'L	单 SINGLE	总 TOTAL 质量 MASS(kg)	备 注 REMARKS
15	30	55	10	30		20	

表 2 - 24   明细栏 3 填写示例

管口符号 NOZZLESNO.	图号或标准号 DWG.NO. OR STD.NO.	名 称 PARTS NAME	数量 QTY	材料 MATERIALS	单 SINGLE	总 TOTAL 质量MSS(Kg)	备 注 REMARKS
C₁₋₂		接管 Ø168X7 L=145	1	20		3.42	备注G1管口
		接管 Ø168X7 L=135	1	20		3.4	备注G2管口
	HG 20615-1997	法兰 WN150-2.0RF Sch40	2	16Mn II	12.1	24.2	
B	HG 20615-1997	法兰盖 BL150-2.00RF	1	16Mn II		5.2	
	HG 20631-1997	缠绕垫 DN150-2.0 2242	1	0Cr18Ni9+特制石棉带		/	
	GB/T 6170-1997	螺母 M20	8	35Mn	/	/	
	GB/T 5782-1997	螺栓 M20X80	8	35Mn	0.3	2.4	
		接管 Ø168X7 L=127	1	20		3.3	
	HG 20615-1997	法兰 WN150-2.0RF Sch40	1	16Mn II		12.1	
A₁₋₂		接管 Ø20X4	4	Q235-A	/	/	长度制造厂定
		接管 Ø34.5X4.5 L=104	2	20	0.3	0.6	
	HG 20615-1997	法兰 WN25-2.0RF Sch80	2	16Mn II	1.1	2.2	

填写时注意：

①管口符号应按管口表中符号顺序依次填写；

②同一管口符号当法兰连接尺寸相同而接管伸出长度不同时，可同列一栏中，如表2-24中管口 C₁₋₂；

③同一管口符号当法兰连接尺寸和接管伸出长度相同时编同一件号，如表2-24中管口 A₁₋₂；

④当管口由多个零件组成，如螺栓、螺母、垫片、法兰盖、补强板、筋板、弯头、弯头后接管等，均可编入该管口符号的零件中，在此编入件号的零件在装配图中不重复编件号，如表2-24中管口B；

⑤当管口零件之一需绘制零件图时，此件编入零件图中，该管口其他零件仍编入此栏；

⑥其余栏填写同明细栏1。

2.3.8 化工设备图面技术要求

技术要求是设备施工图的重要组成部分，综合了设计、制造、试验、验收的要求，为设备图纸的核心所在，其目的是以设计为基础，来控制和提高制造质量，确保设备安全。因此技术要求要书写完整、内容表达要正确、所提要求要切合实际。

2.3.8.1 技术要求内容

（1）图面技术要求格式

在图中规定的空白处用长仿宋体汉字书写，以阿拉伯字 1 、2 、3……顺序依次编号书写。

（2）图面技术要求内容

一般来说，图面的技术要求是以设备所设计的依据和原则为基点，以国家标准规范为准则，综合而成为要点。编写技术要求时要注意：

①凡是"设计数据表"中所列的标准中已有明确规定的技术要求，原则上"文字条款"不再重复。凡标准中写明"按图样规定"的，在设计数据表中未列出的技术要求需在"文字条款"中予以明确规定。

②除"设计数据表"之外，"文字条款"中技术要求内容包括：一般要求和特殊要求。

一般要求：是指不能用数据表说明的通用性制造、检验程序和方法等技术要求，如管口及支座方位说明、夹套容器试验顺序、球罐和大型储罐类特殊容器通用的安装、检验和试验技术要求等。

特殊要求：各类设备在不同条件下，由于材料特性、介质特性、使用要求等条件所决定，需要提出、选择和附加的技术要求。特殊要求的条款内容力求做到：紧扣标准、简明准确、便于执行。特殊要求有些已超出标准规范的范围，或具有一定的特殊性，对工程设计、制造与检验有借鉴和指导作用。

2.3.8.2 板式塔装配图技术要求

（1）一般要求

①塔体直线度公差为_____mm。塔体安装垂直度公差_____mm。

注：塔体直线度公差为任意 3000mm 长圆筒段，偏差不得大于 3mm；圆筒长小于等于 15000mm 时，偏差不得大于（$0.5L/1000+8$），塔体安装垂直度公差为 1/1000 塔高，且不超过 30mm。

②裙座（或支座）螺栓孔中心圆直径以及相邻两孔和任意两孔间弦长极限偏差为 2mm。

③塔盘的制造、安装按 JB/T 1205—2001《塔盘技术条件》进行。

④管口及支座方位按本图或见工艺管口方位图（图号见工艺选用表）。

（2）特殊要求

①对于 DN＜800mm 的塔器，塔盘制造或装配成整体后再装入塔内的塔，对塔体有如下要求：

a) 塔体在同一横断面上的最大直径与最小直径之差≤1%D_i（D_i为塔体内直径，下同），且不大于 25mm；

b) 塔体内表面焊缝应修磨平齐，接管与塔体焊后应与塔体内表面平齐；

c) 塔节两端法兰与塔体焊接后一起加工，其法兰密封面与筒体轴线垂直度公差为 1mm。

②筒体与裙座连接的焊接接头需进行磁粉（MT）或渗透（PT）检测，符合 NB/T 47013—2015 中 MT-Ⅰ级或 NB/T 47013—2015 中 PT-Ⅰ级为合格。

③塔的裙座螺栓采用模板定位，一次浇灌基础的做法，施工图中应提供地脚螺栓模板图。

④塔体应按图中标注分段制造，现场组焊和热处理。

⑤当保温圈与塔体的附件（如：接管、人手孔等）相碰时，应将保温圈移开或断开。

2.3.8.3 填料塔装配图技术要求

（1）一般要求

①塔体直线度公差_____mm。塔体安装垂直度公差_____mm。

塔体直线度公差为任意 3000mm 长圆筒段，偏差不得大于 3mm；圆筒长小于等于 15000mm 时，偏差不得大于（0.5L/1000 ＋ 8），塔体安装垂直度公差为 1/1000 塔高，且不超过 30mm。对于丝网波纹式填料塔应不超过 20mm。

②裙座（或支座）螺栓孔中心圆直径以及相邻两孔和任意两孔间弦长极限偏差为 2mm。

③支承栅板应平整，安装后的平面度公差 2‰D_i，且不大于 4mm。（对于填料只有一层，或者多层填料的最底层的栅板，可不提平面度要求。）

④喷淋装置的平面度公差为 3mm，标高极限偏差 3mm，其中心线同轴度公差为 3mm。

⑤管口及支座方位按本图或工艺管口方位图（图号见工艺选用表）

（2）特殊要求

对于规整填料（如：丝网波纹填料、孔板波纹填料等）塔，需增加如下要求：

①塔体在同一断面上的最大直径与最小直径之差≤1%D_i，且不大于 25mm。

②接管、人孔、视镜等与筒体焊接时，应与塔体内壁面平齐。

③塔体内表面焊缝应磨平，焊疤、焊渣应清除干净。

④塔节两端法兰与塔体焊后一起加工，其法兰密封面与筒体轴线垂直度公差为 1mm。

⑤填料应采用_____材料制作，其特性参数应符合设计要求的指标或制造厂标准填料的特性参数和技术要求。

⑥填料盘名义外径 $D=D_i-4$，填料盘高度极限偏差为 3mm。

⑦大直径塔的规整填料需分块制作时，应在塔外平台上预组装，横断面的平面度公差为 3mm。

⑧制作完的填料盘或组件应进行严格的净化脱脂或其它特殊处理。

对于填料只有一层，或者多层填料的最底层的栅板，可不提平面度要求。

2.3.8.4　换热器装配图技术要求

（1）一般要求

①换热管的标准为_____，其外径偏差为_____，其壁厚偏差为_____mm。（注1）

②管板密封面与壳体轴线垂直，其公差为1mm。

③管口及支座方位按本图或见工艺管口方位图（图号见工艺选用表）。

（2）特殊要求

①管箱及浮头盖带有分程隔板或带有较大开孔时，组焊完毕后须进行消除应力热处理。密封面应在热处理后精加工。（注2）

②当膨胀节有预压缩或预拉伸要求时，应增加如下要求：在管子和管板胀接（或焊接）前，补偿器预压缩（或预拉伸）mm。

③冷弯U形管应进行消除应力热处理。（注3）

注：

1. 换热管标准及外径和壁厚尺寸精度要求按GB/T 151—2014表10填写。若采用该表所列以外的管子，其外径和壁厚尺寸精度要求可参照该表提出，但不应低于HG/T 20581—2011表5-3《换热管精度要求》中规定。

2. 带隔板的管箱焊后热处理

①碳钢及低合金钢带隔板的管箱和浮头盖以及管箱的侧向开孔超过1/3圆筒内径的管箱，焊后须进行消除应力热处理。

②奥氏体不锈钢带隔板的管箱，一般不做焊后热处理。当有较高腐蚀要求或在高温下使用时，可另行规定具体热处理方法。

3. 冷弯U形管的消除应力热处理

①对于碳钢和低合金钢冷弯U形管，介质有应力腐蚀倾向的，应进行消除应力热处理。

②对于奥氏体不锈钢冷弯U形管，一般不进行热处理。如冷弯成型后，不能满足应力腐蚀倾向试验要求的，须进行固溶化处理。

③用于低温换热器，若弯曲半径<10DN时，应进行消除应力热处理。

2.3.8.5　球形储罐装配图技术要求

（1）一般要求

①每块球壳板不得有拼接焊缝；沿壳板周边100mm范围内应按NB/T 47013—2015的规定进行超声检测，质量等级按GB/T 12337—2014中4.2.8节的有关规定。

②支柱上段与赤道板的组焊及人孔、接管与极板的组焊应在制造厂内进行，并应进行消除应力热处理。

③支柱的直线度公差为$L/1000$，且不大于10mm。支柱与底板的组焊应垂直，其垂直度公差为2mm。

④球罐基础应进行安装前尺寸检查和沉降试验，其方法和要求应符合 GB/T 12337—2014 和 GB/T 50094—1998 中规定。

⑤由于安装需要在球壳上焊接吊耳、工卡具及垫板等，应进行焊后热处理，其要求按 GB/T 50094—1998 中规定。球壳上的垫板及附件均不得覆盖焊缝，且应离开球壳焊缝 150mm 以上。

⑥底板与基础，拉杆与支柱的固定连接应在压力试验合格后进行。

⑦极板纵焊缝方位按本图。极板上管口、梯子、支柱方位按本图或工艺管口方位图，图号见工艺选用表。

（2）特殊要求

①球壳板和受压元件采用进口或新材料（未制订出相应国家标准的新型材料）均需按 HG/T 20581—2011《钢制化工容器材料选用规定》中"新材料的鉴定与使用"和"按国外标准生产的钢材使用"的规定，进行鉴定或确认。

②对材料的化学成分、机械性能有要求时，需明确规定。

③球壳用钢板超声检测

a）按 GB/T 12337—2014 规定，符合下列条件的球壳用钢板，须逐张进行超声检测，检测方法和质量指标按 NB/T 47013—2015 中规定，热轧和正火状态供货的钢板质量等级应不低于 UT-Ⅲ级，调质状态供货的钢板质量等级应不低于 UT-Ⅱ级：

（a）厚度＞30mm 的 Q245R 和 Q345R 钢板；

（b）厚度＞20mm 的 Q345DR 和 09Mn2VDR 钢板；

（c）调质状态供货的钢板；

（d）上下极板和与支柱连接的赤道板。

b）凡图样中规定按 GB/T 12337—2014 和附录 E 设计、制造与检验的钢制球形储罐，按 a）中规定的球壳板超声检测要求时，在图样技术要求中可以省略填写，但在钢板订货技术条件中须特别注明。

c）超出上述标准规定有特殊要求的，须特别注明。

④钢材供货、使用状态要求

a）符合下列条件的钢板，要求正火状态供货、使用：

（a）球壳用钢板

厚度＞30mm 的 Q245R、Q345R 钢板；

（b）其他受压元件（法兰、平盖等）用厚度＞50mm 的 Q245R、Q345R 钢板。

b）设计温度≤－20℃时，低温球罐用钢材的供货、使用状态需符合下列要求：

（a）钢板：按 GB/T 12337—2014 表 5 中规定；

（b）钢管：按 GB/T 12337—2014 表 8 中规定；

（c）锻件：按 GB/T 12337—2014 表 10 中规定。

c）螺柱使用状态，按 GB/T 12337—2014 表 13 中规定。

⑤锻件要求

锻件的化学组成及热处理后机械性能应符合 NB/T 47008—2010《承压设备用碳素钢和合金钢锻件》中的要求。锻件的级别参照下列要求确定：

a）截面尺寸大于 300mm，或质量大于 300kg 的锻件，应不低于Ⅲ级；

b）满足上述尺寸或质量的重要锻件，按Ⅵ级要求；

c）人孔锻件的级别应不低于Ⅲ级。

⑥冲击试验要求

a）符合下列条件的球壳用钢板，须逐张进行夏比（V 型缺口）常温或低温冲击试验：

（a）调质状态供货的钢板；

（b）厚度大于 60mm 的钢板。

b）符合下列条件的球壳用钢板，应每批取一张钢板进行夏比（V 型缺口）低温冲击试验。

试验温度为球罐设计温度或按图样规定：

（a）设计温度低于 0℃时：

厚度大于 25mm 的 Q245R 钢板；

厚度大于 38mm 的 Q345R、15MnVR 和 15MnVNR 钢板。

（b）设计温度低于－10℃时：

厚度大于 12mm 的 Q245R 钢板；

厚度大于 38mm 的 Q345R、15MnVR 和 15MnVNR 钢板。

⑦消氢处理

符合下列条件之一的焊接接头，焊后须立即进行后热消氢处理，后热温度和时间按 GB/T 12337—2014 中规定或参照相关焊接规程确定。

a）厚度大于 32mm，且材料标准下限值 R_m＞540MPa 的球壳；

b）厚度大于 38mm 的低合金钢球壳；

c）嵌入式接管与球壳的对焊接头；

d）焊接试验确定需消氢处理者。

⑧焊后热处理

符合下列情况之一的球罐，须要求在压力试验之前进行焊后整体热处理，并在数据表中注明：

a）厚度＞32mm（若焊前预热 100℃以上时，厚度＞38mm）的碳钢和 07CrMoVR 钢制球壳；

b）厚度＞30mm（若焊前预热 100℃以上时，厚度＞34mm）的 Q345R 钢制球壳；

c）厚度＞28mm（若焊前预热 100℃以上时，厚度＞32mm）的 15MnVR 钢制球壳；

d）任意厚度的其它低合金钢制球壳；

e）图中注明有应力腐蚀的球罐，如盛装液化石油气、液氨等介质的球罐；

f）图中注明盛装毒性为极度或高度危害物料的球罐；

g）超出上述标准规定有特殊需要的球罐。

⑨无损检测

a) 100%射线（RT）或超声（UT）检测

按 GB/T 12337—2014 中规定，凡符合下列条件之一的对接接头，需 100%射线（RT）或超声（UT）检测，合格级别按 NB/T 47014 中 RT-Ⅱ级或 UT-Ⅰ级，可标注在数据表中。

（a）符合 GB/T 12337—2014 中规定的下列球壳对接接头：

厚度大于 30mm 的碳素钢和 16MnR 钢制球罐；

厚度大于 25mm 的 15MnVR 和任意厚度的 15MnVNR 钢制球罐；

材料标准抗拉强度下限值 R_m＞540MPa 的钢制球罐；

进行气压试验的球罐；

图样注明盛装易燃和毒性为极度危害或高度危害物料的球罐。

（b）除（a）中规定之外，允许做局部射线或超声检测的球罐，其下列特别部位的焊接接头，须进行 100%射线（RT）或超声（UT）检测，合格级别按 NB/T 47013—2015 中 RT-Ⅱ级或 UT-Ⅰ级，其检测长度可计入局部检测长度之内：

焊缝的交叉部位；

嵌入式接管与球壳的对接焊接接头；

以开孔中心为圆心，1.5 倍开孔直径为半径的圆内所包容的焊接接头；

公称直径不小于 250mm 的接管与长颈法兰、接管与接管对接连接的焊接接头；

凡被补强圈、支柱、垫板、内件等覆盖的焊接接头。

b）对于 100%射线或超声检测的对接接头，如需要调换方法，采用超声或射线进行复查，以及复查的长度，应在文字条款中明确规定。

c）局部射线（RT）或超声（UT）检测

按 GB/T 12337—2014 中规定，除 a）中（a）规定之外的对接接头，允许做局部射线或超声检测，合格级别按 NB/T 47013—2015 中 RT-Ⅲ级或 UT-Ⅱ级，其检测长度不得少于焊接接头长度的 20%，且不少于 250mm。

d）超出 GB/T 12337—2014 中规定，球壳对接接头射线或超声检测要求，须特别注明。

e）磁粉（MT）或渗透（FT）检测

（a）符合 GB/T 12337—2014 中规定的下列焊接接头表面，须进行磁粉（MT）或渗透（PT）检测，合格级别按 NB/T 47013—2015 中 MT-Ⅰ级或 PT-Ⅰ级：

图样注明有应力腐蚀的球罐、材料标准抗拉强度下限值 R_m＞540MPa 的钢制球罐以及采用有延迟裂纹倾向的钢材制造的球罐的所有焊接接头表面；

嵌入式接管与球壳连接的对接接头表面；

焊补处的表面；

工卡具拆除处的焊迹表面和缺陷修磨处的表面；

支柱与球壳连接处的角焊缝表面；

凡进行 100％射线或超声检测的球罐上公称直径小于 250mm 的接管与长颈法兰、接管与接管对接连接的焊接接头表面。

（b）超出上述标准规定有特殊需要的球壳上的焊接接头表面。

（c）磁粉（MT）或渗透（PT）检测之前应打磨受检表面至露出金属光泽，并应使焊缝与母材平滑过渡。

f）采用有延迟裂纹倾向的钢材制造的球罐，须在焊接结束至少经过 36h 后，方可进行焊接接头的无损检测。

2.4　化工设备图的表达方法

虽然化工设备的结构、大小、形状各不相同（图 2-10），但都有以下一些共同特点：

（1）壳体以回转形体为主　化工设备的壳体主要由筒体和封头两部分组成，其中筒体以回转体为主，尤以圆柱形居多，一般由钢板卷焊而成，直径小于 500mm 的筒体，也有用无缝钢管制成的。封头以椭圆形、球形等回转体最为常见。

（2）尺寸相差悬殊　大多数化工设备的高径比（或长径比）、径厚比都比较大；总体尺寸与设备的某些局部结构（例如壁厚、管口等）的尺寸，往往相差悬殊。

（3）有较多的开孔和管口　根据化工工艺的需要（如物料的进出，仪表的装接等）在设备壳体的轴向和周向位置上，往往有较多的开孔和管口，用以安装各种零部件和连接管路。

（4）大量采用焊接结构　化工设备各部分结构的连接和零部件的安装连接，广泛采用焊接的方法。不仅设备筒体由钢板卷焊而成，其他结构，如筒体与封头、管口、支座、人孔的连接，也大多采用焊接方法。

（5）广泛采用标准化，通用化，系列化的零部件　化工设备上一些常用零部件，大多已由有关部门制订了标准或尺寸系列。因此在设计中广泛采用标准零部件和通用零部件。比如人孔、法兰、封头等均为标准化零部件。

由于上述结构的基本特点，因而形成了化工设备在图示方面的一些特殊表达方法。

2.4.1　基本视图的选择和配置

化工设备的主体结构较为简单，且以回转体居多，通常选择两个基本视图来表达。立式设备采用主、俯两个基本视图；卧式设备通常采用主、左视图。主视图主要表达设备的装配关系、工作原理和基本结构，通常采用全剖视或局部剖视。俯（左）视图主要表达管口的径向方位及设备的基本形状，当设备径向结构简单，且另画了管口方位图时，俯（左）视图也可以不画。

对于形体狭长的设备，两个视图难于在幅面内按投影关系配置时，允许将俯（左）视图配置在图纸的其他处，但须注明视图名称或按向视图进行标注。

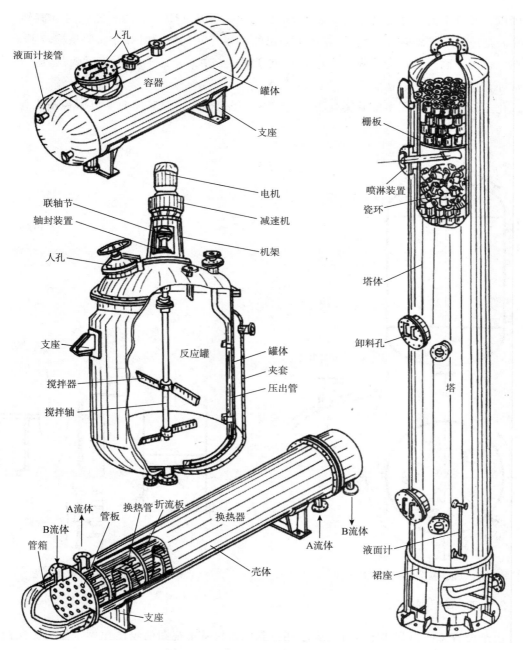

图 2 - 10 典型化工设备结构示意图

2.4.2 多次旋转法

由于化工设备多为回转体,设备壳体周围分布着各种管口或零部件,为了在主视图上清楚地表达它们的真实形状、装配关系和轴向位置,可采用多次旋转的表达方法。假想将设备周向分布的一些接管、孔口或其他结构,分别旋转到与主视图所在的投影面平行的位置画出，并且不需标注旋转情况。如图 2-11 所示，液位计 a_1、a_2 是经顺时针旋转 45°、人孔 b 是经逆时针旋转 45° 后在主视图上画出的，接管 d 是按逆时针方向假想旋转了 60° 之后在主视图上画出的，为了弥补管口 d 在主视图上与管口 c 重合而不能反映其真实结构，通常补充局部视图来表达。

化工设备图中采用多次旋转画法，允许不作任何标注，但其周向要以俯视图或管口方位图为准。

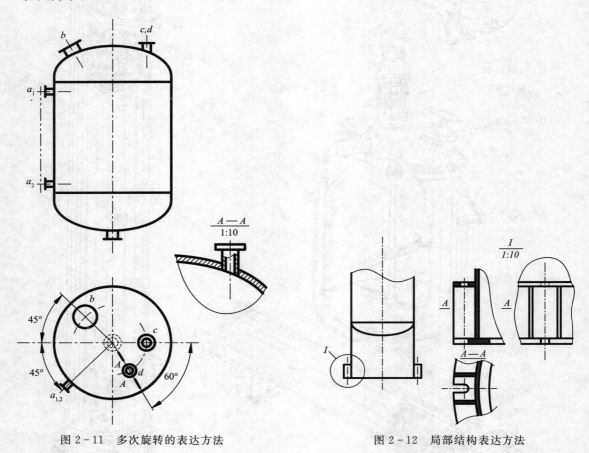

图 2-11　多次旋转的表达方法　　　　图 2-12　局部结构表达方法

2.4.3　局部视图法

由于设备总体与某些零部件的大小相差悬殊，按基本视图的绘图比例，往往无法同时将某些局部结构表达清楚。为了解决这个矛盾，在化工设备图上往往较多地采用局部详图（节点图）的表达方法，其画法与标注与机械制图中的局部放大图是一致的。如图 2-12 中，圈出的部分是塔设备裙座地脚螺栓座的一部分，原图为单线的简化画法，而放大图则画出三个局部剖视图。除局部放大图外，化工设备图中画在基本视图之外的剖视图、断面图、向视图以及单独表示的零件的视图等，可不按基本视图的比例，而放大（也允许缩小）画出，但须在原有标注的下面注明所采用的比例。

2.4.4 夸大的表达方法

设备的壁厚，垫片、挡板、折流板等零件，这些小尺寸零件即使采用了局部放大，但仍嫌表达不清晰，可采用不按比例的夸大画法，如设备的壁厚常用双轮廓线夸大地画出（不论比例是多少，标准图纸上两轮廓线之间的间距一般在 1.5～2.5mm 之间），其中剖面符号允许用涂黑（或涂色）的方法来代替。

2.4.5 断开和分段表达方法

较长（或较高）的设备，在一定长度（或高度）方向上的形状结构相同，或按规律变化或重复时，可采用断开的画法，以便于选用较大的作图比例和合理地利用图幅。如图2-13所示填料塔，在填料层部分采用了断开画法。

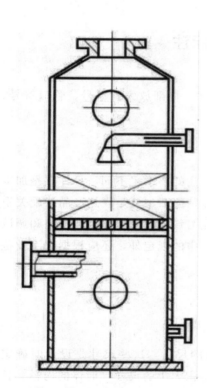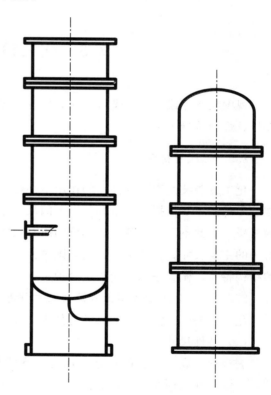

图 2-13 填料塔断开表达法   图 2-14 高塔的分段表示法

有些设备形体较长，又不适于采用断开画法，则可采用分段或分层的画法，如图2-14所示。石油化工行业一些精馏塔由于高径比较大，常采用分段表达法以便于布图。

2.4.6 管口方位表达方法

化工设备上的管口较多，它们的方位在设备的制造、安装和使用时，都极为重要，必须在图样中表达清楚。管口在设备上的径向方位，除在俯（左）视图上表示外，还可仅画

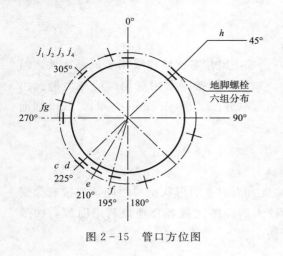

图 2－15　管口方位图

出设备的外圆轮廓，用中心线表示管口位置，用粗实线示意性地画出设备管口，称为管口方位图。管口方位图上应标注与主视图上相同的管口符号，如图 2－15 所示。

管口方位图不仅是化工设备图中的一种表达方法，而且也是化工工艺图的一项重要内容。管口方位图实际上是由工艺设计提出的，因为管口方位决定于管道的布置。在化工设备图上，它用来对俯（左）视图进行补充或简化代替，当必须画出俯（左）视图，管口方位在该视图上又能表达清楚时，可不必再画管口方位图。

2.5　化工设备图的标注

视图绘制完成后，要进行标注。应标注的主要有尺寸、局部放大图符号、管口符号、件号、焊缝符号等。

2.5.1　尺寸标注

化工设备装配图与零件图的作用不一样，因此尺寸标注的要求也不同，零件图是加工制造零件的主要依据，要求零件图上的尺寸必须完整，而装配图主要是表达产品装配关系的图样，因此不需标注各组成部分的所有尺寸，只需标注与设备装配、安装、检验和调试有关的主要尺寸，尺寸标注除遵守国家标准《机械制图》中的规定外，还应根据化工设备的结构特点，做到正确、清晰、合理。

2.5.1.1　化工设备图上标注的尺寸种类

化工设备图上需标注的尺寸有如下几类：

（1）特性尺寸

表达化工设备主要的规格、性能、特征及生产能力的尺寸，这些尺寸是设计时确定的，是设计和选用化工设备的依据，比如表示化工设备容积大小的尺寸（筒体的内径、长度或高度）、表示换热器传热面积尺寸（列管长度、直径和数量）等。

（2）装配尺寸

表示化工设备各零部件间装配关系和相对位置的尺寸，是装配工作的重要依据。如筒体上接管的定位尺寸，液面计的位置尺寸，支座的定位尺寸，板式塔的塔板间距，换热器的折流板、管板间的定位尺寸等。

（3）安装尺寸

安装尺寸是化工设备安装在基础或其他构件上所需要的尺寸，如安装螺栓、地脚螺栓应标注出孔的直径和孔间距。

（4）外形尺寸

外形尺寸是表示化工设备总长、总宽（或外径）、总高的尺寸，用以估计设备所占的空间，供设备在包装、运输、安装及厂房设计时使用。总体尺寸一般在数字前加符号"～"，表示近似的含义。参考尺寸数字要加括弧，以示区别。

（5）其他尺寸

根据需要时应注出的其他尺寸，一般有：

①通过设计计算确定而在制造时必须保证的尺寸，如承压元件筒体及封头壁厚，搅拌轴的直径；

②通用零部件的主要规格尺寸。如接管尺寸应标注"外径×壁厚"即 $\phi 32 \times 3.5$，瓷环尺寸应标注的"直径×高度×壁厚"尺寸等；

③不另行绘制图样的零部件的结构尺寸，如人孔的规格尺寸；

④设备上焊缝的结构形式尺寸，一些重要的焊缝在其局部放大图中应标注横截面的形状尺寸。

2.5.1.2 尺寸基准

化工设备图的尺寸标注，首先应正确地选择尺寸基准，然后从尺寸基准出发，完整、清晰、合理地标注上述各类尺寸。选择尺寸基准的原则是既要保证设备的设计要求，又要满足制造、安装时便于测量和检验。化工设备常用尺寸基准：

①设备筒体和封头的轴线和中心线；

②设备筒体和封头焊接时的环焊缝；

③设备法兰的端面；

④设备支座的底面。

如图 2-16 所示，左图为卧式设备，选用筒体和封头的环焊缝为其长度方向的尺寸基准，选筒体和封头的轴线及支座的底面为高度方向的尺寸基准；右图所示立式设备，则以

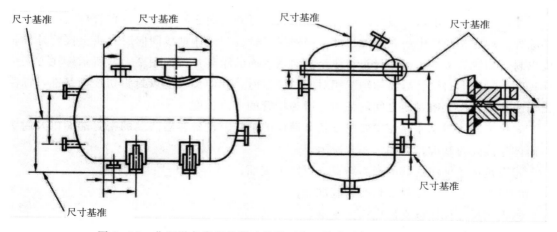

图 2-16 化工设备常用的尺寸基准（左：卧式设备 右：立式设备）

设备法兰的端面及筒体和封头的环焊缝为高度方向的尺寸基准，图中设备法兰端面为光滑密封面，若密封面形式是凹凸面或榫槽面，选取的尺寸基准应如图2-17所示。

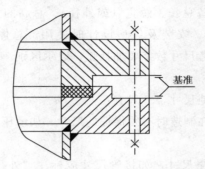

图2-17　凹凸法兰的尺寸基准

尺寸基准面选择的规定：

①厚度尺寸的标注如图2-18所示，其中图2-18中右图表示单线条图。

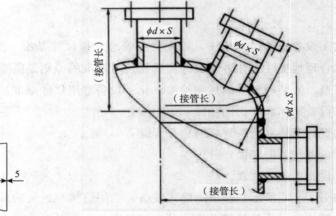

图2-18　厚度标注法图　　　　　　　　　图2-19　接管伸出长度标注

②接管伸出长度，一般标注接管法兰密封面至外表面之间的距离，在管口表中已注明的除外，均应在图样中注明外伸长度。一般接管轴线与筒体轴线同向时封头上接管外伸长度以封头切线为基准，标注封头切线至法兰密封面的距离，按如图2-19所示标注方法标注；而当封头上的接管与筒体轴线相对倾斜位置时，其伸长长度以封头切线为基准，标注出切线至接管法兰密封面之间的距离，即为接管的伸出长度。

③化工设备图尺寸标注主要以设备和筒体的轴线、设备容器法兰的密封端面以及封头与筒体连接处为基准，如图2-16所示；

④塔盘尺寸标注的基准面为塔盘支撑圈上表面；

⑤封头尺寸标注以封头切线为基准面；

⑥支座尺寸标注以支座底面为基准；

⑦倾斜放置的卧式容器尺寸标注，其尺寸基准如图2-20所示。

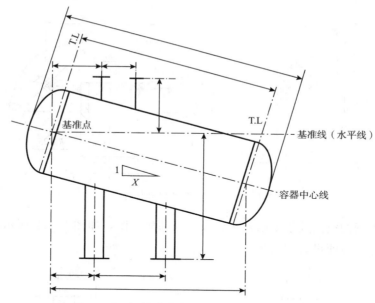

图 2-20 倾斜卧式容器尺寸标注基准面规定

2.5.1.3 典型结构的尺寸标注举例和注意事项

（1）筒体尺寸的标注

对于钢板卷焊成型的筒体，一般标注内径、壁厚和筒体长度。对于使用无缝钢管作筒体时，应标注外径、壁厚和筒体长度。

（2）封头尺寸的标注

①椭圆封头一般应注出内直径、壁厚、直边高度、总高。

②碟形封头一般应注出内直径、壁厚、直边高度、总高。

③大端折边锥形封头，应标注锥壳大端直径、厚度、直边高度、总高、锥壳小端直径。

④半球形封头应标注内直径和厚度。

（3）接管尺寸的标注

接管尺寸应标注管口的直径和壁厚。若是无缝钢管，在图上一般不予以标注，而在管口表的名称栏中注明公称直径×壁厚；若是卷制钢管则标注内径和壁厚，还应标注出接管的外伸长度。若设备上多个接管外伸长度相等，接管间又没有其它结构隔开，可用一条细实线将几个法兰的密封面连接起来作为公共尺寸界线，只需标注一次即可。

（4）夹套尺寸的标注

带夹套的化工设备，要标注夹套的直径、壁厚、弯边的圆角半径、弯边的角度等，如图 2-21 所示。

（5）鞍座尺寸的标注

化工设备图中鞍座的尺寸标注主要有两鞍座底板上安装孔的中心距离、鞍座底板距筒体中心的距离，装有腹板的要标注出腹板周向包角的大小及同一鞍座上两安装孔的间距。

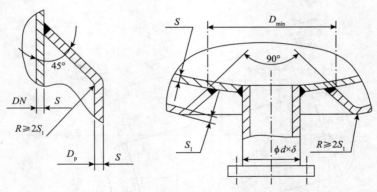

图 2-21　夹套的尺寸标注

通常在化工设备图的空白处绘出两鞍座底板的局部放大图，如图 2-22 所示，以便标注出鞍座的具体尺寸，方便设备的安装。

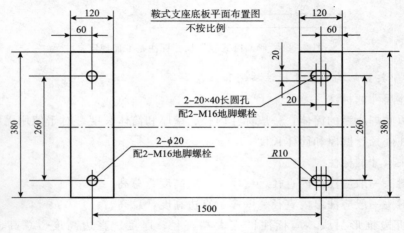

图 2-22　鞍座的局部放大中尺寸的标注

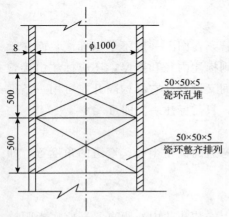

图 2-23　填料等填充物的尺寸标注

（6）设备中填料等填充物尺寸的标注

应标注出填充物的总体尺寸和填充物的规格尺寸如图 2-23 所示。"50×50×5"表示瓷环的"直径×高度×壁厚"尺寸。

（7）尺寸标注顺序及其他规定注法

①一般按特性尺寸、装配尺寸、安装尺寸、其他必要尺寸、最后为外形尺寸的顺序进行标注。

②除外形尺寸、参考尺寸外，不允许标注成封闭链形式。外形尺寸、参考尺寸长加括号（　）或"～"符号以示与其他尺寸的区别。

③个别尺寸不按比例时，常在尺寸数字下加画

一条细实线以示区别。

（8）尺寸线位置

尺寸线应尽量安排在视图的右侧和下方。

2.5.2　比例标注

①比例的标注应符合 GB/T 14690—1993《技术制图　比例》的规定。

②在视图、剖视图、断面图及放大图符号的下方标注，如图 2-24 所示。

$$\frac{I}{1:5} \quad \frac{A向}{1:5} \quad \frac{A-A}{1:5} \quad \frac{B-B}{不按比例}$$

图 2-24　比例的标注

③与主视图比例相同的视图、剖视图和断面图可以不标注比例数字和标记线。

④主视图的比例直接填写在标题栏和明细栏的比例栏中。

2.5.3　放大图标注

2.5.3.1　放大图在视图中的标记

（1）局部放大图的标注，如图 2-25（a）、（b）所示。标记由范围线、引线、序号及序号线组成，线型均为细实线，序号字体尺寸为 5 号，范围线视放大处的范围定，可以为圆形、方形、长方形等。

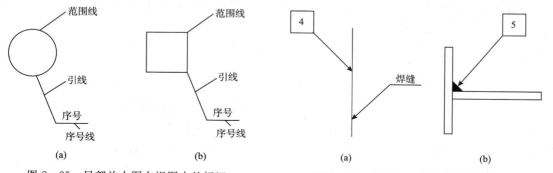

(a)	(b)
图 2-25　局部放大图在视图中的标记	图 2-26　焊缝放大图在视图中的标记

（2）焊接放大图的标注，如图 2-26（a）、（b）所示。标记由 3.5mm×3.5mm 方框线注数字焊缝序号和有箭头的引线组成。箭头应指向焊缝的正表面（非背面）。其字体尺寸为 3 号。

2.5.3.2　放大图（节点图）在图样中的标注

（1）放大图或节点图在图样中的标注如图 2-27（a）～（d）所示，由放大图序号（焊缝代号、文字标题）、标记线和比例数字三部分组成。标记线的长短应与上下排字宽相适应。

（2）标注放在放大图上方的中央。

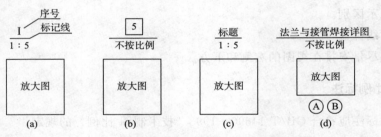

图 2-27　放大图在图样中的标注

（3）标题放大图的标注：当放大图仅用于一个部位的放大时，标注如图 2-27（c）所示。当放大图用于数个（公用）部位时，标注如图 2-27（d）所示。

（4）标注中放大图的序号、焊缝代号、汉字标题字体的尺寸均为 5 号。比例数字的尺寸为 3.5 号。

2.5.4　视图符号标注

①视图符号在视图中的标注应符合 GB/T 4458.1 的规定，箭头、粗线、细线长短比例应合适、线型字迹应清楚。

②视图的标记如图 2-28（a）、（b）所示。由视图符号、标记线和比例数字三部分组成。标记线的长短应与上下排字宽相适应。

③标记在视图上方的中央。

④标注中视图符号字体的尺寸为 5 号，比例数字的尺寸为 3.5 号。

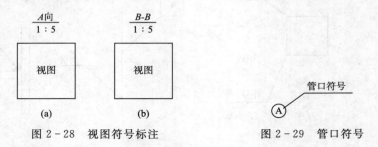

图 2-28　视图符号标注　　　　　图 2-29　管口符号

2.5.5　管口符号标注

凡是规格、用途、连接面形式不同的管口都要编写管口符号。

①管口符号的标注如图 2-29 所示。由带圆圈的管口符号组成，细实线圆圈 $\phi8$、符号字体尺寸 5 号。

②管口符号应标注在图中管口中心线的延长线或其附近，并编排在尺寸线的外侧。如图 2-30（a）～（q）所示，其他位置可不标注。管口符号在主、俯（左）视图中均应标注，以确定其开口位置。

③管口符号在图中以英文字母的顺序（石油化工行业中也有在 $\phi8$ 细实线圆圈内以 1、2、3、4 阿拉伯数字表示管口符号的）进行标注。在直立设备主视图上自上而下按标高顺

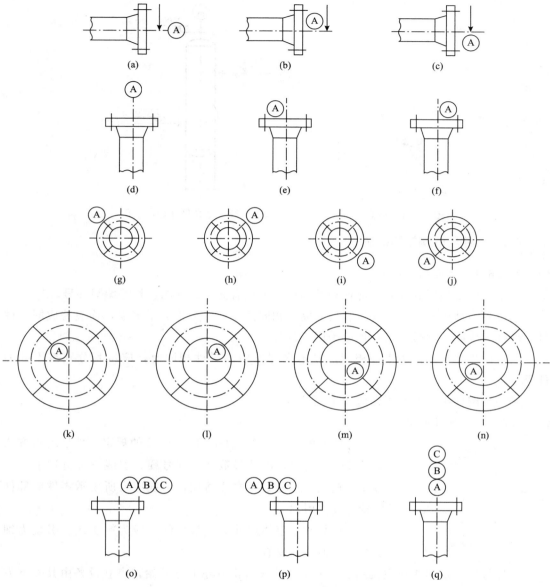

图 2-30 管口符号在视图中的标注

序进行标注；在卧式设备的主视图上由左上角开始顺时针、连续、顺序编著。

④规格、用途及连接面形式不同的管口，均应单独编写管口符号；规格、用途及连接面形式相同的管口，则应编同一符号，但应在符号的右下角加阿拉伯数字角标，以示区别，如 A_1、A_2、A_3。

⑤总高度大于 10m 的直立设备装配图中，竖向尺寸应标注管口中心线标高尺寸和设备顶部法兰连接面标高尺寸，标高尺寸以 mm 计，（标高符号见图 2-31）。起始基准以裙座或底座底面标高为基准，如图 2-32 所示。

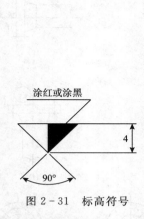

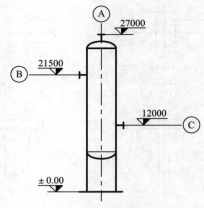

图 2-31 标高符号　　　　图 2-32 标高尺寸标注示例

2.5.6 件号的编排和标注

2.5.6.1 件号编排原则

①组成设备的所有零件、部件和外购件，无论有无零部件图，均需编写件号。

②设备中结构、形状、材料和尺寸完全相同的零件，无论数量多少，均应编成同一件号，部件编成同一件号，组合件编为同一件号。

③直属零件与部件中零件相同，或不同部件中的零件相同时，应将其分别编不同的件号。

④一个图样中的对称零件应编不同件号。

2.5.6.2 件号的标注

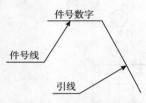

图 2-33 件号的表示方法

①件号的标注应符合 GB/T 4458.2 的规定。件号表示方法如图 2-33 所示，由件号数字、件号线、引线三部分组成。件号线长短应与件号数字宽相适应，引线应自所表示零件或部件的轮廓线内引出。

②件号数字字体尺寸为 5 号，件号线为粗实线、引线为细实线，以便醒目易查。

③件号应尽量编排在主视图上，通常卧式设备由其左上方开始，直立设备由其左下方开始顺时针、连续、顺序、整齐地沿垂直方向或水平排列，并尽量安排在各尺寸线的内侧，避免其引线与尺寸线交叉，如图 2-34 所示。若有遗漏或增添的件号应在外圈编排补足，如件号 19、20。主视图上不能编排的件号可在其他视图、剖视图、剖面图或局部放大图中编排，也应尽量连续、顺序、整齐地排列。

④一组紧固件（如法兰、螺栓、螺母、垫片等）以及装配关系清楚的一组零件或另外绘制局部放大图的一组零、部件允许在一个引出线上同时引出若干件号，但在放大图上应将其件号分开标注。

2.5.6.3 件号的编排方法

①在一个设备内将直接组成设备的直属零件、部件、标准件及外购件应按 1、2－0、

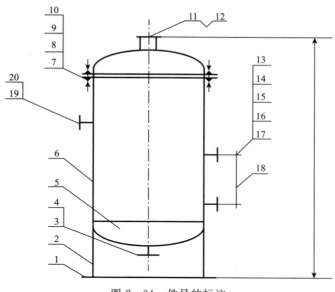

图 2-34　件号的标注

3、······顺序编写独立件号。

②组成一个部件的零件或二级部件的件号由两部分组成，中间用连字符号隔开，如：

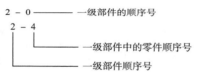

组成二级部件的零件的件号由二级部件件号及零件顺序号组成，中间用连字符号隔开，如：

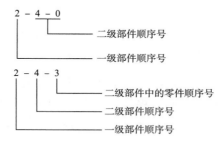

③三级或三级以上部件的零件件号仍按上述原则类推，但应尽量避免二级以上的部件和零件。

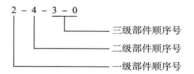

2.5.6.4 板式塔塔盘的编号方法

板式塔塔盘应由下向上用阿拉伯数字1、2、3、4……顺序连续编排,其编号数字应写于塔盘之上的中间位置。同一塔内不同直径、不同类型的塔盘仍以顺序统一编号。

2.6 化工设备图的简化画法

在绘制化工设备图时,为了减少一些不必要的绘图工作量,提高绘图效率,在既不影响视图正确、清晰地表达结构形状,又不致产生误解的前提下,大量地采用了各种简化画法。

2.6.1 标准件及外购零部件

一些标准化零部件已有标准图,它们在化工设备图中不必详细画出,只按比例画出反映其特征外形的简图(图2-35),并在明细栏中注写其名称、规格和标准即可。

外购部件在化工设备图中,可以只画其外形轮廓简图(图2-36),但要在明细栏中注写其名称、规格和主要性能参数和"外购"等字样。

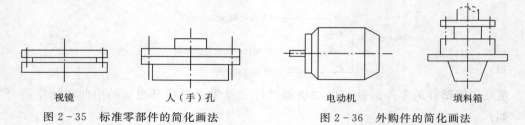

视镜　　　　　　　人(手)孔　　　　　　　电动机　　　　　　填料箱

图2-35　标准零部件的简化画法　　　　　图2-36　外购件的简化画法

2.6.2 管法兰

①一般连接面型式法兰,在化工设备中法兰密封面常有平面、凹凸、榫槽等型式,对这些一般连接型式的法兰,不必分清法兰类型和密封面型式,一律简化成如图2-37所示的形式。对于其的类型、密封面型式、焊接型式等均在明细表和管口表中标出。

②对于特殊型式的接管法兰(如带有薄衬层的接管法兰),需以局部剖视图表示,如图2-38所示。

平焊法兰　　　　　对焊法兰

主视图　　　　　　主视图　　　　　　侧视图　　　　　主视图　　　　　侧视图

图2-37　法兰简化画法　　　　　　图2-38　带有薄衬层搭管法兰简化画法

2.6.3 重复结构的简化画法

①对法兰螺栓连接结构，可不画出这组零件的投影，一般的螺栓孔只用点画线表示其位置。设备法兰的螺栓连接，点画线两端用粗实线画"×"或"＋"符号，如图2-39所示。在明细栏中给出其名称、标准号、数量及材料。

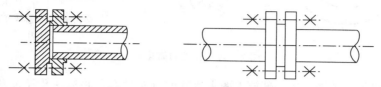

图2-39 法兰连接的简化画法

②按一定规律排列的管束，可只画一根，其余的用点画线表示其安装位置，如图2-40中换热器管束的简化画法。

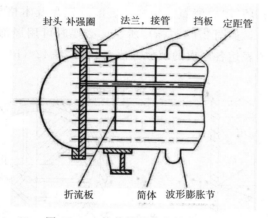

图2-40 换热器管束的简化画法

③按一定规律排列并且孔径相同的孔板，如换热器中的管板、折流板及塔器中的塔板等，可以按图2-41中的方法简化表达。图2-41（a）为圆孔按同心圆均匀分布的管板；图2-41（b）为要求不高的孔板（如筛板塔盘）的简化画法；图2-41（c）为对孔数不作

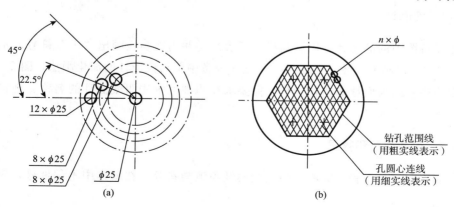

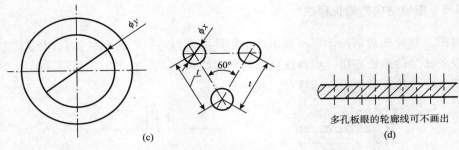

(c)

图 2-41　孔板的简化画法

要求，只要画出钻孔范围，用局部放大图表达孔的分布情况，并标注孔径及孔间定位尺寸；在剖视图中，多孔板眼的轮廓线可不画出，仅用中心线表示其位置，如图 2-41（d）所示。

④设备（主要是塔器）中规格、材质和堆放方法相同的填料，如各类环（瓷环、玻璃环、铸石环、钢环及塑料环等）、卵石、塑料球、波纹瓷盘及木格子等，均可在堆放范围内用交叉细实线示意表达，如图 2-42（a）所示。必要时可用局部剖视表达其细部结构。木格子填料还可用示意图表达各层次的填放方法，如图 2-42（b）所示。

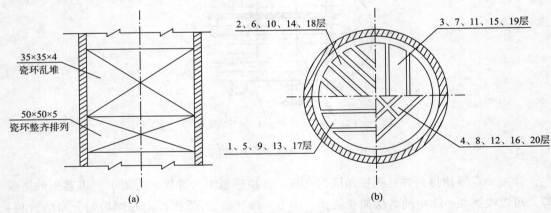

图 2-42　填料的简化画法

2.6.4　液面计

化工设备图中的液面计可用点画线示意表达，并用粗实线画出"＋"符号表示其安装位置，如图 2-43 所示。图 2-43（a）为立式设备中单组液面计的简化画法，图 2-43（b）为立式设备中双组液面计的简化画法。但要求在明细栏中注明液面计的名称、规格、数量及标准号等。

2.6.5　设备涂层和衬里

（1）薄涂层（指搪瓷、涂漆、喷镀金属及喷镀塑料等）在图样中不编件号，仅在涂层

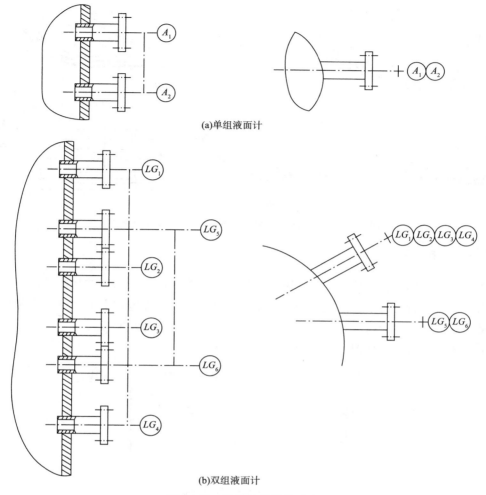

(a)单组液面计

(b)双组液面计

图 2-43 液面计的简化画法

表面侧面画与表面平行的粗点画线，用文字注明涂层的内容，如图 2-44（a）所示。

（2）薄衬层（指衬橡胶、衬石棉板、衬聚氯已烯薄膜、衬铅、衬金属板等），在薄衬层表面侧面画与表面平行的细实线，如图 2-44（b）所示。

两层或两层以上的薄衬层，仍只画一条细实线，衬层材料相同时，在明细栏的备注栏注明厚度和层数，只编一个件号。衬层材料不同时，在明细栏的备注栏注明各层厚度和层数，应分别编件号。

（3）厚涂层（指各种胶泥、混凝土等）和厚衬层（指耐火砖、耐酸板和塑料板等）在装配图中是用局部放大图来表示其结构和尺寸的，如图 2-44（c）、（d）所示。厚衬层中一般结构的灰缝以单粗实线表示，特殊要求的灰缝用双粗实线表示，如图 2-44（e）所示。

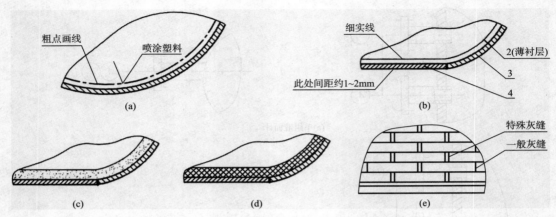

图 2-44 设备涂层、衬里剖视（断面）的简化画法

2.6.6 单线图

在已有零部件图、部件图、剖视图、局部放大图等能清楚表示出结构的情况下，装配图中均可按比例简化为单线（粗实线）表示，但尺寸标注基准应在图纸"注"中说明，如法兰尺寸以密封平面为基准，塔盘标高尺寸以支撑圈上表面为基准等。

①壳体厚度表达　如图 2-45 所示。

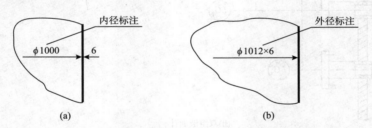

图 2-45 壳体厚度单线图表达

②法兰补强圈的表达　如图 2-46 所示。

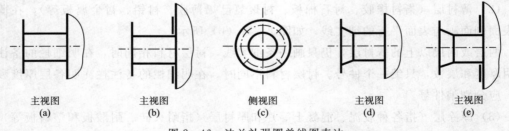

图 2-46 法兰补强圈单线图表达

③法兰、法兰盖、螺栓、螺母、垫片的表达　如图 2-47 所示。

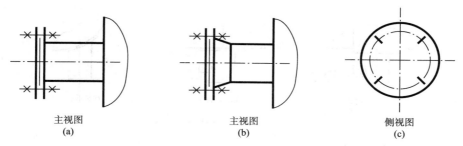

图 2-47 法兰、法兰盖、螺栓、螺母、垫片单线图表达

④吊耳、环首螺丝、顶丝的表达 如图 2-48 所示。

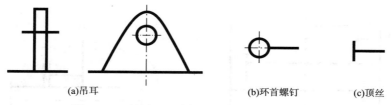

图 2-48 吊耳、环首螺丝、顶丝的单线图表达

⑤吊柱的表达 如图 2-49 所示。

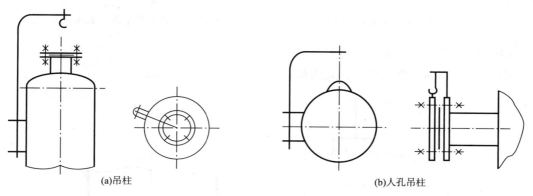

图 2-49 吊柱的单线图表达

⑥支座、接地板的表达 如图 2-50 所示。

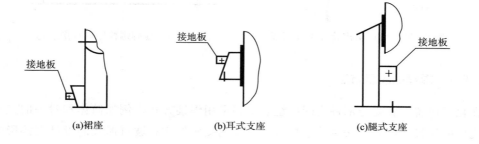

(d)鞍座轮廓　　　　　(e)鞍座剖面　　　　　(f)支承式支座

图 2-50　支座、接地板的表达

⑦塔设备典型结构的表达

a）板式塔塔盘可简化为如图 2-51 所示。

b）进料管的表达如图 2-52 所示。

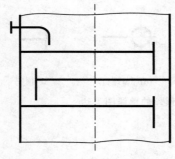 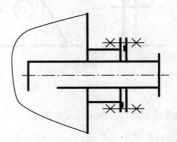

图 2-51　塔盘单线图表达　　　　　图 2-52　进料管单线图表达

c）塔底引出管孔可简化为如图 2-53 所示。

d）直立设备地脚螺栓座可简化为如图 2-54 所示。

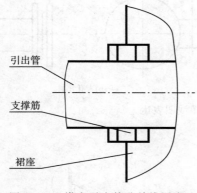 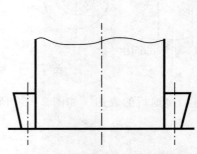

图 2-53　塔底引出管孔单线图表达　　　　图 2-54　地脚螺栓座单线图表达

2.6.7　焊缝的表示方法

在化工设备的各受压部件之间的组装主要采用焊接方式，例如筒体和封头的连接、接管与壳体的连接、接管与法兰的连接等，焊缝的接头形式和坡口形式的设计直接影响到焊接的质量与设备的安全，因而在化工设备装配图中必须对化工设备焊接接头的结构进行合理设计并表达清楚。

2.6.7.1 化工设备的焊接接头形式

（1）化工设备焊接结构形式

焊缝系指焊件经焊接所形成的结合部分，而焊接接头是焊缝、熔合线和热影响区的总称。焊接接头的形式一般由被焊接两金属件的相互结构位置来决定，通常分为对接接头、角接接头、T形接头和搭接接头。

①对接接头

系两个相互连接零件在接头处的中面处于同一平面或同一弧面内进行焊接的接头，见图2-55（a）。这种焊接接头受热均匀，受力对称，便于无损检测，焊接质量容易得到保证，因此是化工设备中最常用的焊接结构形式。

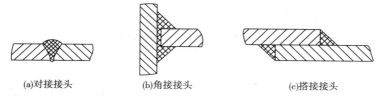

(a)对接接头 (b)角接接头 (c)搭接接头

图2-55 化工设备焊接接头形式

②角接接头和T形接头

系两个相互连接零件在接头处的中面相互垂直或相交成某一角度进行焊接的接头，见图2-55（b）。两构件成T形焊接在一起的接头叫T形接头。角接接头和T形接头都形成角焊缝。角接接头和T形接头在接头处结构是不连续的，承载后受力状态不如对接接头，应力集中比较严重，且焊接质量也不易得到保证。但在设备的某些特殊部位，由于结构的限制，不得不采用这种焊接结构，如接管、法兰、夹套、管板和凸缘的焊接，多为角接接头或T形接头。

③搭接接头

系两个相互连接零件在接头处有部分重合在一起，中面互相平行进行焊接的接头，见图2-55（c）。搭接接头的焊缝属于角焊缝，与角接接头一样，在接头处结构明显不连续，承载后接头受力情况较差。在化工设备中，搭接接头主要用于加强圈与壳体、支座垫板与器壁以及凸缘与容器的焊接。

（2）化工设备的焊接坡口形式

为了保证焊接质量，减少焊接变形，施焊前，一般需要在焊接件的焊接处加工成一定形状，称为焊接坡口。不同的焊接坡口，适用于不同的焊接方法和焊件厚度。

化工设备焊接接头的基本坡口形式有5种，即I形、V形、单边V形、U形和J形，如图2-56所示。基本坡口基本坡口可以单独使用，也可以两种或两种以上组合使用。

以对接接头的V形坡口（图2-57）为例说明其作用和组成。p为根高、c为根距、α为坡口角。根高是为了防止电弧烧穿焊接件，根距是为了保证焊透两个焊接件，坡口角是为了保证焊条能深入焊接件底部。

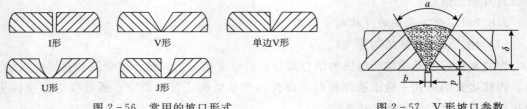

| 图 2-56 常用的坡口形式 | 图 2-57 V 形坡口参数 |

化工设备用对接接头、角接接头和 T 形接头，施焊前一般应开设坡口，而搭接接头无需开坡口即可焊接。

化工设备焊接坡口的基本形式与尺寸可按 GB/T 985.1—2008 与 HG/T 20583—2011 规定设计，如表 2-25 所示。

表 2-25　焊接坡口的基本形式与尺寸

序号	工件厚度 δ/mm	名称	符号	坡口形式	焊缝形式
1	1～2	卷边坡口	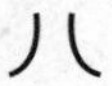 八	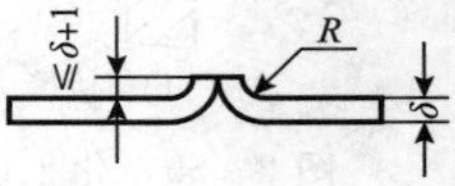	
			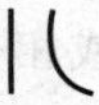 八	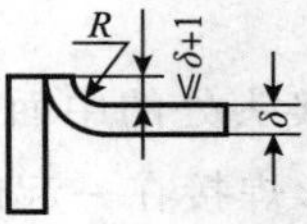	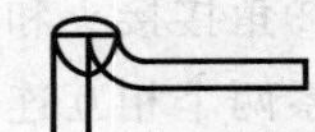
2	1～3	I 形坡口	‖	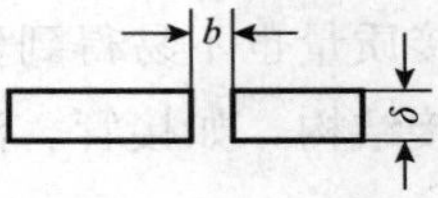	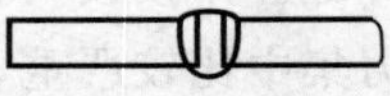
	3～6				
3	2～4	I 形带垫板坡口	 ⊔	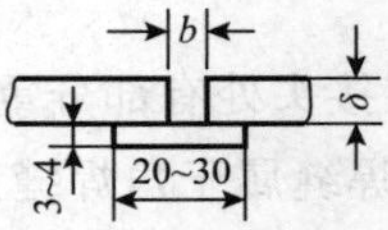	
4	3～36	Y 形坡口	Y	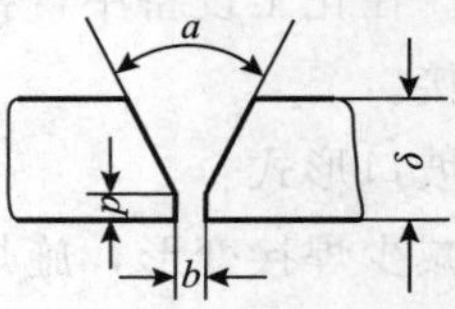	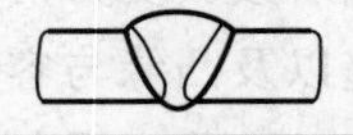
			 Y		
5	>16	V 形带垫板坡口	 Y	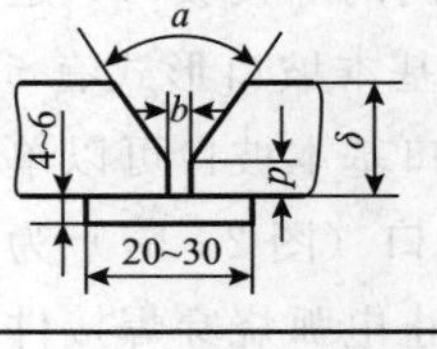	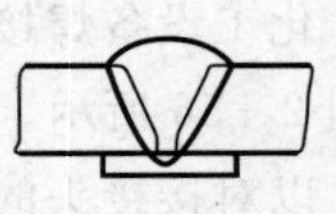

序号	工件厚度 δ/mm	名称	符号	坡口形式	焊缝形式
6	6~26	Y形带垫板坡口			
7	>20	VY型坡口			
8	20~60	带钝边U形坡口			
9	12~60	双Y形坡口			
10	>10	双V形坡口			
11		2/3双V形坡口			
12	>30	双U形坡口带钝边			

過程設備綜合設計指導

续表

序号	工件厚度 δ/mm	名称	符号	坡口形式	焊缝形式
13	>30	UY形坡口		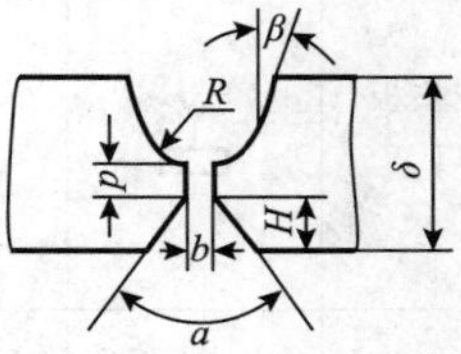	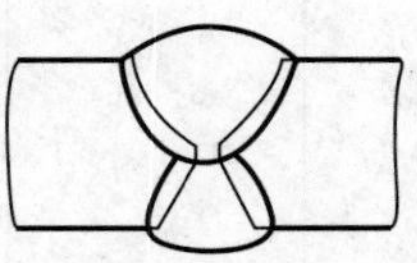
14	3~40	单边V形坡口	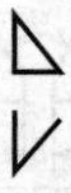	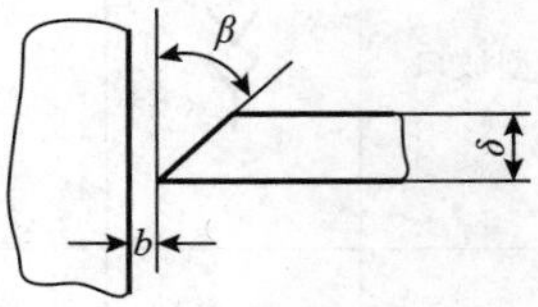	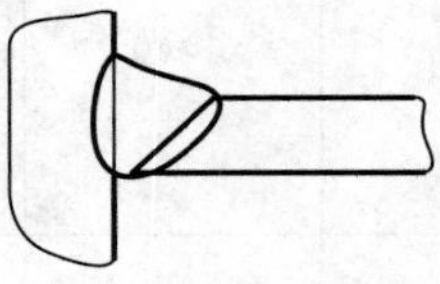
15	>16	单边V形带垫板坡口	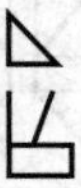	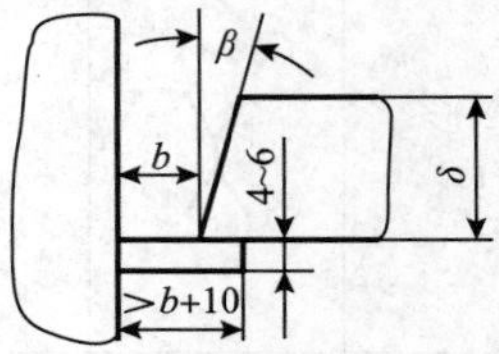	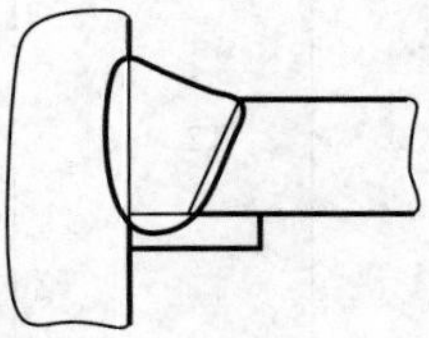
16	6~15	V形带垫板坡口		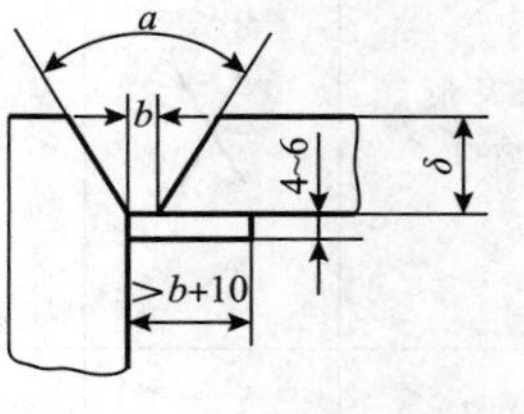	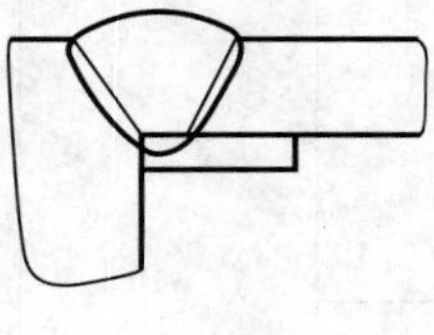
	>15				

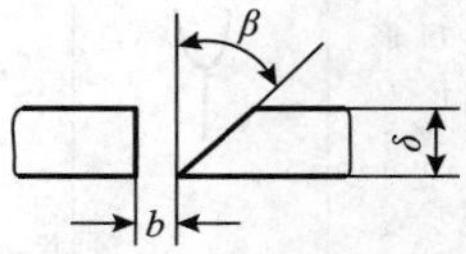

（3）化工设备焊接接头分类

为对不同类别的焊接接头在对口错变量、热处理、无损检测、焊缝尺寸等方面有针对性地提出不同要求，GB/T 150.3 根据焊接接头在化工设备中的位置，即根据焊接接头所连接的两元件的结构类型以及由此而确定的应力水平，把化工设备中的受压元件之间的焊接接头分成 A、B、C、D、E 五类，如图 2-58 所示。

①A 类接头：圆筒部分（包括接管）和锥壳部分的纵向接头（多层包扎容器层板层纵向接头除外）、球形封头与圆筒连接的环向接头、各类凸形封头和平封头的所有拼焊接头以及嵌入式的接管或凸缘与壳体对接连接的接头，均属 A 类接头。A 类接头承受第一主应力，属于承载最大的焊接接头。

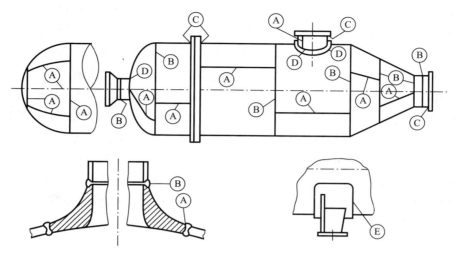

图 2-58　化工设备焊接接头分类

②B 类接头：壳体部分的环向接头、锥形封头小端与接管连接的接头、长颈法兰与壳体或接管连接的接头、平盖或管板与圆筒对接连接的接头以及接管间的对接环向接头，均属于 B 类接头，但已规定为 A 类的焊接接头除外。B 类接头承受第二主应力。

③C 类接头：球冠形封头、平盖、管板与圆筒非对接连接的接头，法兰与壳体或接管连接的接头，内封头与圆筒的搭接接头以及多层包扎容器层板层纵向接头，均属 C 类焊接接头，但已规定为 A、B 类的焊接接头除外。

④D 类接头：接管（包括人孔圆筒）、凸缘、补强圈等与壳体连接的接头，均属于 D 类接头，但已规定为 A、B、C 类的焊接接头除外。

⑤E 类接头：非受压元件与受压元件的连接接头为 E 类焊接接头。

（4）化工设备典型焊接结构设计

焊接结构设计的基本内容是确定焊接结构设计的基本内容是确定接头类型，坡口形式和尺寸，检验要求。坡口的选择主要应考虑以下因素：

a）尽量减少填充金属量，这样既可节省焊接材料，又可减少焊接工作量；

b）保证熔透，避免产生各种焊接缺陷；

c）便于施焊，改善劳动条件；

d）减少焊接变形和残余变形量，对较厚元件焊接应尽量选用沿厚度对称的坡口形式，如 X 形坡口等。

①筒体、封头及其相互间连接的焊接结构

筒体、封头拼接及其相互间的连接纵、环焊缝必须采用对接接头。对接接头的坡口形式可分为不开坡口（又称齐边坡口）、V 形坡口、X 形坡口、单 U 形坡口和双 U 形坡口等数种，应根据筒体或封头厚度、压力高低、介质特性及操作工况选择合适的坡口形式。

②接管与壳体及补强圈间的焊接结构

接管与壳体及补强圈之间的焊接一般只能采用角接焊和搭接焊，具体的焊接结构还与容器的强度和安全性要求有关。其有多种焊接接头形式,涉及是否开坡口、单面焊与双面焊、熔透与不熔透等问题。设计时,应根据压力高低、介质特性、是否低温、是否需要考虑交变载荷与疲劳问题等来选择合理的焊接结构,下面介绍常用的几种结构。

a) 不带补强圈的插入式接管焊接结构是中低压容器不需另做补强的小直径接管用得最多的焊接结构,接管插入处与壳体总有一定间隙,但此间隙应小于 3mm,否则在焊接收缩时易产生裂纹或其他焊接缺陷。图 2-59(a)为单面焊接结构形式,一般适用于内径小于 600mm、盛装无腐蚀性介质的常压容器的接管与壳体之间的焊接,接管厚度应小于6mm;图 2-59(b)为最常用的插入式接管焊接结构之一,为全熔透结构。适用于具备从内部清根及施焊条件、壳体厚度在 4~25mm、接管厚度大于等于 0.5 倍壳体厚度的情况;假如将接管内径边角处倒圆,则可用于疲劳、低温及有较大温度梯度的操作工况,如图 2-59(c)所示。

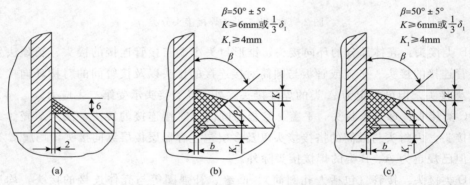

图 2-59 不带补强圈的插入式接管焊接结构

b) 带补强圈的接管焊接结构作为开孔补强元件的补强圈,一方面要求尽量与补强处的壳体贴合紧密,另外与接管及壳体之间的焊接结构设计也应力求完善合理。但由于补强圈与壳体及接管的焊接只能采用搭接和角接,难以保证全熔透,也无法进行射线透照检测和超声检测,因而焊接质量不易保证。一般要求补强圈内侧与接管焊接处的坡口设计成大间隙小角度,既利于焊条伸入到底,又减少焊接工作量。对于一般要求的容器,即非低温、无交变载荷的容器,可采用图 2-60(a)所示结构;而对承受低温、疲劳及温度梯度较大工况的容器,则应保证接管根部及补强圈内侧焊缝熔透,可采用图 2-60(b)所示结构。

c) 安放式接管的焊接结构具有拘束度低、焊缝截面小、可以进行射线检测等优点。图 2-61 中(a)一般适用于接管内径小于或等于 100mm 的场合,而图(b)和图(c)适用于壳体厚度 $\delta_n \leqslant 16mm$ 的碳素钢和碳锰钢,或 $\delta_n \leqslant 25mm$ 的奥氏体不锈钢容器,其中图(b)的接管内径应小于或等于 50mm,厚度 $\delta_{nt} \leqslant 6mm$,图(c)的接管内径应大于 50mm,且小于或等于 150mm,厚度 $\delta_{nt} > 6mm$。

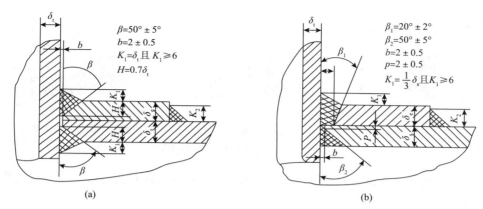

图 2-60　带补强圈的插入式接管焊接结构

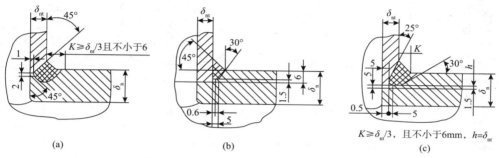

图 2-61　安放式接管与壳体的焊接结构

d）嵌入式接管的焊接结构属于整体补强结构中的一种，适用于承受交变载荷、低温和大温度梯度等较苛刻的工况，如图 2-62 所示。图（a）一般适用于球形封头或椭圆形封头中心部位的接管与封头的连接，且封头厚度 $\delta_n \leqslant 50\text{mm}$。

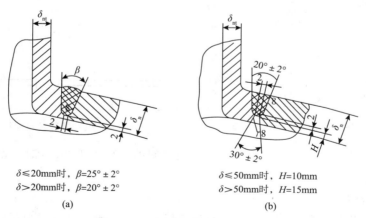

图 2-62　嵌入式接管的焊接结构

③凸缘与壳体的焊接结构

压力容器中常会遇到各种凸缘结构，如搅拌容器中的凸缘法兰等。对不承受脉动载荷的容器凸缘与壳体可用角焊连接，如图 2-63 所示。

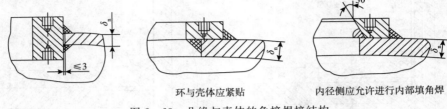

环与壳体应紧贴　　　　内径侧应允许进行内部填角焊

图 2-63　凸缘与壳体的角接焊接结构

压力较高或要求全焊透的容器，凸缘与壳体的连接应采用对接焊接结构，其结构形式见图 2-64。

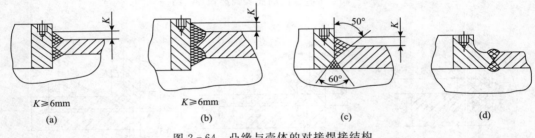

$K \geqslant 6mm$　　　　$K \geqslant 6mm$

(a)　　　　　(b)　　　　　(c)　　　　　(d)

图 2-64　凸缘与壳体的对接焊接结构

对于其它的焊接接头结构可参见 GB/T 150.3 附录 D。

2.6.7.2　焊缝的画法

当焊缝宽度或焊脚高度经缩小比例后，图线间的距离≥3mm 时，焊缝轮廓线（粗线）应按实际焊缝形状画出，剖面线用交叉的细实线或涂色表示，如图 2-65 所示。

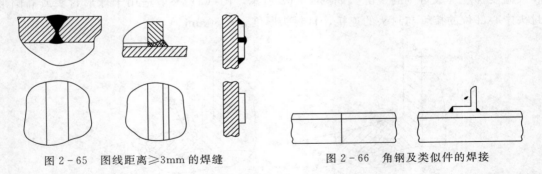

图 2-65　图线距离≥3mm 的焊缝　　　　图 2-66　角钢及类似件的焊接

当焊缝宽度或焊脚高度经缩小比例后，图线间的距离小于 3mm 时，设备焊缝和型钢焊缝的画法如下。

（1）设备焊缝

设备焊缝图形用一条粗实线表示。对于角焊缝，因一般已有母材金属轮廓线，因此焊缝可不画出。焊缝剖面用涂色表示，即用涂色表示焊缝的剖面线。

（2）型钢焊缝

型钢和类似型钢件之间的焊接采用角钢及类似件焊接的表示方法，如图 2-66 所示。

必要时也可用如图 2-67 所示的方法表示角钢焊缝。

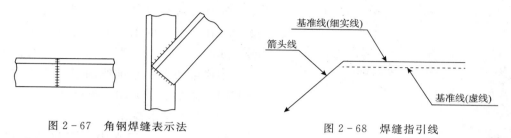

图 2-67 角钢焊缝表示法　　图 2-68 焊缝指引线

2.6.7.3 焊缝的标注

当焊缝结构比较简单时，可用焊接结构图表示。当焊缝分布简单或图样比较小，焊缝表达不清楚且没有局部放大图时，可在焊缝处标注符号加以说明。焊缝的标注由基本符号和指引线组成，必要时可以加辅助符号、补充符号、焊接方法的数字和焊缝尺寸，以使焊缝表达更清楚。

（1）焊缝指引线

焊缝的指引线一般用带有箭头的细实线和两条基线（一条实线和一条虚线）组成，如图 2-68 所示。

当标注位置受限时，允许箭头线折弯一次，如图 2-69 所示。当需要注明其他说明时，可在基线的另一端画出尾部，尾部说明的内容用字符表示，字符的含义如表 2-26 所示。

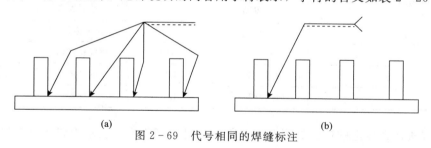

(a)　　(b)

图 2-69 代号相同的焊缝标注

表 2-26 尾部字符的含义

字符	意义	字符	意义
CP	全焊透、全熔合	BC	反面清根
MT	磁粉检验	RT	射线检验
UT	超声波检验	PT	渗透检验

为了确切地表达焊缝的位置，基本符号相对基线的位置规定如下：

①当几条焊缝的代号完全相同时，可采用公共基线，箭头线根据需要折弯，但不能交叉，如图 2-69（a）所示。相同焊缝可在尾部说明焊缝数量，如图 2-69（b）所示。

②标注单边 V，Y，J 形焊缝时箭头应指向有坡口的焊接件。

③如果指引线箭头在焊接接头的可见侧，则将基本符号标在基准线的实线侧，如图 2-70（a）所示；如果指引线箭头在焊接接头的不可见侧，则将基本符号标在基准线的虚

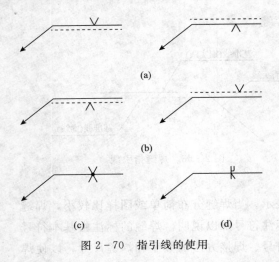

图 2-70 指引线的使用

线侧，如图 2-70（b）所示。

④标注对称焊缝及双面焊缝时，可不加虚线，在实基线的上、下方同时标注基本符号，如图 2-70（c）所示；标注非对称焊缝时，虚线可加在实基准线的上方或下方，意义相同，如图 2-70（d）所示。

（2）焊缝基本符号

焊缝基本符号用来表示焊接断面形状，是用粗实线绘制的与焊缝横断面相近的形状符号，常用的焊缝基本符号见表 2-25。

（3）焊接方法代号及标注位置

工程中焊接方法较多，在化工设备制造中较常用的有电弧焊、电渣焊、接触焊、钎焊等，其中最常用的是电弧焊。各种焊接方法在图样上以数字表示，其规定如表 2-27 所示。

表 2-27　常用焊接方法数字代号

焊接方法	数字代号	焊接方法	数字代号	焊接方法	数字代号
电弧焊	1	气焊	3	电渣焊	71
焊条电弧焊	111	氧-乙炔焊	311	激光焊	751
埋弧焊	12	缝焊	22	电子束焊	76
等离子焊	15	压焊	4	烙铁软钎焊	952
点焊	21	超声波焊	41	软钎焊	92
电阻焊	2	摩擦焊	42	硬钎焊	91

焊接方法在图样上的标注如图 2-71 所示。图 2-71（a）表示用焊条电弧焊的焊接方法焊接，焊角高度为××mm。图 2-71（b）表示用两种方法焊接，即角焊缝先用等离子焊打底，后用埋弧焊焊接成型。

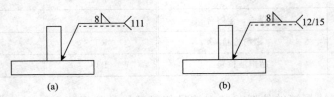

图 2-71　焊接方法标注

在同一张化工设备图上若采用同一种焊接方法，可省略焊接方法的标注但必须在技术要求上注明焊接方法全部采用 xx 焊接。

（4）焊缝补充符号

对焊缝的焊接若有补充要求，可采用焊缝补充符号补充说明焊缝的某些特征和要求，焊缝补充符号及标注如表2-28所示。

表2-28　焊缝补充符号及标注

序号	名称	示意图	符号	标注示例	说明
1	带垫板符号		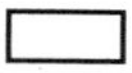	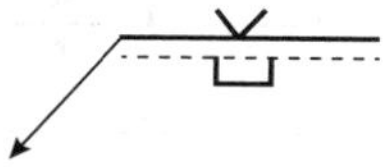	表示V形焊缝的背面底部有垫板
2	三面焊缝符号	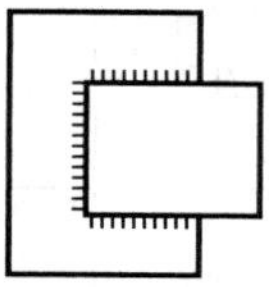			工件三面带有焊缝，焊接方法为手工电弧焊
3	周围焊缝符号	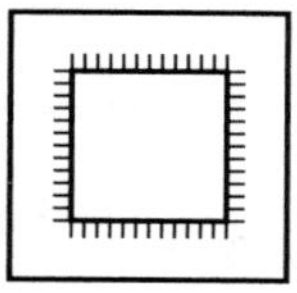	○	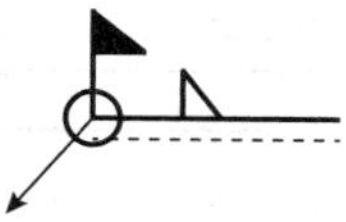	表示在现场沿工件周围施焊
4	现场符号			同序号3	表示在现场或工地上进行焊接
5	尾部符号		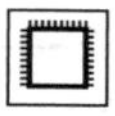	同序号2	可以参照 GB 5185—2005 标注焊接方法等内容

（5）焊缝尺寸符号

焊缝的尺寸符号如表2-29所示。

表2-29　焊缝尺寸符号

符号	名称	示意图	符号	名称	示意图
δ	工件厚度	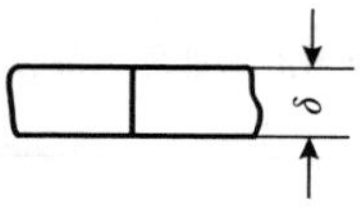	e	焊缝间距	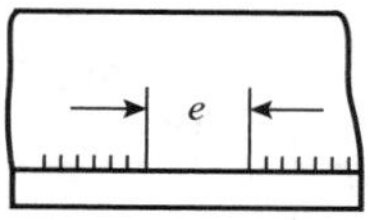
α	坡口角度	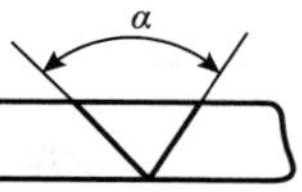	K	焊角尺寸	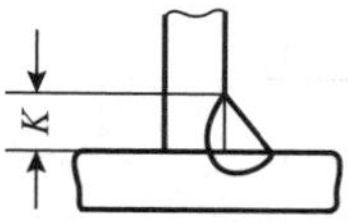
b	根剖间隙	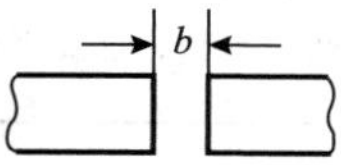	d	熔核直径	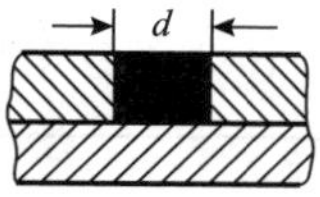

符号	名称	示意图	符号	名称	示意图
p	钝边		S	焊缝有效厚度	
c	焊缝宽度		N	相同焊缝数量符号	
R	根部半径		H	坡口深度	
l	焊缝长度		h	余高	
n	焊缝段数		β	坡口面角度	

根据以上规定和要求在化工设备图样上常见焊接接头的标注及说明如表 2-30 所示。

表 2-30　常见焊接头标注及说明

序号	标注示例	标注符号说明
1		焊条电弧焊，V 形焊缝，坡口角度 70°，焊缝有效高度 6mm
2		角焊缝，焊脚高度 4mm，在现场沿工件周围焊接
3		角焊缝，焊脚高度 5mm，三面焊接
4		断续双面角焊缝，焊脚高度 5mm，共 12 段焊缝，每段 80mm，间距 10mm
5		在箭头所指的另一侧焊接，连续角焊缝，焊脚高度 5mm

第3章 化工设备选材

化工设备由于其工作过程中承受一定的压力、温度以及工作介质的腐蚀等复杂工况，故而使用的材料品种很多，有黑色金属、有色金属、非金属材料以及复合材料等，但在化工行业尤其是石油化工行业，黑色金属中钢铁材料的使用是最广泛的，因此本章重点介绍钢材的选用。

3.1 化工设备用钢材

化工设备用钢根据其化学成分可分为碳素钢、低合金高强度结构钢、中合金钢和高合金钢四类。

3.1.1 碳素钢

碳素钢是含碳量 $0.02\%\sim2.11\%$（一般低于 1.35%）的铁碳合金。碳素钢包括碳素结构钢、优质碳素结构钢、锅炉和压力容器用碳素钢等多种类型，要求使用杂质少，塑性、韧性好，抗冷脆性能好和时效倾向小的镇静钢（Z）。

碳是碳素钢中的主要合金元素，含碳量增加，钢的强度将提高，但塑性和韧性降低，焊接性能变差，淬硬倾向变大。低碳钢的强度虽然低，但仍能满足一般压力容器的要求。低碳钢加工工艺性能好，具有良好的塑性和韧性，特别是焊接性能好。低碳钢的使用可靠性能好，正常情况下不会产生脆性断裂，应力腐蚀倾向小。压力容器低碳钢一般以热轧、控轧或正火状态供货，正常的金相组织为铁素体 F＋珠光体 P。

碳素结构钢是碳素钢的一种，含碳量约为 $0.06\%\sim0.38\%$。GB/T 700—2006《碳素结构钢》以钢的屈服强度表示钢的牌号，并按钢中硫、磷含量高低划分质量等级。典型钢种 Q235，按质量等级划分为 A、B、C、D 四级，分别对应普通碳素结构钢的甲类钢（A，按力学性能供货）、乙类钢（B，按化学成分供货）、特类钢（C，按力学性能和化学成分供货）三类钢和优质碳素结构钢（D）。

压力容器受压元件用碳素钢主要有两类：一类是优质碳素结构钢；另一类是专用碳素钢（如锅炉和压力容器用碳素钢等）。压力容器优质碳素结构钢中，常用 20 钢和 10 钢轧制的无缝钢管制作管道、换热管等受压元件。10 钢和 20 钢具有良好的塑性，加工工艺性能好，焊接性能也好。20 钢含碳量比 10 钢多 1 倍，强度较高，其屈服强度和抗拉强度均比 10 钢高。但由于 20 钢含碳量较高，因此时效敏感性也较 10 钢高。

锅炉和压力容器用碳素钢是在优质碳素钢的基础上派生出来的，如：Q245R 钢板就是在锅炉用钢板 20g（锅）和压力容器专用钢板 20R（容）的基础上合并而来，主要是对硫、磷等有害元素的控制更加严格，对钢材的表面质量和内部缺陷要求也较高。

（1）Q235A、Q235B、Q235C

这是屈服强度为 235MPa 的普通低碳镇静钢，钢板的质量等级为 A、B、C，材料标准要求检验拉伸试验的 R_m、R_{eL} 和 A 值。Q235AF 和 Q235A 钢板技术要求较低，钢板质量差，早期因钢材供应情况的限制，在一些低压容器中不得不使用。现在技术要求较高的 Q235B 已大量生产。从标准的技术合理性、压力容器的使用安全性以及钢材的供应可能性等方面综合考虑，目前我国压力容器标准取消了 Q235AF 和 Q235A 两种钢号。Q235B、C 在压力容器受压元件中的使用应符合 GB/T 150.2—2011 附录 D "Q235 系列钢板的使用规定" 的要求。

（2）Q245R

Q245R 为平均含碳量 0.20% 的压力容器用优质碳素结构钢钢板。含 P、S 杂质比普通碳素钢要低，钢的力学性能除保证 R_m、R_{eL} 和 A 外，对冲击韧性有较严格的要求。Q245R 是 GB/T 713—2014 标准中唯一的压力容器用碳素钢，按压力容器专用钢的要求进行冶炼和检验，严于一般优质碳素结构钢。其主要特点如下：

①Q245R 的塑性和韧性都相当好。属于铁素体类型钢，含少量珠光体，焊接性能很好，较薄的板材焊接时一般不需要预热。强度低，R_{eL} 不少于 245MPa，$R_m = 400 \sim 520$MPa，是所有压力容器钢中强度级别最低的钢种，一般用于中低压、中小型压力容器，用于高压及大型容器时厚度太大，结构笨重，浪费材料，且给制造带来不便。适用温度范围为 −20～475℃，材料标准要求在 0℃进行冲击试验，KV_2 不小于 31J。

②Q245R 的使用温度下限受热处理状态、板厚、冲击试验要求等因素的影响。热轧、控轧、正火的 Q245R 钢板，厚度 $\delta < 6$mm 时，使用温度下限为 −20℃；厚度 $\delta = (6 \sim 12)$ mm 且进行 0℃冲击试验，$KV_2 \geqslant 31$J 合格，使用温度下限为 −20℃；厚度 $\delta = (>12 \sim 16)$ mm 且进行 0℃冲击试验，$KV_2 \geqslant 31$J 合格，使用温度下限为 −10℃；厚度 $\delta = (>16 \sim 150)$ mm 且进行 0℃冲击试验，$KV_2 \geqslant 31$J 合格，使用温度下限为 0℃。

热轧、控轧的 Q245R 钢板，厚度 $\delta = (>12 \sim 20)$ mm 且进行 −20℃焊接接头及其母材的冲击试验，$KV_2 \geqslant 20$J 合格，使用温度下限为 −20℃。

正火的 Q245R 钢板，厚度 $\delta = (>12 \sim 150)$ mm 且进行 −20℃焊接接头及其母材的冲击试验，$KV_2 \geqslant 20$J 合格，使用温度下限为 −20℃。

③Q245R 在 425℃下长期使用时，应考虑钢中碳化物相的石墨化倾向。

3.1.2　低合金钢

低合金高强度结构钢是在碳素结构钢的基础上，为提高强度改善使用性能加入了少量合金元素发展起来的。低合金高强度结构钢生产工艺相对比较简单，交货状态多为热轧、控轧或正火，部分钢种为正火加回火或调质，焊接性能优良。

锰是低合金钢中最基本的合金元素。在碳素钢中主要通过固溶强化提高钢的强度，在低合金钢中则主要利用其降低相变温度，同时较大程度地推迟珠光体球化转变，细化铁素体尺寸，提高钢的强度和韧性。钒、钛、铌是微合金化元素，通过细化晶粒以及析出强化作用明显改善钢的强度和韧性，并可使钢板获得良好的焊接性。铝是冶炼高级别钢及纯净钢的良好脱氧剂，不仅有利于细化晶粒，而且能有效地降低钢中有害杂质含量，提高钢的塑性和韧性；铬、镍、钼溶于铁素体时起到强化作用，并能降低相变温度，最终细化晶粒，在提高强度的同时改善了韧性。低合金高强度结构钢通过加入各种合金元素，获得特定的综合性能，如强度、韧性、成形性、高温和低温性能、焊接性、耐蚀性等，用低合金钢代替碳素钢制造压力容器和锅炉及其零部件可以减小质量、节省材料，提高安全可靠性并能延长使用寿命。

GB/T 150.2—2011 中列出低合金高强度结构钢主要有 Q345R、Q370R、18MnNiMoNbR、13MnNiMoR、07MnMoVR、12MnNiVR、07MnNiVDR、07MnNiMoDR 等钢种。

（1）Q345R

Q345R 钢是在 20 号钢基础上添加价格便宜的锰与硅进行强化的压力容器用 C-Mn 钢。Q345R 具有良好的综合力学性能、焊接性能、工艺性能及低温冲击韧性。Q345R 的特点如下：

①Q345R 与 Q245R 钢相比，含碳量相仿，但利用锰的强化作用可使 Q345R 的强度显著升高。Q345R 是屈服点为 345MPa 级的低合金中等强度钢。含锰量过高会使钢的塑性、韧性与可焊性下降。但 Q345R 中的含锰量（1.20%～1.60%）适中，仍可获得良好的综合性能。Q345R 的可焊性是几种压力容器专用低合金钢中最好的一种，焊后热影响区的淬硬倾向也不严重。

②Q345R 构件在厚度较大、焊接工艺不当、结构刚性较强时也会产生冷裂纹。为减少淬硬和冷裂倾向，可采用焊前预热。预热可降低焊接冷却速度，从而降低焊缝的淬硬倾向，确保焊缝的塑性与韧性，同时也降低了焊缝的残余应力。为进一步减少淬硬倾向，以及焊缝消氢，焊后还宜采用保温或后热一段时间。保温可进一步减缓冷却速度，后热可使溶入焊缝的氢逐步逸出消除。构件厚度较大时要求焊后作退火处理，消除内应力退火加热温度为 600～650℃，均热与保温一段时间后随炉冷却。

Q345R 焊接接头厚度小于或等于 32mm 时焊前不需要预热；大于 32mm 时通常焊前预热至 100～150℃。对于重要的受压元件或焊接接头厚度大于 38mm 的构件需进行焊后热处理。

③Q345R 钢板一般是热轧、控轧、正火状态供货。热轧板的显微组织通常为长条状的晶粒。铁素体和珠光体在轧制时被拉长，使板材各向异性，冲击韧性也偏低，韧性与塑性不易得到保证。对中、厚板材，可要求正火状态使用。正火可以细化晶粒，增加各向同

性的均匀性，改善塑性与韧性。正火后强度稍有下降，但综合力学性能得到了改善。正火温度一般为 900～920℃，在空气中迅速冷却。

④Q345R 常用于中低压的压力容器，中小型的高压容器，也大量用于制造液化石油气、氧气及氮气等球形储罐。Q345R 耐大气腐蚀性能优于低碳钢，腐蚀率比 Q235A 钢板低 20%～30%，在海洋环境中也有较好的耐蚀性。该材料的缺口敏感性大于碳素钢，在有缺口存在时，疲劳强度下降，易产生裂纹。

Q345R 适用温度范围为 $-20～475℃$，材料标准要求在 0℃进行冲击试验，KV_2 不小于 34J。

⑤Q345R 的使用温度下限受热处理状态、板厚、冲击试验要求等因素影响。热轧、控轧、正火的 Q345R 钢板，厚度 $\delta<6mm$ 时，使用温度下限为 $-20℃$；厚度 $\delta=（6～20）$ mm 且进行 0℃冲击试验，$KV_2\geqslant34J$ 合格，使用温度下限为 $-20℃$；厚度 $\delta=（>20～25）$ mm 且进行 0℃冲击试验，$KV_2\geqslant34J$ 合格，使用温度下限为 $-10℃$；厚度 $\delta=（>25～200）$ mm 且进行 0℃冲击试验，$KV_2\geqslant34J$ 合格，使用温度下限为 0℃。

⑥Q345R 在 425℃下长期使用时，应考虑钢中碳化物相的石墨化倾向。

⑦Q345R（HIC）钢板。Q345R（HIC）钢板是在 Q345R 钢板规定的范围内增加一些附加要求得到的。钢材在湿 H_2S 环境中由于腐蚀产生氢，并出现裂纹，由于氢的聚集裂纹扩张形成氢致开裂，造成设备失效。HIC（Hydrogen Induced Cracking）意味着抗氢致开裂。Q345R（HIC）钢板主要特点是：

a）严格控制钢中的 P、S 含量，要求取 P≤0.015%、S≤0.004%；

b）控制钢中 Mn 的含量，要求取 Mn=1.20%～1.5%；

c）控制钢中 O_2 的含量，要求取 O_2≤0.0025%；

d）为改善钢材性能，添加了部分微量合金元素，要求钢板的硬度≤200HB，焊缝金属的 P≤0.02%、S≤0.010%；焊接接头经消应力处理后硬度≤200HB。

e）参考氢致开裂机理，薄钢板无需采用 Q345R HIC 钢板。

(2) Q370R

Q370R 是在 Q345R 的基础上通过添加 Nb 等合金元素，改善钢的强度、韧性以及焊接性能。Q370R 的强度和韧性优于 Q345R，焊接性能与其接近。

①Q370R 在正火状态下使用，经正火处理后，可获得高的强度、良好的塑性和韧性，且时效敏感性小、韧脆转变温度低。

②Q370R 多用于制造大型球罐，具有良好的抗冷裂纹性能，已建造了多台 10000m³ 天然气球罐。其焊接接头具有较高的强度、良好的塑性和韧性、较低的韧脆转变温度。推荐用于氧气、氮气、天然气等应力腐蚀不明显的环境中使用。

③Q370R 焊接接头厚度小于或等于 32mm 时，焊前不需要预热；大于 32mm 时，通常焊前预热至 100～150℃。对于重要的受压元件或焊接接头厚度大于 38mm 的构件，需进行焊后热处理。

材料标准要求对 Q370R 正火钢板进行 $-20℃$冲击试验，$KV_2\geqslant34J$ 合格，使用温度下限为－20℃。

（3）18MnMoNbR

18MnMoNbR 是强度级别最高的压力容器用钢板，即屈服强度为 400MPa 级的低合金高强度结构钢。在采用合金元素锰强化的基础上再采用 Mo-Nb 复合手段进一步强化，特点如下：

①18MnMoNbR 中加入了 Mo、Nb 元素。钼原子半径明显大于铁原子半径，且固溶强化作用明显。钼是贝氏体钢的主要合金元素。可提高碳化物的稳定性起到碳化物强化作用。钼还可提高热强性，防止热脆性和回火脆性。铌形成碳化铌细小颗粒弥散在铁素体中，起到沉淀强化作用，并使晶粒细化。铌提高钢的热强性，降低时效敏感性和改善焊接性能。同时加入 Mo 和 Nb 可以起到复合强化作用，提高回火后的屈服强度和改善焊接韧性，特别是提高低温冲击韧性。

②热轧状态下 18MnMoNbR 的塑性与韧性值偏低，晶粒粗大，不符合压力容器用钢的要求，要求在正火加回火状态使用。热处理条件：950～980℃正火，620～650℃再进行回火。金相组织一般是低碳贝氏体组织，还有部分屈氏体和少量残留铁素体。

③18MnMoNbR 可焊性尚好，但有一定的淬硬倾向，焊接时必须严格执行正确的焊接工艺，焊前预热至 200～250℃，焊后消氢热处理，以避免氢致延迟裂纹。焊接时采用低氢焊条，并在 400℃以上烘焙。焊后应在 600～650℃下进行热处理，若焊后随即进行热处理，可以不单独进行消氢处理。

④18MnMoNbR 的使用温度下限受热处理状态、冲击试验要求等因素影响。

材料标准要求正火加回火的 18MnMoNbR 钢板进行 0℃冲击试验，$KV_2 \geqslant 41J$ 合格，使用温度下限为 0℃；进行－10℃冲击试验，$KV_2 \geqslant 31J$ 合格，使用温度下限为－10℃。

⑤由于 18MnMoNbR 的焊接性能比 Q345 等钢材差，焊接工艺复杂，容易出现延迟裂纹，加之需要焊后热处理，因此一般压力容器较少采用。18MnMoNbR 的使用状态必须是正火加回火，且材料性能不十分稳定。虽然理论上可以在－10～475℃温度区间内使用，但实际应用并不广泛，主要在大中型尺寸的高中压容器中使用，即属于单层厚壁压力容器用钢。

（4）13MnNiMoR

13MnNiMoR 是单层卷焊厚壁压力容器中综合性能较好的钢种。在 C-Mn 钢的基础上添加 Mo、Cr、Ni 等溶于铁素体中的元素，通过固溶强化提高钢材的热强性，在 400℃下屈服强度 R_{eL} 仍可达 300MPa，具有理想的中温强度；因 Nb 元素的加入并控制轧制，使钢材呈现微合金化组织；尽量降低 S、P 含量。通过这些措施，使钢板的韧性、塑性很高，并有良好的低温冲击韧性。

①13MnNiMoR 应进行焊后热处理。

②13MnNiMoR 的使用温度下限受热处理状态、冲击试验要求等因素影响。

正火加回火的 13MnNiMoR 钢板进行 0℃冲击试验，$KV_2 \geqslant 41J$ 合格，使用温度下限为 0℃；进行－20℃焊接接头及其母材冲击试验，$KV_2 \geqslant 41J$ 合格，使用温度下限为－20℃。

（5）07MnMoVR

07MnMoVR 为高参数球罐用调质高强度钢板，具有高强度、高韧性和良好的焊接性能。07MnMoVR 是原 07MnCrMoVR 钢板取消 Cr 含量的下限而命名的，Cr 含量由 0.10%≤Cr≤0.30% 修改为 Cr≤0.30%，同时规定，对于厚度 $\delta \leqslant 36mm$ 的钢板，Mo 含量的下限可不做要求。

（6）12MnNiVR

12MnNiVR 为调质高强度钢板。焊接时可以大热输入（大线能量）的油罐用钢，主要用于 10 万 m^3 油罐工程，也可用于固定式压力容器。

（7）07MnNiVDR

07MnNiVDR 为 −40℃ 高参数球罐用调质高强度钢板，具有高强度、高韧性和良好的焊接性能。07MnNiVDR 是原 07MnNiMoVDR 钢板取消 Mo 含量的下限而命名的，Mo 含量由 0.10%≤Mo≤0.30% 修改为 Mo≤0.30%。

（8）07MnNiMoDR

07MnNiMoDR 为 −50℃ 高参数球罐用调质高强度钢板，具有高强度，高韧性和良好的焊接性能。07MnNiMoDR 是为建造大型乙烯装置中设计温度为 −45～−50℃ 的乙烯和丙烯球罐所开发的专用钢板，是在原 07MnNiMoVDR 钢板的基础上进行成分设计的，钢板的厚度范围为 10～50mm，Ni 含量为 0.30%≤Ni≤0.60%，V 含量≥0.06% 并在必要时加入，同时规定，对于厚度≤30mm 的钢板，Mo 含量的下限可不做要求。

3.1.3 中温抗氢钢

在工作温度高于 400℃ 时，碳素结构钢因其高温持久强度极限和蠕变极限数值较低，因而其许用应力也较低。钢中加入钼、铬等合金元素，能显著提高钢材的高温持久强度极限和蠕变极限，从而提高钢材的许用应力。因此设计温度高于 400℃（特别是高于 475℃）至 600℃ 的化工设备通常选用钼钢或铬钼钢。

在炼油及化工装置的介质中往往含有氢，在一定的温度和压力下会对钢材产生氢腐蚀作用，而钼、铬等合金元素又能提高钢材的抗氢腐蚀能力。当压力容器介质的氢分压较高而温度又高于 200℃，就应考虑钢材的氢腐蚀问题。

抗氢钢是指适合在高温高压临氢环境中使用的钢种，基本性能要求是在高温高压临氢环境中具有一定的抵抗氢损伤能力。抗氢蚀和抗氢脆能力是使用抗氢钢要考虑的两个性能，其中对抗氢蚀能力要求更为突出。化工设备常用的碳钢和铬镍奥氏体不锈钢虽然都能在一定高温高压临氢条件下使用，但均不列为抗氢钢之列，原因是碳钢所能应用的工艺条件十分有限，而奥氏体不锈钢的价格昂贵。

合成氨、炼油厂催化重整和加氢工艺中，中温高压氢或氢、氮、氨对钢有强烈的损伤作用。在铁的催化作用下，中温的 H_2、N_2、NH_3 分子都能部分分解成氢原子和氮原子，在高压作用下，氢原子与氮原子渗入钢中，造成钢的脆化。一方面是氢原子或氢分子与钢中的碳反应生成甲烷，使钢脱碳，塑性和强度降低，直至鼓泡和开裂，发生氢腐蚀；另一方面是氮原子进入钢与铁及各种合金元素化合生成氮化物，低合金钢的合金元素含量低，在钢材表面形成的氧化层较为疏松，氮化容易往深处发展，引起钢的渗氮脆化；氮化对氢腐蚀有促进作用，因为氮对某些合金元素的亲和力比碳更强，加进钢中的抗氢元素被氮化而失去固定碳的作用，使碳游离，进一步加速氢腐蚀。提高钢的抗氢腐蚀性能主要采用两种方法：一是尽量降低钢中的含碳量，如将碳降到 0.015% 以下的微碳纯铁在 500℃ 时仍有良好的抗氢腐蚀性能；二是加入碳化物形成元素，使碳固定在稳定的合金碳化物中。

常用的中温抗氢钢有：

15CrMoR（lCr-0.5Mo；ASME SA-387 Gr. 12）

14CrlMoR（1.25Cr-0.5Mo；ASME SA-387 Gr. 11）

12Cr2MolR（2.25Cr-lMo；ASME SA-387 Gr. 22）

12CrlMoVR（lCr-0.5Mo-0.25V）

12Cr2MolVR（2.25 Cr-lMo-0.25V；ASME SA-542 Type D，Class 4a）

铬钼合金钢牌号用平均碳含量和合金元素表示。中温抗氢钢的适用温度界限，见应用范围见表 3-1。

表 3-1　中温抗氢钢的适用温度界限及应用范围

钢　号	最高使用温度/℃		使用温度界限/℃	应用范围举例
	耐氧化	耐介质腐蚀		
0.5Mo	500～600	≤530	400～500	低中压锅炉受热面和联箱管道，超高压锅炉水冷壁管，省煤器，加氢脱硫反应器，H_2S 吸收塔，转化气冷却换热器、交换炉，甲烷化炉，合成塔顶盖及壳体
1Cr-0.5Mo（15CrMoR）	≤600	≤560	450～550	高、中压锅炉受热面和联箱管道，合成氨第一废热锅炉夹套外管、辅锅、蒸汽过热器壳体，炼油厂换热器管、加热炉管
1.25Cr-0.5Mo（14Cr1MoR）	≤600	≤550	525～575	合成氨第二废热锅炉炉管，第一废热锅炉出口接管，原料预热器，原料混合器加热器
2.25Cr-1Mo（12Cr2Mo1R）	600～650	≤600	550～600	高压、超高压锅炉受热面管，炼厂高温高压加热炉管、连接管、转化制氢蒸汽过热器管，工艺气体及蒸汽预热器，合成塔底及底法兰

3.1.4　不锈钢

（1）概述

不锈钢是在大气、水、酸、碱和盐溶液或其他腐蚀性介质中具有高度化学稳定性的合金钢的总称，包括不锈钢和耐酸钢。通常称在大气、水、蒸汽等弱腐蚀性介质中耐腐蚀的钢叫不锈钢，在酸、碱、盐等强腐蚀性介质中耐腐蚀的钢叫耐酸钢，耐酸钢一般都有良好的不锈性。广义的不锈钢又可以泛指耐酸不锈钢和耐热不锈钢。所谓"不锈"，只具有相对含义。

钢中含铬量超过12％时在钢的表面上形成了一层致密的氧化物保护膜使钢不易被腐蚀生锈。不锈钢种类繁多，按在室温下的金相组织划分，有奥氏体（S3）不锈钢、奥氏体－铁素体（S2）双相不锈钢、铁素体（Sl）不锈钢、马氏体（S4）不锈钢［含沉淀硬化（S5）不锈钢］。纯奥氏体不锈钢无磁性，非奥氏体不锈钢有磁性。

不锈钢按化学成分可以分为铬不锈钢和铬镍不锈钢两大系统，分别以 Cr13 和 Cr18Ni8 不锈钢为代表的，其他不锈钢都是在这两类钢种的基础上发展的。图 3－1 和图 3－2 分别表达这两种系统不锈钢的演变过程及合金元素的作用。

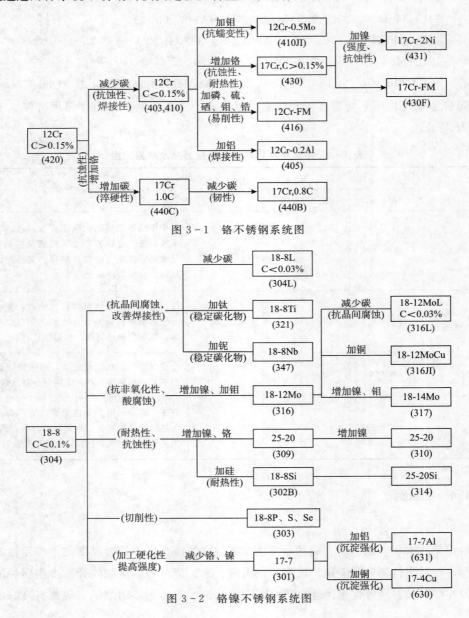

图 3－1　铬不锈钢系统图

图 3－2　铬镍不锈钢系统图

不锈钢中的合金元素对组织的影响可分为两类：一类是扩大奥氏体相区的元素，如 Ni、Mn、Co、C、N、Cu 等；另一类是形成铁素体相区的元素即缩小奥氏体的元素，如 Cr、V、Mo、W、Ti、Si、Al、Nb 等。当这两类作用不同的元素同时存在于不锈钢中时，不锈钢的组织取决于它们互相作用的结果。当形成铁素体的元素在钢中占优势时，钢的基体组织就是铁素体；如形成奥氏体的元素在钢中占优势时，则钢的组织为奥氏体；如果稳定奥氏体的元素作用程度不足以使钢的马氏体转变点（M_s）降至室温以下，则自高温冷却的奥氏体在高于室温时即转变为马氏体，这样钢的基体组织就是马氏体。合金元素对不锈钢耐蚀性能的影响如表 3-2 所示。

表 3-2 合金元素对不锈钢耐蚀性能的影响

腐蚀类型		合金元素												
		C	Mn	Si	P	S	Cr	Ni	Mo	Cu	N	Ti	Nb	V	Re
均匀腐蚀	在氧化性介质中	△	—	√	△	△	√	—	△	△	○	△	△	—	√
	在还原性介质中	△	—	○	△	△	√	√	√	√	—	—	—	—	—
局部腐蚀	晶间腐蚀	△	—	○	△	△	√	△	√	—	√	√	√	√	—
	孔蚀与缝隙腐蚀	△	—	○	△	△	√	△	√	○	√	○	○	○	—
	应力腐蚀	○	—	○	△	△	√	○	○	○	○	○	○	—	—

注：√提高耐蚀性能；△降低耐蚀性能；○随介质而定；—作用不明显或未做深入研究

（2）不锈钢的牌号表示方法

GB/T 221—2008《钢铁产品牌号表示方法》中规定用两位或三位阿拉伯数字表示不锈钢碳含量最佳控制值（以万分之几或十万分之几计）。即：

①只规定碳含量上限者，当含量上限≤0.10％时，以其上限的 3/4 表示碳含量；当碳含量上限>0.10％时，以其上限的 4/5 表示碳含量。

例如：碳含量上限为 0.08％时，其牌号中的碳含量以 06 表示；碳含量上限为 0.15％时，其牌号中的碳含量以 12 表示；碳含量上限为 0.20％时，其牌号中的碳含量以 16 表示。

②对超低碳不锈钢，即碳含量不大于 0.03％，用三位阿拉伯数字表示碳含量最佳控制值（以十万分之几计）。

例如：碳含量上限为 0.030％时，其牌号中的碳含量以 022 表示；碳含量上限为 0.020％时，其牌号中的碳含量以 015 表示；碳含量上限为 0.010％时，其牌号中的碳含量以 008 表示。

③规定碳含量上下限者，用平均碳含量×100 表示。

例如：碳含量为 0.04％～0.10％时，其牌号中的碳含量以 07 表示。

（3）铁素体不锈钢

铁素体不锈钢是指室温下具有铁素体组织的铬不锈钢，其代表性的钢种是 0Cr13、1Cr17 及含铬为 25％～30％的钢。此类钢在退火或正火状态下使用。钢中含铬量增加，耐蚀性提高，含铬量为 17％～25％的铁素体不锈钢在氧化性介质中，尤其是在硝酸溶液中具有很高的耐蚀性，高铬铁素体钢对应力腐蚀敏感性低，加钼的高铬铁素体钢可显著提高耐点蚀性能。这种钢从室温加热到高温（1000℃左右）均为单相铁素体组织，不发生相变，但有三个脆化区：475℃脆性（400～540℃范围内长期加热）、σ 相脆性（σ 相存在温度：500～800℃）、高温脆性（当加热到大于或等于950℃，然后急冷到室温，钢的塑性、韧性显著降低而脆化），这是焊接、成型及使用时要注意的。

（4）马氏体不锈钢

马氏体不锈钢是指室温下具有马氏体组织的铬不锈钢，其代表性的钢种是含铬13％与含碳量超过 0.1％的钢，如 1Cr13、2Cr13、3Cr13、4Cr13 等。马氏体不锈钢是可以通过热处理对其性能进行调整（可硬化）的不锈钢。为了获得较好的综合性能，一般马氏体钢常用的热处理规范是正火和回火。此类钢在大气中具有优良的耐均匀腐蚀性能，在室温下，对弱腐蚀性介质也有较好的耐蚀性。钢的耐蚀性随碳含量的增加而降低，但钢的强度、硬度及耐磨性随之增高。马氏体不锈钢耐腐蚀性能不如铁素体和奥氏体不锈钢。马氏体不锈钢是所有不锈钢中含合金元素最少的钢，也是价格最便宜的不锈钢。马氏体不锈钢的合金元素主要是铬，一组马氏体不锈钢中含铬量相同而含碳量不同，耐腐蚀性能是不同的，但总的说来它们的耐腐蚀性能属于同一个数量级，即都能耐大气及水蒸气的腐蚀。13％ Cr 不锈钢的一个共同特点是在加热和冷却时具有 γ 相与 α 相之间的可逆转变，因此可以用热处理的方法在比较宽的范围内改善它们的力学性能。

（5）奥氏体不锈钢

奥氏体不锈钢是指室温下具有奥氏体组织的铬镍钢及铬锰氮钢，主要是铬镍奥氏体钢。在高铬铁素体不锈钢的基础上，加一定量的镍，钢的基体组织由原来的纯铁素体变成奥氏体组织。奥氏体不锈钢的生产量和使用量占不锈钢总产量及用量的 70％以上，钢号也最多。18-8 型奥氏体不锈钢具有优良的耐蚀性能，高温与低温强度都能满足设计需要，韧性与塑性配合良好，加工性能好，是耐蚀钢材中综合性能最好的一类钢。含镍奥氏体不锈钢之所以在全世界不锈钢中占主导地位，是因其综合性能最佳，用途多样，容易获取并积累了大量成熟经验。

奥氏体不锈钢具有面心立方晶体结构，具有优异的低温韧性，是一种高级低温钢。

奥氏体不锈钢当含碳量≤0.03％时，单相奥氏体组织非常稳定，在各温度范围使用，耐蚀性都很高；当含碳量＞0.03％，则碳超过奥氏体的溶碳量，抗腐蚀能力降低，导致晶间腐蚀、点腐蚀及沿晶间型的应力腐蚀开裂，这是奥氏体不锈钢的最大缺点。降低碳含量或加入 Ti、Nb 等稳定化元素（强碳化物形成元素）固定碳，进行固溶处理，使奥氏体成分均匀化，抑制高铬碳化物的形成，能明显提高抗腐蚀能力。由于加入 Ti、Nb 稳定化元素的奥氏体不锈钢并不能防正其在某些介质中的晶间腐蚀，若使 Ti、Nb 元素进一步起到稳定碳作用，还需进行稳定化热处理。现代冶金技术已经能较容易地将不锈钢含碳量降到≤0.03％，因此许多含稳定化元素的奥氏体不锈钢（如 1Cr18Ni9Ti）已被超低碳奥氏体不锈钢代替。

奥氏体不锈钢以固溶状态供货。固溶处理是把钢加热到 $1050 \sim 1150℃$，保温 $2 \sim 4h$，使碳化物溶于高温奥氏体中，再通过快速冷却至室温获得单一的奥氏体组织。含 Ti、Nb 等稳定化元素时需通过稳定化处理达到稳定碳的目的。稳定化处理是把钢加热到 $850 \sim 900℃$，保温 $2 \sim 4h$，再通过水冷快速降至室温，因 TiC 或 NbC 沉淀的最快速度是在 880℃ 左右，而碳化物 $Cr_{23}C_6$ 在晶间最快的沉淀速度是在 $600 \sim 750℃$，稳定化处理避免了在这一温度范围内停留，可降低晶间腐蚀倾向。但在稳定化处理温度范围内，易促使 σ 相析出，在有些介质中，因选择性腐蚀会导致加剧晶间腐蚀，在选择稳定化热处理时应注意。

18-8 型奥氏体不锈钢的应用最广泛，约占奥氏体不锈钢的 70%，占全部不锈钢的 50%。以 18-8 型钢为基础改变化学成分，可以得到以下不同性能的钢种：

①耐晶间腐蚀奥氏体不锈钢。例如为了耐晶间腐蚀，18-8 钢中常加入 Ti（Nb）得到 1Cr18Ni9Ti，或降低含碳量，得到 0Cr18Ni9。此时，为了保持完全奥氏体组织，把 Ni 含量提高到 10% 左右，得到 1Cr18Ni10Ti 钢或 0Cr18Ni10 钢。

②耐非氧化性酸奥氏体不锈钢。加入 Mo 和 Cu，为保持奥氏体组织，Ni 含量需提高到 12%，得到 0Cr18Ni12Mo2，0Cr19Ni12Mo1Cu1 等；再加入 Ti 或减少 C，得到耐晶间腐蚀的 0Cr18Ni12Mo2Ti 及 00Cr17Ni14Mo2；进一步提高 Cr、Ni、Mo、Cu 含量，得到 00Cr23Ni28Mo3Cu3Ti，可耐 80℃ 以下各种浓度硫酸腐蚀。

③耐氧化性酸奥氏体不锈钢。提高 Cr 含量或加入 Si，如 Cr25Ni20 和 00Cr18Ni14Si4 能耐浓硝酸腐蚀。

④耐应力腐蚀破裂奥氏体不锈钢。加入 Si、Cu、Mo，例如 00Cr18Ni12Si3Cu2、00Cr25Ni25Si2V2Ti、00Cr20Ni25Mo4.5Cu 等，后者不仅耐氯化物应力腐蚀破裂性能好，也具有优良的耐沸腾乙酸、甲酸腐蚀性能。

⑤耐孔蚀和海水腐蚀奥氏体不锈钢。加入 Mo、N，提高 Cr 含量，例如 00Cr25Ni13Mo1N、0Cr18Ni16Mo5 等均属典型的抗点蚀不锈钢。

⑥节镍奥氏体不锈钢。加入稳定奥氏体组织的元素 Mn 和 N 代替稀缺元素 Ni，可得到少镍的奥氏体不锈钢，如 Cr-Mn-Ni 系的 Cr17Ni5Mn8N，及无镍的 Cr-Mn-N 系奥氏体不锈钢，如 Cr17Mn14N 等。

⑦尿素级不锈钢。尿素设备为了防止强腐蚀介质氨基甲铵液的腐蚀，特别是对承受高温高压尿液和氨基甲铵液的设备，如尿素合成塔、高压热交换器（汽提塔）、高压冷凝器及高压洗涤器等设备都使用超低碳的 00Cr17Ni14Mo2（316L）及超低碳的 Cr25Ni22Mo2 钢，对承受中温尿液和甲铵液的设备，如一、二段分离器，闪蒸槽等则大量选用超低碳的 00Cr18Ni9（304L）钢。

（6）双相不锈钢

双相不锈钢是在其固淬组织中铁素体相与奥氏体相约各占一半的不锈钢。双相不锈钢兼有铁素体不锈钢的强度与耐氯化物应力腐蚀能力和奥氏体不锈钢的韧性与焊接性特点。在奥氏体不锈钢的基础上提高铁素体形成元素 Cr、Mo、Si、Nb 等的含量，降低奥氏体形成元素 Ni、C、Mn、N 的含量，就得到奥氏体—铁素体双相组织。双相不锈钢一般含

18％～28％ Cr，Ni 的含量不超过 8％，往往加入 Mo、Cu、Ti、Nb 等元素提高耐蚀性。因 Ni 含量低，材料价格并不比奥氏体钢更高，但其加工制造成本会有所增加。

冷加工变形会使双相不锈钢的耐应力腐蚀性能降低，尤其在冷变形量为 20％～30％时，下降最严重，需要采取固淬处理来恢复耐应力腐蚀性能。

镍在全球属于稀缺元素，价格昂贵，为了节约镍，发展了以锰、氮代替镍的铬锰氮不锈钢，这类钢在醋酸、甲酸及尿素生产环境中耐蚀性很高。我国研究的 0Cr17Mn13Mo2N 双相不锈钢（A4 钢）成功使用在尿素生产设备上，其耐蚀性能比含钼的铬镍奥氏体不锈钢更好。

3.2　化工设备材料规格

3.2.1　化工设备用钢板

（1）钢板的尺寸

根据 GB/T 709—2006《热轧钢板和钢带的尺寸、外形、重量及允许偏差》要求，压力容器用钢板（热轧、控轧）的规格如下：

①厚度

单轧钢板公称厚度范围：3mm～400mm；厚度 $\delta<30$mm 的钢板按 0.5mm 倍数的任何尺寸；厚度 $\delta\geqslant30$mm 的钢板按 1mm 倍数的任何尺寸。

钢带（包括连轧钢板）公称厚度范围：0.8mm～25.4mm；厚度按 0.1mm 倍数的任何尺寸。

根据 GB/T 713—2014《锅炉和压力容器用钢板》的要求，钢板的厚度负偏差应符合 B 类偏差，即 $C_1=0.30$mm，如表 3-3 所示。

表 3-3　单轧钢板的厚度允许偏差（B 类）　　　　　　　　　　　mm

公称厚度	下列公称宽度的厚度允许偏差			
	≤1500	>1500～2500	>2500～4000	>4000～4800
3.00～5.00	+0.60	+0.80	+1.00	—
>5.00～8.00	+0.70	+0.90	+1.20	—
>8.00～15.0	+0.80	+1.00	+1.30	+1.50
>15.0～25.0	+1.00	+1.20	+1.50	+1.90
>25.0～40.0	+1.10	+1.30	+1.70	+2.10
>40.0～60.0	+1.30	+1.50	+1.90	+2.30
>60.0～100	+1.50	+1.80	+2.30	+2.70
>100～150	+2.10	+2.50	+2.90	+3.30
>150～200	+2.50	+2.90	+3.30	+3.50
>200～250	+2.90	+3.30	+3.70	+4.10
>250～300	+3.30	+3.70	+4.10	+4.50
>300～400	+3.70	+4.10	+4.50	+4.90

注：各档公称宽度的厚度负偏差均为 −0.30。

②宽度

单轧钢板公称宽度范围：600mm～4800mm，按 10mm 或 50mm 倍数的任何尺寸；

钢带（包括连轧钢板）公称宽度 600mm～2200mm，按 10mm 倍数的任何尺寸。

③长度

钢板公称长度范围：2000mm～20000mm；按 50mm 或 100mm 倍数的任何尺寸。

（2）化工设备用钢板

GB/T 150—2011《压力容器》材料部分列出了共列出了 39 种钢板（含附录 D），可以用来制作承压设备壳体，如表 3-4 所示。

表 3-4 化工设备承压壳体用材料

类　别	钢板牌号		备　注
碳素钢	Q235，Q235C，Q245R		
低合金钢	Q345R，Q370R，18MnMoNbR，13MnNiMoR，07MnMoVR，12MnNiVR		高强钢
	15CrMoR，14Cr1MoR，12Cr2Mo1R，12Cr1MoVR，12Cr2Mo1VR		中温抗氢钢
	16MnDR，15MnNiDR，15MnNiNbDR，09MnNiDR，08Ni3DR，06Ni9DR，07MnNiVDR，07MnMoDR		低温用钢
不锈钢	S11306（06Cr13），S11348（06Cr13Al），S11972（019Cr19Mo2NbTi）		铁素体钢
	S21953（022Cr19Ni5Mo3Si2N），S22253（022Cr19Ni5Mo3N），S22053（022Cr23Ni5Mo3N）		双相钢
	S30408（06Cr19Ni10）， S30409（07Cr19Ni10）， S31608（06Cr17Ni12Mo2）， S31668（06Cr17Ni12Mo2Ti）， S31703（022Cr19Ni13Mo3）， S39042（015Cr21Ni26Mo5Cu2）	S30403（022Cr19Ni10）， S31008（06Cr25Ni20）， S31603（022Cr17Ni12Mo2）， S31708（06Cr19Ni13Mo3）， S32168（06Cr18Ni11Ti），	奥氏体钢

（3）复合钢板

随着复合不锈钢板制造质量的提高以及复合板制压力容器焊接技术的成熟，在石油化工行业腐蚀环境介质中复合不锈钢板制的化工设备应用也越来越广泛。我国标准 NB/T 47002.1～4—2009《压力容器用爆炸焊接复合板》分别提供了四类复合钢板，即：不锈钢-钢复合板、镍-钢复合板、钛-钢复合板和铜-钢复合板。复合钢板型式可以是覆材在基材的一面或两面包覆的单面或双面复合板，形状主要有矩形、方形和圆形三种。

①尺寸

厚度：覆材的厚度为 2mm～16mm；基材的最小厚度为 6mm，且基材厚度与覆材厚度之比通常不小于 3。

宽度与长度：复合板的最大宽度为 3000mm，最大长度为 10000mm，最大面积通常不超过 20m²。圆形复合板的最大直径为 4000mm。

②化工设备用复合钢板

NB/T 47002.1—2009《压力容器用爆炸焊接复合板 第1部分：不锈钢-钢复合板》中基材与覆材的组合见表3-5。

表3-5 不锈钢-钢复合板中覆材-基材用料表

覆 材		基 材	
标准号	钢号示例	标准号	钢号示例
GB/T 24511	S11306，S11348； S30408，S30403， S32168，S31603， S31703，S30942； S21953，S22053	GB/T 713	Q245R，Q345R，15CrMoR
		JB/T 4726	16Mn，20MnMo，15CrMo
		GB/T 3531	16MnDR，09MnNiDR
		JB/T 4727	16MnD，09MnNiD
		GB/T 24511	S30408
		JB/T 4728	0Cr18Ni9

③标记

复合板的产品标记按覆材钢号、基材钢号、尺寸、级别代号（根据界面未结合率百分比分成 B1、B2、B3 三个等级）、标准号等顺序组成。

示例1：覆材为 3mm 厚的 S32168 板、基材为 16mm 厚的 Q345R 板、宽度为 2500mm、长度为 8000mm 的 2 级复合板标记为：

$$(S32168+Q345R)-(3+16)\times 2500\times 8000-B2-NB/T\ 47002.1-2009$$

示例2：覆材为 8mm 厚的 S30408 板、基材为 150mm 厚的 16MnⅢ级锻件、直径为 4000mm 的 1 级复合板标记为：

$$(S30408+16Mn Ⅲ)-(8+150)\times D4000-Bl-NB/T\ 47002.1-2009$$

示例3：一面覆材为 3mm 厚的 S31603 板、基材为 20mm 厚的 Q345R 板、另一面覆材为 2mm 厚的 S30408 板、宽度为 2000mm、长度为 6000mm 的 2 级复合板标记为：

$$(S31603+Q345R+S30408)-(3+20+2)\times 2000\times 6000-B2-NB/T\ 47002.1-2009$$

3.2.2 化工设备用钢管

(1) 钢管的尺寸

钢管的公称直径：为简化管道组成件的连接尺寸，便于生产和选用，工程上对管道直径进行了标准化分级，以"公称直径"表示，公称直径的符号为 DN，公制单位为 mm，英制单位为 in。公称直径为表征管子、管件、阀门等口径的名义内直径，与实际内径并非相同，我国以前用的钢管公称直径数值一般与钢管实际内径比较接近，而 ASME 钢管的公称直径数值，当 DN≤12in（300mm）时与内径比较接近，当 DN≥14in（350mm）时与外径相接近，因此同样公称直径的管道组成件并不意味能完全匹配连接。

目前国内外公称直径分级基本相同，见表3-6。我国采用公制、美国用英制。

表 3-6 钢管公称直径分级

公制/mm	英制/in	公制/mm	英制/in	公制/mm	英制/in	公制/mm	英制/in
6	**1/8**	**100**	**4**	550	22	1150	46
8	1/4	125	5	**600**	**24**	**1200**	**48**
10	**3/8**	**150**	**6**	650	26	1250	50
15	**1/2**	175	7	**700**	**28**	**1300**	**52**
20	**3/4**	**200**	**8**	750	30	1350	54
25	**1**	225	9	**800**	**32**	**1400**	**56**
32	$1\frac{1}{4}$	**250**	**10**	850	34	**1500**	**60**
40	$1\frac{1}{2}$	**300**	**12**	**900**	**36**	**1600**	**64**
50	**2**	350	14	950	38	1700	68
65	$2\frac{1}{2}$	**400**	**16**	**1000**	**40**	**1800**	**72**
80	**3**	450	18	1050	42	1900	76
90	$3\frac{1}{2}$	**500**	**20**	**1100**	**44**	**2000**	**80**

注：黑字体表示常用系列

外径系列：钢管是按外径和壁厚系列组织生产的。目前世界各国均有各自的钢管标准，钢管尺寸并不统一。因此，公称直径相同的钢管往往会有不同的外径，国内外主要的外径系列见表 3-7。

表 3-7 中国主要配管用钢管标准外径与 ISO 及各国标准的对照

公称直径 DN		中国				日本 JIS	ISO		英国		德国		美国 ASME B36.10M/ B36.19M
		石化	化工 HG/20553				DIS4200 系列Ⅰ	ISO 65	BS 3600	BS 1387	DIN 2448 DIN 2458	DIN 2440 DIN 2441	
$A/$ mm	$B/$ in	SH/T[①] 3405	I_a[②]	I_b	Ⅱ								
6	1/8	10.3	10.2	10		10.5	10.2	(10.2)	10.2	(10.2)	10.2	10.2	10.3
8	1/4	13.7	13.5	14		13.8	13.5	(13.6)	13.5	(13.6)	13.5	13.5	13.7
10	3/8	17.1	17.2	17	14	17.3	17.2	(17.1)	17.2	(17.1)	17.2		17.1
15	1/2	21.3	21.3	22	18	21.7	21.3	(21.4)	21.3	(21.4)	21.3	21.3	21.3
20	3/4	26.7	26.9	27	25	27.2	26.9	(26.9)	26.9	(26.9)	26.9	26.9	26.7
25	1	33.4	33.7	34	32	34	33.7	(33.75)	33.7	(33.8)	33.7	33.7	33.4
(32)	1¼	42.2	42.4	42	38	42.7	42.4	(42.45)	42.4	(42.5)	42.4	42.4	42.2
40	1½	48.3	48.3	48	45	48.6	48.2	(48.35)	48.3	(48.4)	48.3	48.3	48.3
50	2	60.3	60.3	60	57	60.5	60.3	(60.25)	60.3	(60.3)	60.3	60.3	60.3
(65)	2½	73	76.1	76	76	76.3	76.1	(75.95)	76.1	(76.0)	76.1	76.1	73

续表

公称直径 DN		中国				日本	ISO		英国		德国		美国
		石化	化工 HG/20553								DIN 2448	DIN 2440	ASME B36.10M/ B36.19M
A/ mm	B/in	SH/T① 3405	Iₐ②	I_b	II	JIS	DIS4200 系列I	ISO 65	BS 3600	BS 1387	DIN 2458	DIN 2441	
80	3	88.9	88.9	89	89	89.1	88.9	(88.75)	88.9	(88.8)	88.9	88.9	88.9
(90)	3½	101.6				101.6			101.6		101.6		101.6
100	4	114.3	114.3	114	108	114.3	114.3	(114.05)	114.3	(114.1)	114.3	114.3	114.3
(125)	5	141.3	139.7	140		139.8	139.7	(139.65)	139.7	(139.7)	139.7	139.7	141.3
150	6	168.3	168.3	168	159	165.2	168.2	(165.2)	168.3	(165.1)	168.3	165.1	168.3
(175)	7					190.7			193.7		193.7		
200	8	219.1	219.1	219	219	216.3	219.1		219.1		219.1		219.1
(225)	9					241.8							
250	10	273.0	273	273	273	267.4	273.0		273.0		273.0		273.0
300	12	323.8	323.9		325	318.5	323.9		323.9		323.9		323.8
350	14	355.6	355.6		377	355.6	355.6		355.6		355.6		355.6
(375)													
400	16	406.4	406.4		426	406.4	406.4		406.4		406.4		406.4
(425)													
(450)	18	457	457.0		480	457.2	457		457		457.2		457.00
500	20	508	508.0		530	508.0	508		508		508.0		508.00
(550)	22	559	559.0			558.8			559		558.8		559.00
600	24	610	610		630	609.6	610		610		609.6		610.00
(650)	26	660	660			660.4			660		660.4		660.00
700	28	711	711		720	711.2	711		711		711.2		711
(750)	30	762	762			762.0			762		762.0		762
800	32	813	813		820	812.8	813		813		812.3		813.0
(850)	34	864	864			863.6			864		863.6		864.0
900	36	914	914		920	914.4	914		914		914.4		914.0
(950)	38	965	965										965.0
1000	40	1016	1016		1020	1016.0	1016		1016		1016		1016.0
(1050)	42	1067	1067										1067.0
(1100)	44	1118	1118			1117.8							1118.0
(1150)	46	1168	1168										1168.0
1200	48	1219	1219		1220	1219.2	1220						1219.0

续表

公称直径 DN		中国				日本 JIS	ISO		英国		德国		美国 ASME B36.10M/ B36.19M
		石化	化工 HG/20553				DIS4200 系列 I	ISO 65	BS 3600	BS 1387	DIN 2448 DIN 2458	DIN 2440 DIN 2441	
A/mm	B/in	SH/T[①] 3405	I a[②]	I b	II								
(1250)	50		1270										
1300	52	1321	1321										1321.0
(1350)	54		1372			1371.6							
1400	56	1422	1422		1420		1420						1422.0
(1450)	58		1473										
(1500)	60	1524	1524			1524.0							1524.0
1600	64	1626			1620	1625.6	1620						1626.0
(1700)	68	1727											1727.0
1800	72	1829			1820	1828.8	1820						1829.0
(1900)	76	1930											1930.0
2000	80	2032			2020	2032.0	2020						2032.0
2200	88	2220					2220						
2400	96	2420											
2600	104	2620											
2800	112	2820											
3000	120	3020											
3200	128	3220											
3400	136	3420											

注：①外径尺寸系参照 ASME B36.10M。

②HG/T 中 I a 系列为 ISO4200 外径系列，优先采用。I b 系列为外径圆整到整数，与 GB/T 17935 钢管外径系列 1（为通用的推荐选用系列）一致。

世界各国应用的钢管系列标准体系虽多，但大体上可以分为两大类：即工程中一般说的大外径系列和小外径系列。例如我国 SH/T 3405 标准（为美国 ASME B36.10M 外径系列）和 HG/T 20553 标准中的 I（I a 系列为 ISO DIS4200 外径系列，与英国的 BS3600 一致；I b 系列为外径圆整到整数）就属于大外径系列；而 HG/T 20553 标准中的 II 就属于小外径系列（为前苏联的标准体系）。在选用外径系列时要注意与所选用的管件、法兰、阀门相配。

大外径系列是目前设计时的优先选用系列，小外径系列由于历史原因还在部分领域使用。现在石油化工行业一般都采用大外径系列，这个系列中≤DN200mm 的钢管外径比小外径系列的大，而 DN≥300mm 的钢管外径又比小外径系列的小，所以通常所说的大外径或小外径仅指 DN≤200mm 的钢管。

　　钢管的壁厚：钢管的壁厚计算方法，在 ASME B31.3、GB/T 50316、SH 3509 等标准规范中均有详细的介绍。钢管壁厚的表示方法在不同的标准中各不相同，但主要有三种。

　　①以管子表号表示公称壁厚　此种表示方法以 ASME B36.10《焊接和无缝钢管》为代表并为其他许多标准所采用，常用"Sch"标示。管子表号是管子设计压力与设计温度下材料许用应力的比值乘以 1000，并经圆整后的数值。

$$Sch = \frac{p}{[\sigma]^t \times 1000}$$

　　中国石油化工行业标准 SH/T 3405 标准中，无缝钢管采用了 Sch 20、Sch 30、Sch 40、Sch 60、Sch 80、Sch 100、Sch 120、Sch 140、Sch 160 九个表号，不锈钢管采用了 Sch 5s、Sch 10s、Sch 20s、Sch 40s、Sch 80s 五个表号。

　　②以管子重量表示公称壁厚　美国 MSS 和 ASME 也规定了以管子重量表示壁厚的方法，并将管子壁厚分为三种：标准重量管，以 STD 表示；加厚管，以 XS 表示；特厚管，以 XXS 表示。

　　对于 DN≤250mm 的管子，Sch 40 相当于 STD；DN<200mm 的管子，Sch 80 相当于 XS。

　　③以钢管壁厚值表示公称壁厚　中国、ISO 和日本部分钢管标准采用了壁厚值表示钢管公称壁厚。中国石油化工行业标准 SH/T 3405 的无缝钢管壁厚系列见表 3-8。

表 3-8　SH/T 3405 钢管壁厚系列

公称直径 DN	外径 D_o/mm	SH/T 3405 管壁厚度/mm													
		Sch 5S	Sch 10S	Sch 20S	Sch 40S	Sch 80S	Sch 20	Sch 30	Sch 40	Sch 60	Sch 80	Sch 100	Sch 120	Sch 140	Sch 160	XXs
10	17	1.2	1.6	2.0	2.5	3.2			2.5		3.5					
15	22	1.6	2.0	2.5	3.0	4.0			3.0		4.0				5.0	7.5
20	27	1.6	2.0	2.5	3.0	4.0			3.0		4.0				5.5	8.0
25	34	1.6	2.8	3.0	3.5	4.5			3.5		4.5				6.5	9.0
(32)	42	1.6	2.8	3.0	3.5	5.0			3.5		5.0				7.0	10.0
40	48	1.6	2.8	3.0	4.0	5.0			4.0		5.0				7.0	10.0
50	60	1.6	2.8	3.5	4.0	5.0	3.5		4.0	5.0	5.5		7.0		8.5	11.0
(65)	76	2.0	3.0	3.5	5.0	7.0	4.5		5.0	6.0	7.0		8.0		9.5	14.0
80	89	2.0	3.0	4.0	5.5	7.5	4.5		5.5	6.5	7.5		9.0		11.0	15.0
100	114	2.0	3.0	4.0	6.0	8.5	5.0		6.0	7.0	8.5		11.0		14.0	17.0
(125)	140	2.8	3.5	5.0	6.5	9.5	5.0		6.5	8.0	9.5		13.0	—	16.0	19.0
150	168	2.8	3.5	5.0	7.0	11.0	5.5	6.5	7.0	9.5	11.0		14.0		18.0	22.0
200	219	2.8	4.0	6.5	8.0	13.0	6.5	7.0	8.0	10.0	13.0	15.0	18.0	20.0	24.0	23.0

续表

公称直径 DN	外径 D_o/mm	SH/T 3405 管壁厚度/mm														
		Sch 5S	Sch 10S	Sch 20S	Sch 40S	Sch 80S	Sch 20	Sch 30	Sch 40	Sch 60	Sch 80	Sch 100	Sch 120	Sch 140	Sch 160	XXs
250	273	3.5	4.0	6.5	9.5	15.0	6.5	8.0	9.5	13.0	15.0	18.0	22.0	25.0	28.0	25.0
300	325	4.0	4.5	6.5	9.5	17.0	6.5	8.5	10.0	14.0	17.0	22.0	25.0	25.0	34.0	26.0
350	356	4.0	5.0				8.0	9.5	11.0	15.0	19.0	24.0	28.0	32.0	36.0	
400	406	4.5	5.0				8.0	9.5	13.0	17.0	22.0	26.0	32.0	36.0	40.0	
450	457						8.0	11.0	14.0	19.0	24.0	30.0	35.0	40.0	45.0	
500	508						9.5	13.0	15.0	20.0	26.0	32.0	38.0	45.0	50.0	
550	559						9.5	13.0	17.0	22.0	28.0	35.0	42.0	48.0	54.0	
600	610						9.5	14.0	18.0	25.0	32.0	38.0	45.0	52.0	60.0	

注：①等级代号后面带 S 者仅适用于奥氏体不锈钢管。

②有括号的 DN 不推荐选用。

钢管的长度：钢管的通常长度为 3000～12500mm。

钢管的单位长度质量：钢管的每米长度质量可以由 GB/T 17395—2008《无缝钢管尺寸、外形、重量及允许偏差》查得，也可以用下列公式计算得到理论重量：

$$w = \pi\rho(D - S)S/1000$$

式中 w——钢管的理论重量，kg/m；

$\pi = 3.1416$；

ρ——钢的密度，kg/dm³；

D——钢管的公称外径，mm；

S——钢管的公称壁厚，mm。

（2）化工设备用钢管

GB/T 150—2011《压力容器》中推荐使用的钢管主要有 GB/T 8163《输送流体用无缝钢管》、GB/T 9948《石油裂化用无缝钢管》、GB/T 6479《高压化肥设备用无缝钢管》、GB/T 5310《高压锅炉用无缝钢管》、GB/T 13296《锅炉、热交换器用不锈钢无缝钢管》、GB/T 14976《流体输送用不锈钢无缝钢管》、GB/T 21833《奥氏体铁素体型双相不锈钢无缝钢管》、GB/T 12771《流体输送用不锈钢焊接钢管》、GB/T 24593《锅炉和热交换器用奥氏体不锈钢焊接钢管》和 GB/T 21832《奥氏体—铁素体型双相不锈钢焊接钢管》材料共列出 52 种钢管用于化工设备设计使用，其中碳钢和低合金钢管均为无缝钢管，共 16 种材料；不锈钢钢管有无缝钢管和焊接钢管两类，涉及 36 种材料。表 3-9 为压力容器推荐使用钢管材料牌号。

表 3 - 9　化工设备推荐使用钢管牌号

类别	钢管牌号	标准
碳素钢	10，20	GB/T 8163
	10，20	GB/T 9948
	20	GB/T 6479
低合金钢	Q345D	GB/T 8163
	16Mn	GB/T 6479
	12CrMo，15CrMo，12Cr2Mo1，1Cr5Mo，09MnD，09MnNiD，08Cr2AlMo，09CrCuSb（ND钢）	GB/T 9948
	12CrMoVG	GB/T 5310
不锈钢	0Cr18Ni9（S30408），00Cr19Ni10（S30403），0Cr18Ni10Ti（S32168）0Cr17Ni12Mo2（S31608），00Cr17Ni14Mo2（S31603）0Cr18Ni12Mo2Ti（S31668），0Cr19Ni13Mo3（S31703）1Cr19Ni9（S30409），0Cr25Ni20（S31008）	GB/T 13296
	0Cr18Ni9（S30408），00Cr19Ni10（S30403），0Cr18Ni10Ti（S21168）0Cr17Ni12Mo2（S31608），00Cr17Ni14Mo2（S31603）0Cr18Ni12Mo2Ti（S31668），0Cr19Ni13Mo3（S31703）0Cr25Ni20（S31008），	GB/T 14976
	S21953，S22253，S22053，S22073	GB/T 21833
	S30408，S30403，S31608，S31603，S32168	GB/T 12771
	S30408，S30403，S31608，S31603，S32168	GB/T 24593
	S21593，S22253，S22053	GB/T 21832

3.2.3　化工设备用锻件

化工设备锻件主要由于厚壁壳体、设备法兰、换热器管板以及高压立式设备裙座－底封头－筒体联接的 H 型联接件等。

（1）化工设备用锻件的质量要求

化工设备锻件用材料要求较高，对材料内部质量要进行严格的超声波探伤和晶粒度、夹杂物等金相检验，同时要求钢材有好的纯洁度和均质性，夹杂物和气体元素都要控制在较低水平。对锻件要求有足够的锻造比，打碎铸造晶粒，并配以适当的锻后热处理制度进行晶粒细化，性能热处理中采用重置加热正火或淬火，使各项力学性能均匀地达到要求的指标。压力容器锻件根据检验项目要求的不同分成Ⅰ、Ⅱ、Ⅲ和Ⅳ四个级别，见表 3 - 10。

表 3-10 承压设备用碳钢和低合金钢锻件级别及检验项目

锻件级别	检验项目	检验数量
Ⅰ	硬度（HBW）	逐件检查
Ⅱ	拉伸和冲击（R_m，R_{eL}，A，KV_2）	同冶炼炉号、同炉热处理的锻件组成一批，每批抽检一件
Ⅲ	拉伸和冲击（R_m，R_{eL}，A，KV_2）	同冶炼炉号、同炉热处理的锻件组成一批，每批抽检一件
Ⅲ	超声检测	逐件检查
Ⅳ	拉伸和冲击（R_m，R_{eL}，A，KV_2）	逐件检查
Ⅳ	超声检测	逐件检查

（2）化工设备用锻件

目前国内压力容器用锻件标准主要是 GB/T 150《压力容器》以及 NB/T 47008《承压设备用碳素钢和低合金钢锻件》、NB/T 47009《低温承压设备用低合金钢锻件》和 NB/T 47010《承压设备用不锈钢和耐热钢锻件》四个标准，共有 34 个钢种，见表 3-11。

表 3-11 化工设备承压壳体用锻件材料

类别	锻件牌号	备注	
碳素钢	20，35		NB/T 47008
低合金钢	16Mn，20MnMo，20MnMoNb，20MnNiMo	高强钢	NB/T 47008
低合金钢	35CrMo，15CrMo，14Cr1Mo，12Cr2Mo1，12Cr1MoV，12Cr2Mo1V，12Cr3Mo1V	耐热钢	NB/T 47008
低合金钢	16MnD，20MnMoD，08MnNiMoVD，10Ni3MoVD，09MnNiD，08Ni3D	低温用钢	NB/T 47009
不锈钢	S11306	铁素体钢	NB/T 47010
不锈钢	S21953，S22253，S22053	双相钢	NB/T 47010
不锈钢	S30408，S30403，S30409，S31008，S31608，S31603，S31668，S31703，S32168，S39042	奥氏体钢	NB/T 47010

3.2.4 化工设备用焊接材料

压力容器焊接材料选用原则是应根据母材的化学成分、力学性能、焊接性能，并结合压力容器的结构特点、使用条件及焊接方法综合考虑选用焊接材料，必要时通过试验确定。

（1）碳钢、低合金钢焊材的选用

碳钢相同钢号焊接：选用焊接材料应保证焊缝金属的力学性能不应超过母材标准规定的上限值加 30MPa。

强度型低合金钢相同钢号焊接：选用焊接材料应保证焊缝金属的力学性能高于或等于母材规定的限值。

耐热性低合金钢相同钢号焊接：选用焊接材料应保证焊缝金属的力学性能高于或等于母材规定的限值，同时还应保证焊缝金属中的 Cr、Mo 含量与母材规定相当。

低温型低合金钢相同钢号焊接：选用焊接材料应保证焊缝金属的力学性能高于或等于母材规定的限值。

不同钢号焊接：不同强度等级的碳素钢、低合金钢钢材之间焊接，选用焊接材料应保证金属的抗拉强度高于或等于强度较低一侧母材抗拉强度下限值，且不超过强度较高一侧母材标准规定的上限值。

压力容器常用碳钢、低合金钢相同钢号焊接推荐选用的焊接材料见表 3-12。

表 3-12　压力容器常用碳钢、低合金钢相同钢号焊接推荐选用的焊接材料

钢号	焊条电弧焊		埋弧焊		CO$_2$气保焊	氩弧焊
	焊条型号	焊条牌号示例	焊剂型号	焊剂牌号及示例	焊丝型号	焊丝牌号
10（管） 20（管）	E4303 E4316 E4315	J422 J426 J427	F4A0-H08A	HJ431-H08A	—	—
Q235B Q235C 20G Q245R 20（锻）	E4316 E4315	J426 J427	F4A2-H08MnA	HJ431-H08MnA	—	—
09MnD	E5015-G	W607	—	—	—	—
09MnNiD 09MnNiDR	E5015-C1L	—	—	—	—	—
16Mn, Q345R	E5016 E5015 E5003	J506 J507 J502	F5A0-H10Mn2 F5A2-H10Mn2	HJ431-H10Mn2 HJ350-H10Mn2 SJ101-H10Mn2	ER49-1 ER50-6	—
16MnD 16MnDR	E5016-G E5015-G	J506RH J507RH	—	—	—	—
15MnNiDR	E5015-G	W607	—	—	—	—
Q370R	E5516-G E5515-G	J556RH J557	—	—	—	—
20MnMo	E5015 E5515-G	J507 J557	F5A0-H10Mn2A F55A0-H08MnMoA	HJ431-H10Mn2A HJ350-H08MnMoA	—	—
20MnMoD	E5016-G E5015-G E5516-G	J506RH J507RH J556RH	—	—	—	—

续表

钢号	焊条电弧焊		埋弧焊		CO₂气保焊	氩弧焊
	焊条型号	焊条牌号示例	焊剂型号	焊剂牌号及示例	焊丝型号	焊丝牌号
13MnNiMoR 18MnMoNbR 20MnMoNb	E6016-D1 E6015-D1	J606 J607	F6A2-H08MnMoA F62A2-H08MnMoVA	HJ350-H08Mn2MoA HJ350-H08Mn2MoVA SJ101-H08Mn2MoA SJ101-H08Mn2MoVA	—	—
07MnMoVR 08MnMoVD 07MnMoDR	E6015-G	J607RH	—	—	—	—
10Ni3MoVD	E6015-G	J607RH	—	—	—	—
12CrMo 12CrMoG	E5015-B1	R207	F48A0-H08CrMoA	HJ350-H08CrMoA SJ101-H08CrMoA	ER55-B2	H08CrMoA
15CrMo 15CrMoG 15CrMoR	E5015-B2	R307	F48P0-H08CrMoA	HJ350-H08CrMoA SJ101-H08CrMoA	ER55-B2	H08CrMoA
14CrMoR 14CrMo	E5015-B2	R307H	—	—	—	—
12Cr1MoVR 12Cr1MoVG	E5015-B2-V	R317	F48P0-H08CrMoVA	HJ350-H08CrMoVA	ER55-B2-MnV	H08CrMoA
12Cr2Mo 12Cr2Mo1 12Cr2MoG 12Cr2Mo1R	E6015-B3	R407	—	—	—	—
1Cr5Mo	E5MoV-15	R507	—	—	—	—

压力容器常用碳钢、低合金钢不同钢号焊接推荐选用的焊接材料见表3-13。

表3-13　压力容器常用碳钢、低合金钢不同钢号焊接推荐选用的焊接材料

钢号	焊条电弧焊		埋弧焊		CO₂气保焊	氩弧焊
	焊条型号	焊条牌号示例	焊剂型号	焊剂牌号及示例	焊丝型号	焊丝牌号
低碳钢与强度型低合金钢焊接	E4316 E4315 E5016 E5015	J426 J427 J506 J507	F4A0-H08A F4A2-H08MnA	HJ431-H08A HJ431-H08MnA SJ101-H08A SJ101-H08MnA	—	—

续表

钢号	焊条电弧焊		埋弧焊		CO₂气保焊	氩弧焊
	焊条型号	焊条牌号示例	焊剂型号	焊剂牌号及示例	焊丝型号	焊丝牌号
含钼强度型低合金钢之间焊接	E5515-B1	R207	F48A0-H08CrMoA	HJ350-H08CrMoA SJ101-H08CrMoA	—	—
	E5015-G	J557	F55A0-H08MnMoA	HJ350-H08MnMoA SJ101-H08MnMoA	—	—
低碳钢与耐热型低合金钢焊接	E4315	J427	F4A0-H08A	HJ431-H08A HJ350-H08A SJ101-H08A		
强度型低合金钢与耐热型低合金钢焊接	E5016 E5015	J506 J507	F5A0-H10Mn2	HJ431-H10Mn2		
强度型钢与耐热型低合金钢焊接	E5515-G E5516-G	J557 J556	F55A0-H08MnMoA	HJ350-H08MnMoA		
	E6015-D1 E6016-D1	J606 J607	F62A0-H08Mn2MoA F62A2-H08Mn2MoA	HJ431-H08Mn2MoA HJ350-H08Mn2MoA SJ101-H08Mn2MoA		
耐热型低合金钢与耐热型低合金钢焊接	E5515-B2	R307	—	—	—	—
	E309-15	A307			H12Cr24Ni13	不进行焊后热处理时采用
	E5515-B2-V	R317			—	—
	E309-15	A307			H12Cr24Ni13	不进行焊后热处理时采用
	E310-15	A407			H12Cr26Ni21	不进行焊后热处理时采用

（2）不锈钢焊材的选用

马氏体不锈钢焊接：在不锈钢和高合金耐热钢中，马氏体钢是可以利用热处理来调整性能的，故为了保证使用性能的要求，焊缝成分应尽可能接近母材的成分。有时为了防止冷裂纹，也可以采用奥氏体焊接材料，但这时的焊缝强度必然低于母材，且由于热胀系数不同，在循环温度工作环境下，可能产生热疲劳裂纹。

马氏体不锈钢焊接，容易出现的问题是过热区硬化和冷裂纹；过热区脆化；热影响区软化。

对于 Cr13 型马氏体钢选用的焊材，应严格控制有害杂质 S、P 及 Si 等，适当含有 Ti、N、Nb 或 Al 等元素，可细化晶粒并降低淬硬性。

铁素体不锈钢焊接：铁素体不锈钢在加热和冷却过程中不发生任何相变，因此，即使快速冷却也不会产生硬化组织。这类钢焊接时容易产生的问题是铁素体晶粒容易长大，导致韧性下降；焊后脆化现象较为严重；在 400～600℃ 长时加热缓冷时，会产生 475℃ 脆化。

选择铁素体不锈钢用焊材时，应采用有害元素（C、N、S、P 等）含量低的焊材，焊缝成分可采用与 Cr17 系同质成分，也可选用 309 型和 310 型奥氏体钢焊材。

奥氏体不锈钢焊接：奥氏体不锈钢的焊接性与马氏体钢和铁素体相比是比较好的，但在焊接时仍须注意下列问题，即焊接接头晶间腐蚀、应力腐蚀开裂及焊缝结晶裂纹。奥氏体不锈钢用焊材的选择，一般要求其合金成分大致与母材成分对耐蚀奥氏体不锈钢，一般希望含一定量的铁素体，这样既能保证良好的抗裂性，又能有很好的抗腐蚀性。

压力容器常用不锈钢相同钢号焊接推荐选用的焊接材料见表 3-14。

表 3-14　压力容器常用不锈钢相同钢号焊接推荐选用的焊接材料

钢号	焊条电弧焊		埋弧焊		氩弧焊
	焊条型号	焊条牌号示例	焊剂型号	焊剂牌号及示例	焊丝牌号
06Cr19Ni10	E308-16 E308-15	A102 A107	F308-H08Cr21Ni10	SJ601-H08Cr21Ni10	H08Cr21Ni10
06Cr18Ni11Ti	E347-16 E347-15	A132 A137	F347-H08Cr20Ni10Nb	SJ641-H08Cr20Ni10Nb	H08Cr19Ni10Ti
06Cr17Ni12Mo2	E316-16 E316-15	A202 A207	F316-H06Cr19Ni12Mo2	SJ601-H06Cr19Ni12Mo2 HJ260-H06Cr19Ni12Mo2	H06Cr19Ni12Mo2
06Cr17Ni12Mo2Ti	E316L-16 E318-16	A022 A212	F316L-H03Cr19Ni12Mo2	SJ601-H03Cr19Ni12Mo2 HJ260-H08Cr19Ni12Mo2	H03Cr19Ni12Mo2
06Cr19Ni13Mo3	E317-16	A242	F317-H08Cr19Ni14Mo3	SJ601-H08Cr19Ni14Mo3 HJ260-H08Cr19Ni14Mo3	H08Cr19Ni14Mo3
022Cr19Ni10	E308L-16	A002	F308L-H03Cr21Ni10	SJ601-H03Cr21Ni10 HJ260-H03Cr21Ni10	H03Cr21Ni10
022Cr17Ni12Mo2	E316L-16	A022	F316-H06Cr19Ni12Mo2	SJ601-H06Cr19Ni12Mo2	H03Cr19Ni12Mo2
022Cr19Ni13Mo3	E317L-16	—	—	—	H03Cr19Ni14Mo3
06Cr13	E410-16 E410-15	G202 G207	— —	— —	— —

（3）异种钢焊接时焊材的选用

随着石油、化工、电力及原子能等工业的发展，不锈钢与碳钢、低合金钢等材料之间的焊接，以及不锈钢复合钢板的焊接，即所谓异种钢的焊接正日益为人们所关注。

异种钢焊接的主要问题是焊缝金属成分的稀释率及显微组织的变化。焊材的选用通常是就高不就低，如碳钢、低合金钢与不锈钢焊接时，要选用不锈钢焊材；铬不锈钢与铬镍不锈钢焊接时多要选用铬镍不锈钢焊材。压力容器常用异种钢焊接时推荐选用的焊接材料见表 3-15。

表 3-15　压力容器常用异种钢焊接时推荐选用的焊接材料

钢号	焊条电弧焊		埋弧焊		氩弧焊	备注
	焊条型号	焊条牌号示例	焊剂型号	焊剂牌号及示例	焊丝牌号	
耐热性不锈钢与铁素体、马氏体不锈钢焊接	E309-16	A302	F309-H12Cr24Ni13	—	H12Cr24Ni13	不进行焊后热处理时采用
	E309-15	A307				
	E310-15	A407	F310-H12Cr26Ni21	—	H12Cr26Ni21	不进行焊后热处理时采用
强度型低合金钢与奥氏体不锈钢焊接	E309-16	A302	F309-H12Cr24Ni13	—	H12Cr24Ni13	不进行焊后热处理时采用
	E309-15	A307				
	E309Mo-16	A312				
	E310-16	A402	F310-H12Cr26Ni21	—	H12Cr26Ni21	不进行焊后热处理时采用
	E310-15	A407				
耐热型低合金钢与奥氏体不锈钢焊接	E309-16	A302	F309-H12Cr24Ni13	—	H12Cr24Ni13	不进行焊后热处理时采用
	E309-15	A307				
	E310-16	A402	F310-H12Cr26Ni21	—	H12Cr26Ni21	不进行焊后热处理时采用
	E310-15	A407				

3.3　化工设备选材

化工设备材料选用的原则主要考虑使用性能原则、工艺性能原则和经济性原则三个方面；并要结合化工设备的工艺特点、结构特点对选材做出分析；同时按照标准规范的最新要求，对实际的化工设备进行合适的选材。

3.3.1　化工设备选材的一般原则

化工设备的选材与设计同步进行，是化工设备设计工作的一部分。设计的第一步就是认识需求，并由此决定相应的方案和措施。认识需求有时是一种有很高创造性的活动。这里给出化工设备选材的一般性原则，对具体选材工作设计人员可以在此基础上结合具体情况进行分析。

3.3.1.1　材料选用的一般原则

（1）材料的使用性能原则

材料的使用性能是指材料在化工设备及其构件（零件）工作过程中所应具备的性能，包括材料的力学性能、化学性能和物理性能。这些性能是选材最主要的依据。不同的构件所要求的使用性能是不同的，有的要求高强度，有的要求耐腐蚀，有的要求耐高温或耐低温，有的要求高硬度耐磨损，有的要求高弹性等。即使同一构件，不同的零件要求的性能也不同，如螺栓连接、齿轮副等，螺栓与螺母要求硬度不同，大齿轮与小齿轮的齿面硬度应有一定的差值，有时同一个部件的不同部位所要求的性能也不同，如不锈钢高强法兰与设备对接结构的设计计算中，不锈钢法兰的计算属刚度问题，为保证法兰的密封性能，取其较低的许用应力；而不锈钢高颈法兰与设备对焊部分的计算属于强度问题，可以取不锈钢较高的许用应力。

因此在选材时，首先必须准确地判断构件所要求的使用性能，然后再确定所选材料的主要性能指标以及具体数值并进行选材。有如下具体方法：

①分析构件的工作条件。确定构件应具有的使用性能。工作条件分析包括以下三个方面。

a）构件的载荷情况。如载荷的类型（静载、交变载荷、冲击载荷等），载荷的形式（拉伸、压缩、扭转、弯曲、剪切等），载荷大小以及分布情况（均匀分布或有较大的局部应力集中）等，载荷条件主要用来确定承压壳体的结构尺寸。

b）构件的工作环境。主要是温度和介质情况。温度情况，如低温、常温、高温或变温等，用于确定选材类别以及确定材料的许用应力；介质情况，如有无腐蚀、核辐照、积垢或磨损作用等用于确定选材的耐腐蚀类别。

c）构件的特殊要求。如传热快、防振、重量轻等。

在工作条件分析的基础上确定构件的使用性能。例如，核容器壳体处于高压静载，则构件除了考虑强度要求外，还必须考虑核辐照脆化，构件应有高的抗裂性能。而磷肥生产混合器的搅拌器是受交变载荷、介质腐蚀和磨损作用，耐疲劳抗力以及耐腐蚀、耐磨损是搅拌器应具有的使用性能。

对构件工作条件的分析是否全面合理，会因人而异，设计经验丰富则偏差会小一些，忽略的因素也会少一些。

②通过失效分析，确定构件的主要使用性能。构件的失效是客观的事实，能忠实地反映构件在工作条件下存在的不足。通过失效分析找出构件失效的原因以及各种影响因素，可以为较准确地确定构件主要使用性能提供经过实践检验的可靠依据。例如，大量低温构件的断裂分析，使人们认识了常用工程结构钢材使用在某一低温以下，会由韧性变成脆性，从而确定在低温下工作的构件必须有高的韧性。

③从构件使用性能要求提出对材料使用性能的要求。在构件工作条件分析和失效分析的基础上明确了构件的使用性能后，还要把构件的使用性能要求，通过分析、计算转化成材料在实验室中按标准测量的性能指标和具体数值，再按这些性能指标数值查找手册或数

据库中各类材料的性能数据和大致应用范围进行选材。这项工作难度较大，因为材料的使用性能是按标准在实验室测试的标准性能值，测试条件与实际工作条件、测试试样与实际构件形状尺寸等都是有区别的，因此材料使用性能与构件使用性能之间存在不同等关系，往往没有单一的对应值。进行此项工作时，要注意下列问题：

a）一般的手册和数据库上列出的材料性能数据是在试验标准条件下用标准试样测出的，必须注意试验条件与工作条件的差别；有些手册和数据库上列出的材料性能数据是在某种典型的工况条件下观测得出的，必须注意一般性工况条件与具体工况条件的差别，在这方面化工设备的腐蚀问题较为突出。

b）手册和数据库上列出的性能指标以及数值大多是常规性能指标和数值，非常规值不能套用，如力学性能 R_{eL}、R_m、A、Z、A_{KV}、HBS 或 HRC，如果是常温室内测试的，对于高温、低温或腐蚀介质中的力学性能就不能简单套用，只能通过模拟试验取数据或从有关专门资料上查取，比如，金属材料的标准电极电位是纯金属在 25℃下的金属本身离子溶液中测得的，在一般工业介质中测得的是非平衡电极电位，两者是有区别的。

c）并不是所有使用性能都有具体选用数值，如化工设备设计中十分重要的塑性和韧性参数 A、Z、A_{KV}等，这些指标是保证安全的重要性能指标，但目前这些指标对指导设计来说，还处于定性判断阶段，尚不具备定量计算的水平。不能从构件需要的使用性能计算出材料使用性能的具体参数值，对于具体工况需要多大的数值才能保证安全，往往依赖于实际经验，参考相类似的工况、标准，资料中只能提出一个数值范围。在材料使用性能的判断中，定性判断有时比定量计算更为重要。

（2）材料的加工工艺性能原则

材料的加工工艺性能是指保证构件质量的前提下对材料加工的难易程度。选材时也必须考虑材料的冷、热加工及热处理工艺性能的好坏，好的加工工艺性能不仅要求工艺简单，容易加工，能源消耗少、材料利用率高、加工质量好（变形小、尺寸精度高、表面光洁、组织均匀致密等），而且包括加工后的构件在使用时有好的使用性能。

（3）材料的经济性原则

在满足构件使用性能、加工工艺性能要求的前提下，经济性也是必须考虑的主要因素。选材的经济性不只是选用材料的价格，还要考虑构件生产的总成本，把材料费用同构件加工制造、安装、操作、检验、维修、更换以及装备寿命等结合起来综合考虑，进行总费用的成本核算，提高性价比。

一般的机械产品注重"成批"，化工设备强调"成套"。考虑问题的侧重点不同，对经济性判断结果有时是不同的。考虑到工艺流程的需要，化工设备设计开始前往往制定工程的统一规定，在压力等级、温度、材质、防腐等方面提出统一的规定，并严格执行。这使得有的设备可能偏于保守，安全过盈，但这是这类"过程"设备的特色所在，也是工程学的特点。设计者在设计过程中往往借助一些参考资料，也能够了解到一些反馈的信息，在没有全面搞清楚原来的设计意图之前，不应轻易改变原设计方案，放松选材要求。市场经济条件下设计者的责任是很重的，选材的经济性原则对设计者的素质提出了很高的要求。

有人认为一些原来的设备经多年服役没有什么"事"（事故），以为"没事"（事故）就证明安全过盈，并进而试图据此降低成本，提高经济效益。这样认识问题是不全面的。这样理解在思想方法上是将具体过程的控制指标与最终目标混为一谈。保证安全，不出事故是对压力容器总的工作目标要求，要实现这一目标，需要每一个过程来保证，只有每个过程都达到其具体指标要求，才能保证最终目标的实现。如果相反，压力容器的每个环节都以没有发生事故作为托词，随意改变，降低要求，那么就真的距离事故不远了。

另外，选材时还应同时考虑材料来源容易和符合国家的资源政策，这也是很重要的。

3.3.1.2 化工设备选材的特点分析

（1）生产工艺特点分析

化工设备种类多，涉及的工艺过程各不相同，工作条件多种多样，加上近年来工艺过程向高压、高温、低温和超低温开拓，对构成化工设备的材料提出了更高的要求，这就需要了解工艺过程的特点，从而在选材时满足使用性能的要求。

①介质特性。选材考虑的介质特性主要是介质的组成、浓度、pH 值、是氧化性还是还原性，以及各种因素变化范围和流速等。介质与构件材料是以界面接触的，因此影响界面物理化学作用的因素是选材时要重点考虑的。由界面作用而导致材料失效主要是腐蚀与磨损，因此介质特性对材料使用性能的要求主要是材料的耐蚀性与耐磨性。在此只分析选材时影响这两种性能的介质特性。

没有对任何介质都耐腐蚀的金属材料。化工设备接触的介质中，腐蚀性的组分种类不同、含量不同，对材料的腐蚀性亦是不同的。以化工工艺最常用的三酸和烧碱为例，碳钢、不锈钢在中低浓度硫酸中不耐蚀，在浓度（质量分数，下同）50％左右的硫酸中腐蚀最严重，而当硫酸浓度总能保持80％以上时，碳钢就是很好的耐蚀材料；碳钢在硝酸以及盐酸中都是不耐蚀的，一般浓度愈大，腐蚀性愈严重，但不锈钢在任何浓度和温度下的硝酸都是合用和耐用的材料，而不锈钢在盐酸中却是完全不耐蚀的；钢铁在常温下较稀的烧碱液中，表面生成牢固的保护膜，当 NaOH 浓度高于30％，温度高于80℃，钢铁则迅速被腐蚀，承受应力的构件还容易产生碱脆，而高温浓碱下镍和铜的耐蚀性很好。

选材时，介质中杂质对材料耐蚀性的影响是不容忽视的，化工设备接触的介质常常不是纯介质，往往还存在无法用廉价方法除去的各种杂质，在某些情况下，微量杂质的存在会引起严重的腐蚀。如99％的醋酸，含 Cl^- 量$\leqslant 2\mu g/g$ 时，0Cr18Ni12Mo2 不锈钢的腐蚀率$\leqslant 0.01mm/a$，当 Cl^- 增加至 $20\mu g/g$ 时，腐蚀率为 1.8mm/a，当高温浓醋酸中含有一定量 Cl^-，长期加热后还会生成盐酸，其腐蚀性更为严重。微量的氯离子还会引起奥氏体不锈钢的应力腐蚀开裂。活性 Cl^- 的腐蚀产物水解，使 Cl^- 不损耗而循环起腐蚀作用；微量杂质的积聚、浓缩等都大大加速了腐蚀过程。因此选材要重视腐蚀性组分的含量，还要重视可能出现的杂质及其最高含量。

介质的 pH 值以及介质是氧化性还是还原性可以作为腐蚀倾向性的判断。氢离子是有效的阴极去极化剂，一般 pH 值愈小，金属的腐蚀愈大，在电动序中位于氢前面（电极电位比氢低）的金属在酸中可将氢置换，当溶液中有氢放出时，说明金属的腐蚀过大，没有实用价值。pH＞7 视不同介质和材料，也会产生腐蚀，腐蚀产物和保护膜的溶解度会随pH 值改变而有所不同，如铝、铅、锌分别在 pH＞6.5、＞8 和＞11 时开始产生腐蚀。介质内有没有溶解氧或氧化剂，在许多情况下耐腐蚀起决定作用，含有的氧对镍、铜及其合金有害；对于能生成保护性氧化膜的金属，如其氧化能力能使金属钝化，则大大提高抗腐蚀能力。如 0Cr18Ni9 在氧化性的硝酸中，能生成致密难溶的钝化膜，在化工过程中可能出现的硝酸浓度以及温度范围内都有很好的耐蚀性（发烟硝酸除外），但在还原性的硫酸中却要视酸中是否含有溶解氧而有不同的耐蚀性能，在 30℃下含氧和不含氧的 5％硫酸中测取 0Cr18Ni9 的腐蚀率，分别为 0.01mm/a 与 1.3mm/a，在还原性酸中改用含钼的18-12-Mo2 型不锈钢比 18-8 型不锈钢耐蚀性要好得多。

化工设备大多处理流动介质，当介质含有固体颗粒或有高的流速时，它会在构件表面产生冲刷、旋涡、湍流、空泡等现象，引起材料严重的冲击、磨损和空泡腐蚀，如结晶器的壳体、泵的叶轮和壳体、液体的进出口和管道的弯头处。这些构件的选材一定要考虑有好的耐磨性。

②工艺特性。选材主要考虑的工艺条件是操作温度、压力、开停车以及工艺产品的一些特殊要求。化工设备的操作温度，对选材是非常重要的，温度的变化幅度对材料性能的影响是多方面的。一般随温度的升高，材料的腐蚀速度增加；温度升高，材料的强度降低和冲击韧性增加，高温下材料会发生明显的蠕变，热强性明显下降；低温下材料脆化，冲击韧性明显下降。

对化工设备操作压力的考虑主要是引起构件的应力水平和分布，把操作压力引起的应力与结构的局部应力、加工的残余应力、操作的误差应力等统一考虑，作为对材料选择的强度、耐蚀性要求是很重要的依据。

开停车的规程、频率、操作时的安全措施等对装备的选材也有要求。如目前全世界氮肥的主要用品为尿素，都用氨基甲酸铵（简称甲铵）脱水法作为工业生产的方法，此方法的优点在于可采用比较廉价的原料氨和二氧化碳，二氧化碳原来是合成氨厂制氢的副产品，大多是放空抛弃的。该方法在 1870 年已经发现，但由于生产过程中高温高压尿素甲铵溶液的腐蚀性很强，装备材料耐腐蚀问题未能妥善解决而延至近一个世纪后，发现在原料二氧化碳气体中加入氧来防腐，才使综合性能较好的 18-12-Mo2 型不锈钢得以应用，从而解决了工业生产的问题。因此尿素生产开车时，必须先通氧，而停车时，在设备内要保存供氧，才能对高温高压的尿素甲铵溶液装备构件选用不锈钢，且要选用尿素级超低碳的 00Cr17Ni14Mo2 奥氏体不锈钢才有较低的腐蚀速度，如能采用 00Cr25Ni22Mo2，则更安全。近年来，超低碳的铬锰氮不锈钢以及超低碳的高铬低镍奥氏体－铁素体双相不锈钢也有满意的耐蚀性。高温高压的尿素设备一般采用碳钢和低合金钢作壳体，内衬不锈钢，厚壁的设备壳体用以承受强度，内衬里层用以抗腐蚀。一旦装备衬里穿漏，尿素甲铵溶液接触到碳钢或低合金钢壳体，每年几百毫米以上的腐蚀率，会使壳体很快失效。因此介质充氧并装备有衬里泄漏监控装置才能选用尿素级超低碳的含高铬镍钼的不锈钢以及相应的其他不锈钢。另外，对于开停车频繁、升降温度波动激烈的装备，选用材料还要求有良好的抗热冲击性能。

在医药，食品以及石油化工合成材料生产等某些过程中，对工艺产品的纯度有严格要求，因此，化工设备选材时大多采用铬镍奥氏体不锈钢，以防止某些金属离子对产品的污染。例如，铅有毒，绝对禁止用于食品工业生产装置。有时材料的腐蚀产物或材料被磨蚀下来的微粒会引起工艺过程发生不允许的副反应，或者造成某些催化反应的催化剂中毒，这种材料就不能选用。

（2）化工设备特点分析

化工设备大多使用在具有单系列连续性生产特点的生产过程，整个生产过程有许多不同功能的化工设备承担各自的生产任务，但又由单个化工设备组成不同的系列单元，由系列单元组成大系统的整体，其中任一台装备或构件失效，整个生产过程都要受到影响，将会带来巨大的损失，尤其近年来，炼油、石油化工、核能的生产系统已向大型化发展，所以装备或构件的失效所造成的损失会更为严重。因此化工设备的选材显得特别重要。

单机化工设备有很多类型，有塔设备、换热设备、反应设备、储罐，压缩机、离心机、风机、泵、阀等。这些装备具有不同的功能与结构，对材料的要求也各有不同；例如，换热设备，除了要耐压、耐温、耐介质腐蚀外，还要求用有良好导热性能的材料制造换热构件；塔设备往往有复杂的内部构件，如泡罩、浮阀等提供汽液两相得以充分接触的机会，这些构件既与流动介质接触，要求耐温、耐腐蚀以及耐冲刷磨损，又结构复杂，还要求有良好的加工工艺性能；又如，液氧、液氮储罐要求耐压以及能在－196℃的低温下工作，同时还要求有好的低温韧性而不致产生低温脆裂。

3.3.1.3　化工设备选材的特殊问题

化工设备的选材工作既要体现金属结构材料的特点，又要满足化工设备设计的要求，还要满足金属材料的力学性能、耐蚀性能、加工工艺性能，同时还要符合最新标准规范的技术要求。化工设备设计工作具有如下特点：①结构、参数的多样性；②标准、规范的时效性；③设计、制造许可证制度的严密性，并按特种设备管理。化工设备设计的材料选用也受这些因素的制约，下面结合标准规范的要求，讨论化工设备设计中的选材三个特殊问题，涉及金属的物理冶金以及金属的合金化原理。

（1）"425℃"问题

①"425℃"。有关标准指出："碳素钢和碳锰钢在高于425℃下长期使用时，应考虑钢中碳化物相的石墨化倾向。"根据金属材料的蠕变研究方法来推测，"长期"应理解为1万～10万h，与压力容器的设计寿命具有一定的可比性。425℃是此类钢的中温回火温度，中温回火将使钢材的组织得到改善。但时间如果过长，会促使钢材的组织发生根本性的变化。

石墨化倾向的第一步是珠光体的球化，石墨化是钢中碳化物（渗碳体）在长期高温作用下分解的结果，也是其最终、最恶劣的后果。正常的珠光体组织是片层状的渗碳体均匀地分布在铁素体的基体上，如果钢中发生了碳化物相的石墨化，则意味着材料已发生了根本性的变化。从金相组织角度来看，这时的钢材已经不能称其为钢，而应称其为"铸铁"。

石墨分布在铁素体的基体上是铸铁的金相组织特征。铸铁的安全系数为 8.0～10.0 而钢的安全系数为 3.0。

那么如何"考虑"，以及如何避免这种倾向呢？比较简单而有效的方法是改变材质，可以选用适合于中温条件下使用的制作压力容器用的 Cr-Mo 钢，如 15CrMoR；还可以控制（降低）容器的设计使用寿命；再有一种方法就是适当地提高容器的壳体厚度，以降低受压元件的应力水平。这几种措施的目的是为了保证压力容器的安全运行。

"425℃"问题的提出实际上是提醒压力容器设计人员，尽管以 Q245R 为代表的碳素钢和以 Q345R 为代表的碳锰钢的最高允许使用温度都是 475℃，但是，如果在设计温度高于 400℃ 的条件下选用 Q245R 与 Q345R 可能是不合理的，应尽量避免。

钢材长期在高温作用时，金相组织将会发生变化，导致性能退化。珠光体的高温球化、渗碳体的高温石墨化，以及合金元素在高温下的迁移是其中的主要变化。

②珠光体球化。化工设备材料中常用的各种碳素钢及低合金钢均为铁素体＋珠光体组织，而珠光体组织是片状铁素体与片状渗碳体相互间隔构成的。长期处于高温条件下，珠光体中的片状渗碳体逐渐转变为球状，再聚集为较大的球团，这就是珠光体球化。温度越高，高温作用时间越长，珠光体球化越严重，球化后小球还会聚集成大球。

珠光体球化后可使钢材在常温下强度明显下降，也使钢材的蠕变强度和持久强度明显下降。即使是加入了钼、铬、钒等合金元素的低合金耐热钢，珠光体球化的速度虽然可以减慢，但也难以避免球化后强度下降。

③珠光体球化对钢性能的影响。珠光体组织是由片状铁素体与片状珠光体相互间隔构成。由于片状物比球状物的比表面积（单位质量物质的总表面积为比表面积）大得多。当材料长期处于高温作用时，具有较大表面能的片状物有自行向能量较小的球状物转变的趋势。因此片状珠光体是一种不稳定的组织，其中的渗碳体有自发变成球状并聚集成大球团的趋势。温度越高，高温作用时间越长，珠光体球化也越严重。由片状珠光体逐渐变成球状，再聚集成大球团－珠光体的球化。珠光体的球化过程就是碳化物的扩散过程，它们是同时进行的。因为晶粒界面上的扩散速度较大，所以球化现象总是首先在晶界处发生。其影响如下：

a) 珠光体球化会使钢在常温下屈服强度 R_{eL} 和抗拉强度 R_m 降低。中等程度球化的情况下，强度指标会降低 10％～15％；严重球化时，强度指标要降低 20％～30％。

b) 珠光体球化会使钢的蠕变极限和持久强度降低。它加速了高温承压元件在使用过程中的蠕变速度，减少了工作寿命，导致钢材在高温和应力作用下的加速破坏。

已发生球化的钢材可采用热处理的方法使之恢复原来的组织。将已发生球化的珠光体钢加热到完全变成奥氏体组织的温度（略高于 900℃），保温一定时间（约 1h 左右）。由于相变与再结晶，冷却后可得到原来的金相组织，可以消除球化现象。

④石墨化。它是低碳钢在 450℃ 以上，0.5Mo 钢在 480℃ 以上长期运行，渗碳体自行分解成石墨，使材料脆性急剧增大的组织结构变化过程。石墨化是钢材的渗碳体组织长期处于高温后发生自行分解而出现石墨的现象。

$$Fe_3C = 3Fe + C（石墨）$$

石墨化的过程为：开始时，石墨是以微细的点状出现在金属内部，逐渐形成越来越粗的颗粒。石墨的强度极低，相当于在金属内部产生了空穴。空穴周围产生了应力集中现象，形成了复杂的受力状态，使钢材在常温以及高温下的强度均有所下降，冲击功下降明显。如果点状石墨连结成链状，则更为危险。

石墨化是一个扩散过程。它总是在渗碳体球化的过程中产生。随着球化级别程度的升高，有的渗碳体开始分解为石墨。随着运行时间的增加，球化更加严重，已生成的石墨点逐渐长大成球，同时有新的石墨点产生。这样，碳的扩散聚集和渗碳体的分解过程，随着高温条件下使用时间的延长而逐步发展。当碳化物分解成石墨的量达到钢材总量的60%左右时，石墨化已发展到了危险的程度。

石墨化只出现在一定的高温范围内，碳钢在450～700℃，0.5Mo 钢在480～700℃。温度高于700℃后，已生成的石墨化又能与铁生成渗碳体。凡是与碳结合能力强的元素加入钢中均可阻止石墨化现象的发生，如铬、钛、钒等。铬能有效地阻止石墨化，含铬量在0.5%时，即有明显效果。高温承压元件所用的铬钼钢，就是在原有钼钢基础上加入铬以防止石墨化的钢种。硅、铬、镍等元素有促进石墨化的作用，因此在冶炼时，应严格控制这些元素的成分在一定量以下。

⑤合金元素的转移。为了提高钢材的蠕变强度、持久强度和耐热性，常需加入铬、钼、钒等合金元素。但在高温长期作用下，原来均匀分散地溶于固溶体中的合金元素逐步向渗碳体中转移，渗碳体中的合金元素含量逐渐增加。由此，使得固溶体中的高温时能起到强化作用的合金元素减少，从而使钢材的高温蠕变强度和持久强度下降。

（2）"525℃" 问题

有关标准要求："奥氏体钢的使用温度高于525℃时，钢中含碳量应不小于0.04%"。与其他许多数据来自于 ASME 一样，ASME 中的相应要求为1000℉（538℃），我国将此数值有所降低。这句话的意思是00Cr19Ni10 和00Cr17Ni14Mo2 等超低碳不锈钢不应当用于525℃以上的场合，否则因含碳量过低造成其热强性降低。

许多奥氏体不锈钢既是耐酸不锈钢，又是耐热不锈钢，碳在奥氏体不锈钢中具有两重性，即从耐腐蚀性来说，需要降低含碳量，而从耐高温性能来说，需要提高含碳量。当然过高的含碳量也会造成碳化物聚积使热强性降低。

不锈钢就其本质上来讲，并非"不锈"而是非常容易生锈，只不过其"锈"——钝化膜的构成与一般的铁锈不同。不锈钢的耐蚀能力取决于它的三方面特征：

①钢的表面形成稳定的富 Cr 的表面保护膜；

②单一的固溶体组织；

③提高固溶体的电极电位。

（3）"1Cr18Ni9Ti" 问题

对 1Cr18Ni9Ti 钢的讨论具有理论和实践的双重意义。

晶间腐蚀是奥氏体不锈钢应用中的主要问题，按照贫铬理论，碳是造成晶间腐蚀敏感性的主要有害元素，不锈钢只有在敏化过程中才会在晶界析出碳化铬，造成晶间贫铬区，导致对晶间腐蚀敏感。但后来一方面发现不锈钢的晶间腐蚀不但是贫铬所产生，还有其他原因，如因晶界析出金属间相使晶间受到腐蚀。另一方面化工设备的主体——压力容器壳体，一般用轧材经压力加工以及焊接成形，成形过程中经受热变形以及焊接的敏化温度作用，而且在制造后一般不能进行整体热处理，这就在材料的固有性质与设备的加工工艺之间形成了矛盾。为了解决这个问题，人们从两方面着手工作：一是不惜投入重金更新、改造炼钢设备，生产低碳和超低碳不锈钢；二是利用合金化原理，避免形成铬的碳化物。当工业技术、经济水平没有达到较为先进的程度时，只能优先采用第二种措施。Ti、Zr、Nb、V、Mo、W、Cr、Mn、Fe 都是碳化物形成元素，形成碳化物的亲和力依次降低。综合比较之后，人们选择了 Ti 和 Nb，即在形成铬的碳化物之前先形成钛或铌的碳化物。这样就保护了铬不受损失，基本解决晶间腐蚀问题。不锈钢中加 Ti 和 Nb 是为了防止晶间腐蚀，前提条件是"晶间贫 Cr 理论"。但是这种方法也有不完善之处。Ti 或 Nb 的效果经稳定化热处理才能起作用。原因是在固溶处理时，在碳化铬溶解的同时，大部分碳化钛也溶解了。随后如再经过 $400\sim850℃$ 的敏化区加热，由于 Ti 的含量相对于 Cr 要少得多，Ti 的原子比 Cr 大，扩散能力低于 Cr，所以形成的仍然是碳化铬而不是碳化钛，达不到彻底防止晶间腐蚀的目的。按照晶间贫 Cr 理论的解释，解决晶间腐蚀问题的关键不只在于把 Ti 或 Nb 加入 18-8CrNi 钢中，更重要的是使钢中的 $M_{23}C_6$ 向 TiC 或 NbC 转变。这一转变的重要条件就是温度，应当在高于碳化铬的溶解温度而低于碳化钛的溶解温度范围内进行稳定化处理，以解决这一问题。一般这一温度在 800℃ 以上。实际工作中曾发生未经稳定化处理的 1Cr18Ni9Ti 钢，虽然化学成分合格，但按标准检验时，仍然发生晶间腐蚀。化工厂以前常见的"刀口腐蚀"也有这一因素，可见稳定化处理的重要性。1Cr18Ni9Ti 的稳定化处理工艺是在 $860\sim880℃$ 下保温 6h，空冷。随着技术经济水平的提高，逐渐地具备了降低奥氏体不锈钢中含碳量的能力，把 1Cr18Ni9Ti 的含碳量降到 0Cr18Ni9 水平，再将 0Cr18Ni9 的含碳量降低至超低碳级的 18-9CrNi 不锈钢水平，它抗均匀腐蚀、晶间腐蚀的能力比 1Cr18Ni9Ti 好。从焊后使用性能考虑，宜于选择低碳不锈钢，因此，从 20 世纪 60 年代开始，世界上大量使用超低碳不锈钢。在此特别提出，由于炉外精炼较易脱碳，不推荐使用 1Cr18Ni9Ti、1Cr18Ni12Mo2Ti 含碳含量较高又要添加稳定化元素的不锈钢，1Cr18Ni9Ti 已被有关标准列为不推荐使用的钢种。而这些钢，尤其是 1Cr18Ni9Ti 的产量一直占国内不锈钢产量的 80% 以上。现在完全有条件采用低碳级（C 含量≤0.08%）和超低碳级（C 含量≤0.03%）的不锈钢来取代稳定化不锈钢。国内化工设备用不锈钢应该积极改变习惯于使用稳定化不锈钢，尤其是使用高碳稳定化不锈钢 1Cr18Ni9Ti 以及 1Cr18Ni12Mo2Ti 的落后状态。

概括地讲，1Cr18Ni9Ti 是落后的不锈钢生产工艺的产品代表。随着世界各国不锈钢生产工艺的改进，已成为淘汰产品。鉴于我国国情，有些场合仍然保留，以满足落后的使用习惯以及生产水平的需要，但属于不推荐钢种。真正需要用 1Cr18Ni9Ti 者，也应改为 0Cr18Ni11Ti。使用加 Ti 的 0Cr18Ni11Ti 还是不加 Ti 的 0Cr18Ni9，取决于不锈的使用环境是否属晶间腐蚀环境。此时材料如经焊接或其他热加工，可能导致发生晶间腐蚀，为此可考虑选用含 Ti 的不锈钢或超低碳不锈钢，反之，则选用一般的不锈钢 0Cr18Ni9 即可。

3.3.2 典型石油加工设备选材

由于原油中含有多种腐蚀介质，尤其是含无机盐、硫化物、环烷酸、氮化物等，同时石油加工过程中还会引入水、氢、酸、碱类物质；石油炼制的单元过程中还需在一定的压力、温度下完成，因此炼油设备的工作条件相当复杂。在设备选材中，如何选择耐硫、耐酸腐蚀特别是避免应力腐蚀开裂的材料是设计者首要考虑的问题。表 3－16～表 3－20 分别为典型高硫低酸值炼油厂典型装置（蒸馏、催化裂化、延迟焦化、加氢裂化、硫磺回收）的主要设备选材实例。

表 3－16　加工高硫低酸原油蒸馏装置推荐主要设备推荐用材

设备名称		设备部位		设备主材推荐材料	备注
塔设备	常压塔	顶封头、顶部筒体		Q245R＋NCu30	含顶部 4～5 层塔盘以上塔体
		底封头、其他筒体		Q245R＋06Cr13	介质温度≤350℃
				Q245R＋022Cr19Ni10	介质温度＞350℃
	常压汽提塔 减压汽提塔	壳体		Q245R	介质温度＜240℃
				Q245R＋06Cr13	介质温度 240～350℃
				Q245R＋022Cr19Ni10	介质温度＞350℃
	减压塔	壳体		Q245R＋06Cr13	介质温度≤350℃
				Q245R＋022Cr19Ni10	介质温度＞350℃
换热器	初馏塔顶冷却器 常压塔顶冷却器 减压塔顶抽空冷却器	进口温度高于露点	壳体	20＋022Cr23Ni5Mo3N 或 20＋022Cr25Ni7Mo4N	油气侧
			管子	022Cr23Ni5Mo3N 或 022Cr25Ni7Mo4N	
		其他	壳体	碳钢	油气侧
			管子	碳钢	油气侧可涂防腐涂料
	其他油气换热器 其他油气冷却器	壳体		Q245R	介质温度＜240℃
				Q245R＋06Cr13	介质温度 240～350℃
				Q245R＋022Cr19Ni10	介质温度＞350℃
		管子		碳钢	介质温度＜240℃
				022Cr19Ni10	介质温度≥240℃

表 3-17   加工高硫低酸原油催化裂化装置主要设备推荐用材

设备名称	设备部位	设备主材推荐材料	备注
沉降器	壳体	碳钢	内衬隔热耐磨衬里
	汽提段壳体	15CrMoR	无内衬里
		碳钢	内衬隔热耐磨衬里
再生器	壳体	碳钢	内衬隔热耐磨衬里
外取热器 （催化剂冷却器）	壳体	碳钢	内衬隔热耐磨衬里
	蒸发管	15CrMo	指基管，含内取热器
	过热管	1Cr5Mo	
分馏塔	顶封头、顶部筒体	碳钢＋06Cr13（06Cr13Al）	含顶部4～5层塔盘以上塔体
	其他筒体、底封头	碳钢＋06Cr13	介质温度≤350℃
		碳钢＋022Cr19Ni10	介质温度＞350℃
汽提塔	壳体	碳钢	介质温度＜240℃
	壳体	碳钢＋06Cr13	介质温度≥240℃
吸收、解吸塔	壳体	碳钢＋06Cr13（06Cr13Al）	
再吸收塔	壳体	碳钢	
稳定塔	顶封头、顶部筒体	碳钢＋06Cr13（06Cr13Al）	含顶部4～5层塔盘以上塔体
	其他筒体、底封头	碳钢	
塔顶油气冷却器 压缩富气冷却器	壳体	碳钢	油气侧
	管子	碳钢	采用碳钢油气侧涂防腐涂料
油浆蒸汽发生器 油浆冷却器	壳体	碳钢	
	管子	碳钢	
解吸塔底重沸器	壳体	碳钢	
	管子	022Cr19Ni10	

表 3-18   加工高硫低酸原油延迟焦化装置主要设备推荐用材

设备名称	设备部位	设备主材推荐材料	备注
焦炭塔	上部壳体	铬钼钢＋06Cr13	由顶部到泡沫层底面以下1500mm～2000mm处
	下部壳体	铬钼钢	
焦化分馏塔	顶封头、顶部筒体	碳钢＋06Cr13（06Cr13Al）	含顶部4～5层塔盘以上塔体
	其他筒体、底封头	碳钢＋06Cr13	介质温度≤350℃
		碳钢＋022Cr19Ni10	介质温度＞350℃
蜡油汽提塔	壳体	碳钢	介质温度＜240℃
		碳钢＋06Cr13	介质温度240～350℃
		碳钢＋022Cr19Ni10	介质温度＞350℃

续表

设备名称	设备部位	设备主材推荐材料	备注
吸收、解吸塔	壳体	碳钢＋06Cr13（06Cr13Al）	
再吸收塔	壳体	碳钢	
稳定塔	顶封头、顶部筒体	碳钢＋06Cr13（06Cr13Al）	含顶部4~5层塔盘以上塔体
	其他筒体、底封头	碳钢	
塔顶油气冷却器 压缩富气冷却器	壳体	碳钢	油气侧
	管子	碳钢	采用碳钢油气侧涂防腐涂料
解吸塔底重沸器	壳体	碳钢	
	管子	022Cr19Ni10	
其他油气换热器 其他油气冷却器	壳体	碳钢	介质温度<240℃
		碳钢＋06Cr13	介质温度240~350℃
		碳钢＋022Cr19Ni10	介质温度>350℃
	管子	碳钢	介质温度<240℃
		022Cr19Ni10	介质温度≥240℃

表3-19　加工高硫低酸原油加氢裂化装置主要设备推荐用材

设备名称	设备部位	设备主材推荐材料	备注
加氢反应器	壳体	2.25Cr-1Mo	根据Nelson曲线选择
		2.25Cr-1Mo-0.25V	
		3Cr-1Mo-0.25V	
		1.25Cr-0.5Mo	
	复层	双层堆焊 TP309L＋TP347	
		单层堆焊 TP347	
脱硫化氢汽提塔	壳体	碳钢＋06Cr13（06Cr13Al）	进料口以上壳体及以下1m范围壳体
		碳钢	其他壳体
分馏塔	壳体	碳钢	
脱乙烷塔	壳体	碳钢＋06Cr13（06Cr13Al）	顶部5层塔盘以上塔体
		碳钢	其他塔体
脱丁烷塔	壳体	碳钢＋06Cr13（06Cr13Al）	进料段以上塔体
		碳钢	其他塔体
溶剂再生塔	壳体	碳钢＋022Cr19Ni10	
循环脱硫塔	壳体	抗HIC钢	

续表

设备名称	设备部位		设备主材推荐材料	备注
反应流出物/原料油，氢气或馏出物换热器	壳体	管程 壳程	碳钢	根据 Nelson 曲线选择
			15CrMoR	
			1.25Cr-0.5Mo	
			2.25Cr-1Mo	
		复层	双层堆焊 TP309L＋TP347	
			单层堆焊 06Cr18Ni11Ti/TP347	
	管子		06Cr18Ni11Ti 或 06Cr18Ni11Nb	
脱硫化氢/脱乙烷塔顶冷凝器再生塔顶冷凝器	壳体		碳钢	指油气侧可涂防腐涂料
	管子		碳钢	

表 3 - 20　加工高硫低酸原油硫磺回收装置主要设备推荐用材

设备名称	设备部位	设备主材推荐材料	备注
反应器	壳体	碳钢	内衬隔热耐酸衬里
急冷塔	壳体	碳钢＋022Cr17Ni12Mo2	
尾气吸收塔	壳体	碳钢	顶部 5 层塔盘以上塔体
硫冷凝器	壳体	碳钢	
	管子	碳钢	
		09CrCuSb	介质温度低于露点温度
过程气加热器	壳体	碳钢	
		碳钢＋06Cr13	指过程气侧，介质温度≥310℃
	管子	碳钢	
		022Cr19Ni10	指过程气侧，介质温度≥310℃
急冷水冷却器	壳体	碳钢＋022Cr17Ni12Mo2	指急冷水侧
	管子	022Cr17Ni12Mo2	

第4章 化工设备标准零部件

化工设备零部件是化工设备不可或缺的重要组成部分。化工设备特定的操作条件不仅要求其承压壳体必须满足设计要求，而且零部件也应符合结构、材料、性能等方面的要求。按照要求合理地选用各零部件，对化工设备的整体质量和确保安全使用有着十分重要的意义。

为了便于组织生产，降低成本，利于互换，我国各有关部门对化工设备零部件进行了标准化和系列化工作，并制定了国家标准和满足行业特点的行业标准。化工设备的零部件种类很多，涉及面较广。本章仅就化工设备常用的主要零部件的结构、标准及选用等作简单介绍。

4.1 封　　头

4.1.1 封头的类型

压力容器封头的种类较多，分为凸形封头、锥壳、变径段、平盖及紧缩口等，其中凸形封头包括半球形封头、椭圆形封头、碟形封头和球冠形封头，如图4-1所示。工程设计中采用什么型式的封头要根据工艺条件的要求、制造的难易程度和材料的消耗等情况来决定。

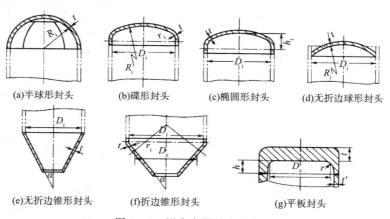

(a)半球形封头　　(b)碟形封头　　(c)椭圆形封头　　(d)无折边球形封头

(e)无折边锥形封头　　(f)折边锥形封头　　(g)平板封头

图4-1　压力容器封头的类型

4.1.2 封头标准及标注

我国压力容器封头标准 GB/T 25198—2010 中规定了常用压力容器的封头型式与基本参数，详见表 4-1 及表 4-2。

表 4-1 半球形、椭圆形、碟形和球冠形封头的断面形状、类型及型式参数表

名称		断面形状	类型代号	型式参数关系
半球形封头[a]			HHA	$D_i = 2R_i$ $DN = D_i$
椭圆形封头	以内径为基准		EHA	$\dfrac{D_i}{2(H-h)} = 2$ $DN = D_i$
	以外径为基准		EHB	$\dfrac{D_o}{2(H_o - h)} = 2$ $DN = D_o$
碟形封头	以内径为基准		THA	$R_i = 1.0D_i$ $r_i = 0.10D_i$ $DN = D_i$
	以外径为基准		THB	$R_o = 1.0D_o$ $r_o = 0.10D_o$ $DN = D_o$
球冠形封头			SDH	$R_i = 1.0D_i$ $DN = D_o$

[a] 半球形封头三种型式：不带直边的半径（$H = R_i$），带直边的半球（$H = R_i + h$）和准半球（接近半球 $H < R_i$）。

表 4-2 平底形、锥形封头的断面形状、类型及型式参数表

名称	断面形状	类型代号	型式参数关系
平底形封头		FHA	$r_i \geqslant 3\delta_n$ $H = r_i + h$ $DN = D_i$
锥形封头		CHA(30)	$r_i \geqslant 0.10D_i$ 且 $r_i \geqslant 3\delta_n$ $\alpha = 30°$ DN 以 D_i / D_{is} 表示
		CHA(45)	$r_i \geqslant 0.10D_i$ 且 $r_i \geqslant 3\delta_n$ $\alpha = 45°$ DN 以 D_i / D_{is} 表示

名称	断面形状	类型代号	型式参数关系
锥形封头		CHA(60)	$r_i \geqslant 0.10D_i$ 且 $r_i \geqslant 3\delta_n$ $r_i \geqslant 0.05D_{is}$ 且 $r_s \geqslant 3\delta_n$ $\alpha = 60°$ DN 以 D_i/D_{is} 表示

标准封头的标记格式如下:

$$①②×③(④)—⑤⑥$$

其中:

①——按表 4-1 与表 4-2 规定的封头类型代号;

②——数字,为封头公称直径,mm;

③——数字,为封头名义厚度 δ_n,mm;

④——数字,为设计图样上标注的封头最小成形厚度 δ_{min},mm;

⑤——封头的材料牌号;

⑥——标准号:GB/T 25198。

实例 1:公称直径 2400mm,封头名义厚度 20mm,封头最小成形厚度 18.2mm,$R_i = 1.0D_i$,$r_i = 0.10D_i$,材质为 Q345R 的以内径为基准碟形封头标记如下:

THA2400×20 (18.2)—Q345R   GB/T 25198

实例 2:公称直径 325mm,封头名义厚度 12mm,封头最小成形厚度 10.4mm,材质为 Q345R 的以外径为基准的椭圆形封头标记如下:

EHB 350×12 (10.4)—Q345R   GB/T 25198

实例 3:大端直径 2400mm,小端直径 1000mm,锥半角 60°、封头名义厚度 14mm,封头最小成形厚度 11.6mm,材质为 Q235B 的锥形封头标记如下:

CHA2400/1000×14 (11.6)—Q235B   GB/T 25198

4.1.3 封头的设计计算

各类封头的强度计算方法按照 GB/T 150.3—2011 中第 3~5 章相关规定进行,封头的结构尺寸确定应优先选用标准封头。封头壁厚的最终确定还需注意以下两个问题:

a) 尽量将封头壁厚尺寸圆整到封头标准中的壁厚系列尺寸;

b) 为减小封头与相连部件处的不连续应力,应尽量保证封头与相连部件同壁厚。如采用非等厚连接,两部件的壁厚及焊缝结构应满足 GB/T 150—2011 附录 D.2.2 的要求。

4.2 法兰、密封垫片及紧固件

在过程设备中，法兰连接由一对法兰、一个垫片和一套螺栓、螺母紧固件组成，借助上紧螺栓、螺母将两部分管道或设备连接在一起，并通过法兰压紧垫片保证连接处紧密不漏，其连接结构如图4-2所示。

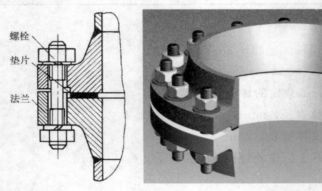

图4-2 法兰连接结构

本节主要介绍法兰、垫片及紧固件等标准件选用方法及相关标准。

4.2.1 标准法兰的选用

法兰按其连接的部件不同分为管法兰和容器法兰，相应地，法兰标准也按管法兰和容器法兰区分。

4.2.1.1 标准管法兰

表征标准管法兰特征的参数包括公称参数、法兰类型、密封面型式和材料。

（1）标准管法兰材料

标准管法兰的材料应与接管和壳体材料保持一致，为保证其强度和刚度，一般采用锻件制造，并分为Ⅰ、Ⅱ、Ⅲ、Ⅳ四个等级，等级越高，制造检验的要求越严格。不同材料的牌号用类别号代表，如表4-3所示。

表4-3 钢制管法兰用材料

类别号	类别	钢板		锻件		铸件	
		材料牌号	标准编号	材料牌号	标准编号	材料牌号	标准编号
1C1	碳素钢	—	—	A105 16Mn 16MnD	GB/T 12228 NB/T 47008	WCB	GB/T 12229
1C2	碳素钢	Q345R	GB 713	—	—	WCC LC3、LCC	GB/T 12229 JB/T 7248

续表

类别号	类别	钢板		锻件		铸件	
		材料牌号	标准编号	材料牌号	标准编号	材料牌号	标准编号
1C3	碳素钢	16MnDR	GB 3531	08Ni3D 25	NB/T 47009 GB/T 12228	LCB	JB/T 7248
1C4	碳素钢	Q235A，Q235B 20 Q245R 09MnNiDR	GB/T 3274 (GB/T 700) GB/T 711 GB 713 GB 3531	20 09MnNiD	NB/T 47008 NB/T 47009	WCA	GB/T 12229
1C9	铬钼钢 (1～1.25Cr-0.5Mo)	14Cr1MoR 15CrMoR	GB 713 GB 713	14Cr1Mo 15CrMo	NB/T 47008 NB/T 47008	WC6	JB/T 5263
1C10	铬钼钢 (2.25Cr-1Mo)	12Cr2Mo1R	GB 713	12Cr2Mo	NB/T 47008	WC9	JB/T 5263
1C13	铬钼钢 (5Cr-0.5Mo)	—	—	1Cr5Mo	NB/T 47008	ZG16Cr5 MoG	GB/T 16253
1C14	铬钼铬钢 (9Cr-1Mo-V)	—	—	—	—	C12A	JB/T 5263
2C1	304	0Cr18Ni9	GB/T 4237	0Cr18Ni9	NB/T 47010	FC3 CF8	GB/T 12230 GB/T 12230
2C2	316	0Cr17Ni12Mo2	GB/T 4237	0Cr17Ni12Mo2	NB/T 47010	CF3M CF8M	GB/T 12230 GB/T 12230
2C3	304L 316L	00Cr19Ni10 00Cr17Ni14Mo2	GB/T 4237 GB/T 4237	00Cr19Ni10 00Cr17Ni14Mo2	NB/T 47010 NB/T 47010	— —	— —
2C4	321	0Cr18Ni10Ti	GB/T 4237	0Cr18Ni10Ti	NB/T 47010	—	—
2C5	347	0Cr18Ni11Nb	GB/T 4237	—	—	—	—
12E0	CF8C	—	—	—	—	CF8C	GB/T 12230

注：a) 管法兰材料一般采用锻件或铸件，不推荐用钢板制造。钢板仅可用于法兰盖、衬里法兰盖、板式平焊法兰、对焊环松套法兰、平焊环松套法兰；
b) 表中所列铸件仅适用于整体法兰；
c) 管法兰用对焊环可采用锻件或钢管制造（包括焊接）。

（2）标准管法兰的公称参数与标准体系

标准管法兰的公称参数有两个，分别是公称直径与公称压力。现行的管法兰标准体系有欧洲体系与美洲体系，这两个体系互不通用。在欧洲体系中，公称直径用 DN 及后面的数字表示，公称压力用 PN 及后面的数字表示；在美洲体系中，公称直径用 NPS 及后面的数字表示，公称压力用 Class 及后面的数字表示。两个体系公称直径的对应关系如表 4-4 所示；欧洲体系中的公称压力等级（PN 系列）采用九个等级：PN2.5，PN6，PN10，PN16，PN25，PN40，PN63，PN100，PN160。公称压力等级的单位为 bar，即 0.1MPa；美洲体系中的公称压力等级（Class

系列）采用六个等级：Class150，Class300，Class600，Class900，Class1500，Class2500。公称压力等级的单位为 psi（即磅/in²），与 PN 系列的公称压力等级对应关系如表 4-4 所示。

表 4-4　标准法兰公称压力等级对照表

Class	PN	Class	PN
Class150	PN20	Class900	PN150
Class300	PN50	Class1500	PN260
Class600	PN110	Class2500	PN420

（3）标准管法兰公称直径的确定

标准管法兰公称直径与和其相连接的接管公称直径相同，即由接管的公称直径可以确定管法兰的公称直径；

（4）标准管法兰公称压力的确定

为了保证在容器操作工况下标准管法兰的强度，管法兰的最高允许工作压力应不小于容器的设计压力，而管法兰的最高允许工作压力取决于公称压力的大小、法兰的材料及其操作温度，参见 HG 20592—2009《钢制管法兰》第 7 章压力-温度额定值，如表 4-5 所示。

表 4-5　PN6 钢制管法兰用材料最高允许工作压力（表压）　　　　　　　　　bar

法兰材料类别号	工作温度/℃																			
	20	50	100	150	200	250	300	350	375	400	425	450	475	500	510	520	530	540	550	575	600
1C1	6.0	6.0	6.0	5.8	5.6	5.4	5.0	4.7	4.6	4.0	3.3	2.3	1.5	1.0	—	—	—	—	—	—	—
1C2	6.0	6.0	6.0	6.0	6.0	6.0	5.5	5.3	5.1	4.0	3.3	2.3	1.5	1.0	—	—	—	—	—	—	—
1C3	6.0	6.0	5.8	5.7	5.5	5.2	4.8	4.6	4.5	3.8	3.1	2.3	1.5	1.0	—	—	—	—	—	—	—
1C4	5.5	5.4	5.0	4.8	4.7	4.5	4.1	4.0	3.9	3.5	3.0	2.2	1.5	1.0	—	—	—	—	—	—	—
1C9	6.0	6.0	6.0	6.0	6.0	6.0	5.7	5.6	5.5	5.4	5.3	5.1	4.1	2.9	2.5	2.2	1.9	1.6	1.4	1.0	0.7
1C10	6.0	6.0	6.0	6.0	6.0	6.0	6.0	5.9	5.8	5.7	4.3	3.3	3.0	2.7	2.3	2.0	1.7	1.2	0.8		
1C13	6.0	6.0	6.0	6.0	6.0	6.0	6.0	5.9	5.8	5.6	5.4	3.6	2.4	2.2	1.9	1.7	1.5	1.4	1.0	0.7	
1C14	6.0	6.0	6.0	6.0	6.0	6.0	6.0	6.0	5.8	5.5	5.3	3.2	3.5	3.0	2.6	2.3	1.9	1.7	1.2	0.8	
2C1	5.5	5.3	4.5	4.1	3.8	3.6	3.4	3.2	3.2	3.1	3.0	3.0	2.9	2.9	2.9	2.9	2.8	2.8	2.7	2.4	1.9
2C2	5.5	5.3	4.6	4.2	3.9	3.7	3.5	3.3	3.2	3.2	3.2	3.1	3.1	3.1	3.1	3.1	3.1	3.1	3.1	2.8	2.3
2C3	4.6	4.4	3.8	3.4	3.1	2.9	2.6	2.5	2.5	2.4	—	—	—	—	—	—	—	—	—	—	—
2C4	5.5	5.3	4.9	4.5	4.2	4.0	3.7	3.6	3.5	3.5	3.4	3.4	3.3	3.3	3.3	3.3	3.3	3.2	2.9	2.3	
2C5	5.5	5.3	5.0	4.7	4.4	4.1	3.9	3.8	3.7	3.7	3.7	3.7	3.7	3.6	3.6	3.5	3.0	2.3			
12E0	5.3	5.1	4.7	4.4	4.1	3.9	3.6	3.5	—	3.3		3.3		3.2			3.1		—		2.3

如材料为 20 钢（材料类别号为 1C4），设计压力为 0.3MPa、操作温度为 300℃，当选定公称压力为 PN6（0.6MPa）标准管法兰时，其保证强度的最高允许工作压力为 4.1bar

（0.41MPa），高于设计压力，满足强度要求。如果其设计压力为 0.6MPa 时，大于最高允许工作压力 0.41MPa，则不满足法兰强度要求，公称压力等级偏低，此时应提高公称压力等级。如表 4-6 所示，当选定公称压力为 PN10（1.0MPa）时，操作温度为 300℃下的最高允许工作压力为 6.9bar（0.69MPa），大于设计压力 0.6MPa，则满足法兰强度要求，选取的公称压力等级合理。

表 4-6 PN10 钢制管法兰用材料最高允许工作压力（表压） bar

法兰材料类别号	工作温度/℃																			
	20	50	100	150	200	250	300	350	375	400	425	450	475	500	510	520	530	540	550	575	600
1C1	10.0	10.0	10.0	9.7	9.4	9.0	8.3	7.9	7.7	6.7	5.5	3.8	2.6	1.7	—						
1C2	10.0	10.0	10.0	10.0	10.0	10.0	9.3	8.8	8.5	6.7	5.5	3.8	2.6	1.7	—						
1C3	10.0	10.0	9.7	9.4	9.2	8.7	8.1	7.7	7.5	6.3	5.3	3.8	2.6	1.7	—						
1C4	9.1	9.0	8.3	8.1	7.9	7.5	6.9	6.6	6.5	5.9	5.0	3.8	2.6	1.7	—						
1C9	10.0	10.0	10.0	10.0	9.72	9.4	9.0	8.8	8.6	6.8	4.9	4.2	3.7	3.2	2.8	2.4	1.7	1.1			
1C10	10.0	10.0	10.0	10.0	10.0	10.0	10.0	10.0	10.0	9.9	9.7	9.5	7.3	5.5	5.0	4.4	3.9	3.4	2.9	2.0	1.3
1C13	10.0	10.0	10.0	10.0	10.0	10.0	10.0	10.0	9.1	6.0	4.1	3.8	3.1	2.3	1.7	1.2					
1C14	10.0	10.0	10.0	10.0	10.0	10.0	10.0	10.0	10.0	10.0	10.0	8.7	5.9	4.0	3.8	3.3	2.9	2.0	1.4		
2C1	9.1	8.8	7.5	6.8	6.3	6.0	5.6	5.4	5.4	5.2	5.1	5.0	4.9	4.9	4.8	4.8	4.7	4.6	4.0	3.2	
2C2	9.1	8.9	7.8	7.1	6.6	6.1	5.8	5.6	5.5	5.4	5.4	5.3	5.3	5.2	5.2	5.2	5.1	5.1	4.7	3.8	
2C3	7.6	7.4	6.3	5.7	5.3	4.9	4.6	4.4	4.3	4.2	4.2	4.1	—								
2C4	9.1	8.9	8.1	7.5	7.0	6.4	6.0	5.8	5.7	5.7	5.6	5.6	5.5	5.5	5.5	5.5	5.5	5.4	4.9	3.9	
2C5	9.1	9.0	8.3	7.8	7.3	6.9	6.6	6.4	6.2	6.2	6.2	6.1	6.1	6.1	6.1	6.1	6.1	6.0	5.8	5.0	3.8
12E0	8.9	8.4	7.8	7.3	7.0				6.4				5.3						5.1		3.8

按以上标准要求确定管法兰的公称压力后，还需要满足 HG 20583《钢制化工容器结构设计规定》中的规定：对易爆或毒性程度为中度危害的介质，管法兰的公称压力不低于 PN10（1.0MPa）；对毒性程度为极度和高度危害或强渗透介质，连接法兰的公称压力不低于 PN16（1.6MPa）。

对于美洲体系的标准管法兰，其公称压力的确定方法与欧洲体系法兰相同，详见美洲体系的钢制管法兰标准 HG 20615—2009 第 7 章压力-温度额定值中的规定。

（5）标准管法兰的类型

有以下十种，每一种法兰类型由相应的代号表示，如图 4-3 所示。

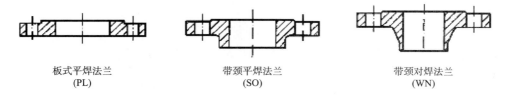

板式平焊法兰	带颈平焊法兰	带颈对焊法兰
(PL)	(SO)	(WN)

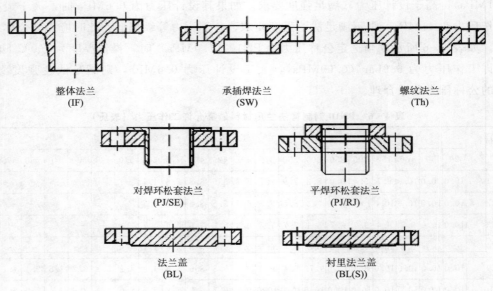

图 4 - 3　管法兰类型及代号

（6）标准管法兰的密封面

标准管法兰的密封面类型有以下五种，分别由相应的代号表示，如图 4 - 4 所示。

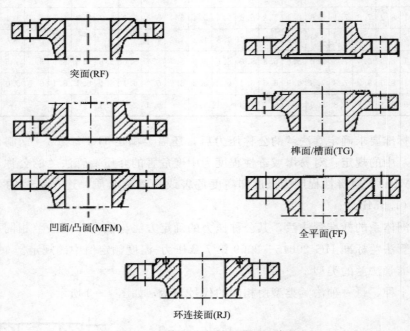

图 4 - 4　管法兰密封面类型及代号

法兰类型与密封面型式及公称压力匹配关系如表 4 - 7（a）所示；不同介质条件下法兰型式的选择如表 4 - 7（b）所示。

表 4-7 （a）　法兰类型与密封型式及公称压力匹配关系

法兰类型	密封面型式	公称压力 PN								
		2.5	6	10	16	25	40	63	100	160
板式平焊法兰 （PL）	突面（RF）	DN10～ DN2000	DN10～DN600					—		
	全平面（FF）	DN10～ DN2000	DN10～DN600					—		
带颈平焊法兰 （SO）	突面（RF）	—	DN10～ DN300	DN10～DN600				—		
	凹面（FM） 凸面（M）	—		DN10～DN600						
	榫面（T） 槽面（G）	—		DN10～DN600						
	全平面（FF）	—	DN10～ DN300	DN10～ DN500				—		
带颈对焊法兰 （WN）	突面（RF）	—		DN10～ DN2000		DN10～ DN600		DN10～ DN400	DN10～ DN350	DN10～ DN300
	凹面（FM） 凸面（M）	—		DN10～DN600				DN10～ DN400	DN10～ DN350	DN10～ DN300
	榫面（T） 槽面（G）	—		DN10～DN600				DN10～ DN400	DN10～ DN350	DN10～ DN300
	全平面（FF）	—		DN10～ DN2000				—		
	环连接面（RJ）	—						DN15～ DN400		DN15～ DN300
整体法兰 （IF）	突面（RF）	—		DN10～ DN2000		DN10～ DN1200	DN10～ DN600	DN10～ DN400		DN10～ DN300
	凹面（FM） 凸面（M）	—		DN10～DN600				DN10～ DN400		DN10～ DN300
	榫面（T） 槽面（G）	—		DN10～DN600				DN10～ DN400		DN10～ DN300
	全平面（FF）	—		DN10～ DN2000				—		
	环连接面（RJ）	—						DN15～ DN400		DN15～ DN300

法兰类型	密封面型式	公称压力 PN								
		2.5	6	10	16	25	40	63	100	160
承插焊法兰 （SW）	突面（RF）	—	DN10～DN50							—
	凹面（FM） 凸面（M）	—	DN10～DN50							—
	榫面（T） 槽面（G）	—	DN10～DN50							
螺纹法兰 （Th）	突面（RF）	—	DN10～DN150				—			
	全平面（FF）	—	DN10～DN150			—				
对焊环松套 法兰（PJ/SE）	突面（RF）	—	DN10～DN600				—			
平焊环松套 法兰（PJ/RJ）	突面（RF）	—	DN10～DN600				—			
	凹面（FM） 凸面（M）	—	DN10～ DN600							
	榫面（T） 槽面（G）	—	DN10～ DN600							
法兰盖（BL）	突面（RF）	DN10～ DN2000	DN10～ DN1200			DN10～DN600		DN10～DN400		DN10～ DN300
	凹面（FM） 凸面（M）	—	DN10～DN600					DN10～DN400		DN10～ DN300
	榫面（T） 槽面（G）	—	DN10～DN600					DN10～DN400		DN10～ DN300
	全平面（FF）	DN10～DN2000	DN10～ DN1200		—					
	环连接面(RJ)	—						DN15～DN400		DN15～ DN300
衬里法兰盖 （BL（S））	突面（RF）	—	DN40～DN600				—			
	凸面（M）	—	DN40～DN600			—				
	槽面（T）	—	DN40～DN600							

表4-7（b）　不同介质条件下法兰型式的选择

介质	管道的公称压力/MPa	法兰的公称压力/MPa	法兰形式	密封面代号	管法兰标准号
水、空气、PN≤0.3MPa低压蒸汽等公用工程	≤0.6 1.0	0.6 1.0	突面平焊法兰	RF	HG 20593
真空	>8kPa 绝压（>60mmHg）	1.0	突面带颈平焊法兰	RF	HG 20594
	0.1~8kPa 绝压（1~60mmHg）	1.6	突面带颈平焊法兰	RF	HG 20594
工艺介质、蒸汽	≤1.0 1.6 2.5	1.0 1.6 2.5	突面带颈平焊法兰	RF	HG 20594
工艺介质、蒸汽	4.0 6.3 10.0	4.0 6.3 10.0	凹凸面带颈对焊法兰	凹面 FM 凸面 M	HG 20595
一般易燃、易爆、中度危害（有毒）介质	≤1.0 1.6 2.5	1.0 1.6 2.5	突面带颈对焊法兰	RF	HG 20595
	4.0 6.3 10.0	4.0 6.3 10.0	凹凸面带颈对焊法兰	凹面 FM 凸面 M	HG 20595
极度和高度危害（剧毒）介质	≤1.6 2.5	2.5 4.0	突面对焊法兰 凹凸面对焊法兰	RF 凹面 FM 凸面 M	HG 20595
不锈钢管道用	≤0.6 1.0 1.6 2.5	0.6 1.0 1.6 2.5	突面对焊环松套法兰（PJ/SE 型）	RF	HG 20599
	4.0	4.0	凹凸面对焊法兰	凹面 FM 凸面 M	HG 20595

（7）标准管法兰的标记

在设备图中明细栏中，标准管法兰的标记格式为：

HG/T 20592　法兰（或法兰盖）　b　c—d　e　f　g　h

其中：

b 为法兰类型代号，按图 4-3 的规定。螺纹法兰采用按 GB/T 7306 规定的锥管螺纹时，标记为"Th（Rc）"或"Th（Rp）"；螺纹法兰采用按 GB/T 12716 规定的锥管螺纹时，标记为"Th（NPT）"。螺纹法兰如未标记螺纹代号，则为 Rp（GB/T 7306.1）。

c 为法兰公称尺寸 DN 与适用钢管外径系列；

整体法兰、法兰盖、衬里法兰盖、螺纹法兰，适用钢管外径系列的标记可省略。适用于本标准 A 系列钢管的法兰，适用钢管外径系列的标记可省略。适用于本标准 B 系列钢管的法兰，标记为"DN×××（B）"。

d 为法兰公称压力等级 PN。

e 为密封面型式代号，按图 4-4 的规定。

f 为钢管壁厚，应由用户提供。对于带颈对焊法兰、对焊环（松套法兰）应标注钢管壁厚。

g 为材料牌号。

h 表示其他。如附加要求或采用与本标准规定不一致的要求等。

示例 3：公称尺寸 DN100、公称压力 PN63、配用公制管的凹面带颈对焊钢制管法兰，材料为 16Mn，钢管壁厚为 8mm，其标记为：

HG/T 20592　法兰　WN100（B）-63　FM　S＝8mm　16Mn

4.2.1.2　标准容器法兰

（1）标准容器法兰的公称参数与标准体系

标准容器法兰的公称参数有两个，分别是公称直径与公称压力。现行的容器法兰标准为 NB/T 47021～47023。标准容器法兰的公称直径指容器的内径。公称直径用 DN 及后面的数字表示，公称压力用 PN 及后面的数字表示，单位：MPa，共七个压力等级，分别是 0.25 MPa，0.6 MPa，1.0 MPa，1.6 MPa，2.5 MPa，4.0 MPa，6.4MPa。

（2）标准容器法兰的类型及密封面型式

标准容器法兰分为两大类，一类为平焊法兰（又分为甲型和乙型两种），另一类为长颈对焊法兰。结构型式如图 4-5 所示。

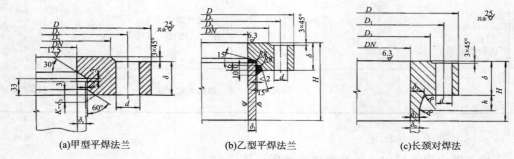

(a)甲型平焊法兰　　　　　　(b)乙型平焊法兰　　　　　　(c)长颈对焊法

图 4-5　标准容器法兰的类型

甲型法兰的工作温度为高于-20～300℃，乙型法兰的工作温度为高于-20～350℃，长颈法兰的工作温度为高于-70～450℃。容器法兰类型、公称直径与公称压力之间的匹配关系如表 4-8 所示。

表 4-8 法兰分类及参数表

类型	平焊法兰		对焊法兰
	甲型	乙型	长颈
标准号	NB/T 47021	NB/T 47022	NB/T 47023
简图			

公称直径 DN/mm	公称压力 PN/MPa															
	0.25	0.6	1.00	1.60	0.25	0.60	1.00	1.60	2.50	4.00	0.60	1.00	1.60	2.50	4.00	6.40
300	按 PN=1.00															
350																
400																
450	按 PN=1.00								—							
500																
550							—									
600													—			
650																
700																
800																
900																
1000				—												
1100																
1200																
1300			—													
1400																
1500		—														
1600									—							
1700	—											—				
1800																
1900																
2000							—									
2200					按 PN=0.6											
2400																
2600						—									—	
2800																
3000											—					

容器法兰的密封面型式及代号如表4-9所示。

表4-9　容器法兰密封面型式及代号

密封面型式		代号
平面密封面	平密封面	RF
凹凸密封面	凹密封面	FM
	凸密封面	M
榫槽密封面	榫密封面	T
	槽密封面	G

（3）标准容器法兰的公称压力

为了保证在容器操作工况下标准容器法兰的强度，容器法兰的工作温度应不低于该法兰在使用条件下的设计温度；容器法兰的最大允许工作压力应不小于容器的设计压力，而容器法兰的最大允许工作压力取决于公称压力的等级大小、法兰的材料及其操作温度，由容器法兰标准（NB/T 47020）确定，如表4-10所示。

表4-10　甲型、乙型法兰适用材料及最大允许工作压力　　　　　　　　　　MPa

公称压力 PN MPa	法兰材料		工作温度/℃				备注
			>-20~200	250	300	350	
0.25	板材	Q235B	0.16	0.15	0.14	0.13	工作温度下限20℃ 工作温度下限0℃
		Q235C	0.18	0.17	0.15	0.14	
		Q245R	0.19	0.17	0.15	0.14	
		Q345R	0.25	0.24	0.21	0.20	
	锻件	20	0.19	0.17	0.15	0.14	
		16Mn	0.26	0.24	0.22	0.21	
		20MnMo	0.27	0.27	0.26	0.25	
0.60	板材	Q235B	0.40	0.36	0.33	0.30	工作温度下限20℃ 工作温度下限0℃
		Q235C	0.44	0.40	0.37	0.33	
		Q245R	0.45	0.40	0.36	0.34	
		Q345R	0.60	0.57	0.51	0.49	
	锻件	20	0.45	0.40	0.36	0.34	
		16Mn	0.61	0.59	0.53	0.50	
		20MnMo	0.65	0.64	0.63	0.60	
1.00	板材	Q235B	0.66	0.61	0.55	0.50	工作温度下限20℃ 工作温度下限0℃
		Q235C	0.73	0.67	0.61	0.55	
		Q245R	0.74	0.67	0.60	0.56	
		Q345R	1.00	0.95	0.86	0.82	
	锻件	20	0.74	0.67	0.60	0.56	
		16Mn	1.02	0.98	0.88	0.83	
		20MnMo	1.09	1.07	1.05	1.00	

续表

公称压力 PN MPa	法兰材料		工作温度/℃				备注
			>-20~200	250	300	350	
1.60	板材	Q235B	1.06	0.97	0.89	0.80	工作温度下限 20℃ 工作温度下限 0℃
		Q235C	1.17	1.08	0.98	0.89	
		Q245R	1.19	1.08	0.96	0.90	
		Q345R	1.60	1.53	1.37	1.31	
	锻件	20	1.19	1.08	0.96	0.90	
		16Mn	1.64	1.56	1.41	1.33	
		20MnMo	1.74	1.72	1.68	1.60	
2.50	板材	Q235C	1.83	1.68	1.53	1.38	工作温度下限 0℃ DN<1400 DN≥1400
		Q245R	1.86	1.69	1.50	1.40	
		Q345R	2.50	2.39	2.14	2.05	
	锻件	20	1.86	1.69	1.50	1.40	
		16Mn	2.56	2.44	2.20	2.08	
		20MnMo	2.92	2.86	2.82	2.73	
		20MnMo	2.67	2.63	2.59	2.50	
4.00	板材	Q245R	2.97	2.70	2.39	2.24	DN<1500 DN≥1500
		Q345R	4.00	3.82	3.42	3.27	
	锻件	20	2.97	2.70	2.39	2.24	
		16Mn	4.09	3.91	3.52	3.33	
		20MnMo	4.64	4.56	4.51	4.36	
		20MnMo	4.27	4.20	4.14	4.00	

例如：标准甲型容器法兰，材料为 16Mn（锻件），设计压力为 0.4MPa，操作温度为 300℃，当选定公称压力为 0.6MPa 时，操作温度下的最高允许工作压力为 0.53MPa，高于设计压力，则法兰强度合格，表明选取的公称压力等级合适。

（4）标准容器法兰的标记

法兰标记由 7 部分组成：

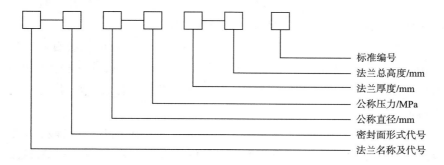

标准编号
法兰总高度/mm
法兰厚度/mm
公称压力/MPa
公称直径/mm
密封面形式代号
法兰名称及代号

示例：

公称压力 2.5MPa，公称直径 1000mm 的平面密封面长颈对焊法兰，其中法兰厚度为 78mm，法兰总高度为 155mm：

标记：法兰－RF　　1000－2.5/78－155　　　NB/T 47023—2012

4.2.2　密封垫片

标准密封垫片选型的内容包括垫片的材质、结构和垫片的公称参数等。在采用标准法兰的情况下，选择恰当的垫片可以提高密封效果。在非标准法兰设计中，则能在保证密封的条件下减小压紧力，而使法兰和螺栓的尺寸更为紧凑。

4.2.2.1　密封垫片的材料与结构

常用的垫片材料可分为金属、非金属或金属和非金属共同组合。从结构上可分为板材裁制而成的垫片（如橡胶石棉板垫），由不同材料包合而成的垫片（如金属包垫片），由不同材料缠绕而成的缠绕式垫片，以及由坯料经过车或磨削加工制成的垫片等四种型式。

在设计中，应以操作温度、压力、介质的性质以及泄漏的危害程度为依据，按照垫片的性质、使用范围，同时考虑货源、寿命、成本和拆装方便等因素从中选型。

常的垫片结构如图 4－6 所示。

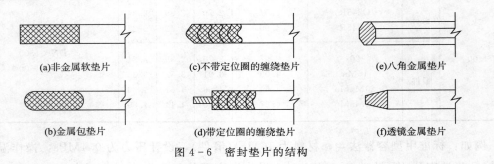

(a)非金属软垫片　　　　(c)不带定位圈的缠绕垫片　　　　(e)八角金属垫片

(b)金属包垫片　　　　(d)带定位圈的缠绕垫片　　　　(f)透镜金属垫片

图 4－6　密封垫片的结构

（1）板材裁制式垫片 ［图 4－6（a）］

通常用以制作垫片的板材有如下数种：

①橡胶板。有普通橡胶板、耐酸碱橡胶板（－30～＋60℃的酸碱液）、耐油橡胶板（－30～＋100℃的压力不大的蒸汽、热空气）等 4 种，这种垫片的垫片系数 m、密封比压 y 值最低，密封性能较好，适用于温度和压力很低的场合。

②橡胶石棉板。以种类与数量不同的石棉纤维和黏合剂制成的橡胶石棉板具有不同的性能，按使用性能可分：高压、中压、低压、耐油、耐碱、耐酸等 6 种，使用最为广泛，使用温度可达 450℃，甚至个别情况可达 700℃（例如氯化氢合成炉），压力小于 6MPa 的场合，但温度和压力不可同时过高。

③石棉纸板与塑料板。由耐酸石棉制成的石棉纸板对于浓无机酸（硝酸、硫酸、盐酸）、强氧化性溶液（二氧化硫、氧化氮、氯等）均有较好的密封效果。近年来在酸碱及其他腐蚀性介质密封中各种塑料（聚氯乙烯、聚乙烯、聚四氟乙烯等）垫片得到了广泛使用，聚氯乙

烯用于60℃以下的稀硝酸中，聚四氟乙烯可用在200℃以下的任何浓度的硝酸中。

（2）包合式垫片［图4-6（b）］

石棉垫片耐高温，防腐蚀性强，弹性好，但强度较低，所以在石棉的外边根据介质性质包上黑铁皮、镀锌铁皮、铜、铝、铅、不锈钢等，有时出于防腐蚀的需要外包聚四氟乙烯塑料。金属包垫的使用温度可达500℃，使用压力可达4MPa。由于金属包垫的温度和压力使用范围较宽，制造比较简单，在炼油厂中得到广泛使用。

（3）缠绕式垫片［图4-6（c）］

以钢带（镀锌08钢，镀锌15钢，0Cr18Ni9Ti等）与石棉板或橡胶石棉板缠绕而成，钢带以点焊或定位圈加以固定。这种垫片弹性好，能起到多道密封作用，可用于较高的温度和压力（使用温度可达600℃，压力可达4.4MPa）的场合。在温度和压力波动情况下垫片仍可能稳定工作。缠绕式垫片实物如图4-7所示。

（4）金属垫片

金属垫片具有强度高、耐热性能好的特点，可根据介质的腐蚀性选择适合的材料。常用金属垫片的材料有铁、钢、合金钢、铜、铝、镍、银等。其中铝垫应用的比较广泛，使用温度可达400℃，纯度为99.8％的铝垫可用于98％的浓硝酸的密封。垫片可制成平垫、齿形垫、椭圆垫、八角形垫和透镜垫等型式。这类垫片的主要缺点是预紧力大，加工复杂，成本高。金属八角垫实物如图4-8所示。

图4-7 不锈钢石墨缠绕式垫片

图4-8 金属八角垫

4.2.2.2 标准密封垫片的公称参数

标准密封垫片的公称参数包括垫片的公称直径、公称压力、材料类型等，其中垫片的公称直径和公称压力必须要与相配合的标准法兰的公称直径和公称压力对应相等，其他参数的确定见相应的垫片标准：与管法兰配合的欧洲系列垫片标准为HG/T 20606～20612—2009，美洲系列标准为HG/T 20627～20633；与容器法兰配合的垫片标准为NB/T 47024～47026。

4.2.2.3 垫片的选择

垫片是螺栓法兰连接的核心，密封效果的好坏主要取决于垫片的密封性能。设计时，主要应根据介质的压力、温度、腐蚀性和压紧面的形状来选择垫片的结构形式、材料和尺寸，同时兼顾价格、制造和更换是否方便等因素。基本要求是制作垫片的材料不污染工作介质、耐腐蚀、具有良好的变形能力和回弹能力，以及在工作温度下不易变质硬化或软化、能重复使用等。对于化工、石油、轻工、食品等生产中常用的介质，可以参阅表 4－11 选用垫片。

表 4－11　垫片选用表

介质	法兰公称压力/MPa	工作温度/℃	密封面	垫片 型式	垫片 材料
油品、油气，溶剂（丙烷、丙酮、苯、酚、糠醛、异丙醇），石油化工原料及产品	≤1.6	≤200	突（凹凸）	耐油垫、四氟垫	耐油橡胶石棉板、聚四氟乙烯板
		201～250	突（凹凸）	缠绕垫、金属包垫、柔性石墨复合垫	0Cr13 钢带-石棉板 石墨-0Cr13 等骨架
	2.5	≤200	突（凹凸）	耐油垫、缠绕垫、金属包垫、柔性石墨复合垫	耐油橡胶石棉板、0Cr13 钢带-石棉板
		201～450	突（凹凸）	缠绕垫、金属包垫、柔性石墨复合垫	0Cr13 钢带-石棉板 石墨-0Cr13 等骨架
	4.0	≤40	凹凸	缠绕垫、柔性石墨复合垫	0Cr13 钢带-石棉板 石墨-0Cr13 等骨架
		41～450	凹凸	缠绕垫、金属包垫、柔性石墨复合垫	0Cr13 钢带-石棉板 石墨-0Cr13 等骨架
	4.4 10.0	≤450	凹凸	金属齿形垫	10、0Cr13、0Cr18Ni9
		451～530	环连接面	金属环垫	0Cr13、0Cr18Ni9、0Cr17Ni12Mo2
氢气、氢气与油气混合物	4.0	≤250	凹凸	缠绕垫、柔性石墨复合垫	0Cr13 钢带-石棉板 石墨-0Cr13 等骨架
		251～450	凹凸	缠绕垫、柔性石墨复合垫	0Cr18Ni19 钢带-石墨带 石墨-0Cr18Ni19 等骨架
		451～530	凹凸	缠绕垫、金属齿形垫	0Cr18Ni19 钢带-石墨带、0Cr18Ni9、0Cr17Ni12Mo2
	4.4 10.0	≤250	环连接面	金属环垫	10、0Cr13、0Cr18Ni9
		251～400	环连接面	金属环垫	0Cr13、0Cr18Ni9
		401～530	环连接面	金属环垫	0Cr18Ni9、0Cr17Ni12Mo2
氨	2.5	≤150	凹凸	橡胶垫	中压橡胶石棉板

介质	法兰公称压力/MPa		工作温度/℃	密封面	垫片	
					型式	材料
压缩空气	1.6		≤150	突	橡胶垫	中压橡胶石棉板
蒸汽	0.3MPa	1.0	≤200	突	橡胶垫	中压橡胶石棉板
	1.0MPa	1.6	≤280	突	缠绕垫、柔性石墨复合垫	0Cr13 钢带-石棉板 石墨-0Cr13 等骨架
	2.5MPa	4.0	300	突	缠绕垫、柔性石墨复合垫、紫铜垫	0Cr13 钢带-石棉板 石墨-0Cr13 等骨架、紫铜板
	3.5MPa	4.4	400	凹凸	紫铜垫	紫铜板
		10.0	450	环连接面	金属环垫	0Cr13、0Cr18Ni9
惰性气体	1.6		≤200	突	橡胶垫	中压橡胶石棉板
	4.0		≤60	凹凸	缠绕垫、柔性石墨复合垫	0Cr13 钢带-石棉板 石墨-0Cr13 等骨架
	4.4		≤60	凹凸	缠绕垫	0Cr13（0Cr18Ni9）钢带-石棉板
水	≤1.6		≤300	突	橡胶垫	中压橡胶石棉板
剧毒介质	≥1.6			环连接面	缠绕垫	0Cr13 钢带-石墨带
弱酸、弱减、酸渣、碱渣	≤1.6		≤300	突	橡胶垫	中压橡胶石棉板
	≥2.5		≤450	凹凸	缠绕垫、柔性石墨复合垫	0Cr13 钢带-石棉板 石墨-0Cr13 等骨架
液化石油气	1.6		≤50	突	耐油垫	耐油橡胶石棉板
	2.5		≤50	突	缠绕垫、柔性石墨复合垫	0Cr13 钢带-石棉板 石墨-0Cr13 等骨架
环氧乙烷	1.0		260		金属平垫	紫铜
氢氟酸	4.0		170	凹凸	缠绕垫、金属平垫	蒙乃尔合金带-石墨带、蒙乃尔合金板
低温油气	4.0		−20～0	突	耐油垫、柔性石墨复合垫	耐油橡胶石棉板、石墨-0Cr13 等骨架

4.2.2.4　标准密封垫片的类型选配

标准密封垫片的类型还应与公称压力、公称直径、法兰密封面型式及法兰型式之间相匹配，选配关系应满足相关标准的规定，PN 系列管法兰与垫片之间的选配一般规则如表4-12 所示（HG/T 20614）。

表 4－12　标准垫片类型选配关系表

垫片型式		公称压力 PN	公称尺寸 DN (A，B)	最高使用温度/ ℃	密封面型式	密封面的表面粗糙度 Ra/μm	法兰型式
非金属	橡胶垫片	≤16	10～2000	200[a]	突面 凹面/凸面 榫面/槽面 全平面	3.2～12.5	各种型式
	石榴橡胶板	≤25		300			各种型式
	非石棉纤维橡胶板	≤40		290[b]			各种型式
	聚四氟乙烯板	≤16		100			各种型式
	膨胀或填充改性聚四氟乙烯板或带	≤40		200			各种型式
	增强柔性石墨板	10～63		650 (450)[c]	突面 凹面/凸面 榫面/槽面	3.2～6.3	各种型式
	高温云母复合板	10～63		900	突面 凹面/凸面 榫面/槽面		各种型式
	聚四氟乙烯包覆垫	6～40	10～600	150	突面		各种型式
半金属	缠绕垫	16～160	10～2000	e	突面 凹面/凸面 榫面/槽面	3.2～6.3	带颈平焊法兰 带颈对焊法兰 整体法兰 承插焊法兰 法兰盖
	齿形组合垫	16～160		f	突面 凹面/凸面 榫面/槽面	3.2～6.3	带颈平焊法兰 带颈对焊法兰 整体法兰 承插焊法兰 法兰盖
半金属/金属	金属包覆垫	25～100	10～900	d	突面	1.6～3.2（碳钢、有色金属）0.8～1.6（不锈钢、镍基合金）	带颈对焊法兰 整体法兰 法兰盖
金属	金属环垫	63～160	15～400	700	环连接面	0.8～1.6（碳钢、铬钢）0.4～0.8（不锈钢）	带颈对焊法兰 整体法兰 法兰盖

4.2.2.5　标准密封垫片的标记

在设备图中标准密封垫片的标记格式内容为：

（1）标准号；（2）名称及型式代号；（3）公称直径（mm）；（4）公称压力（bar）；

（5）材料或材料代号

示例：

公称直径100mm，公称压力40bar的C型缠绕垫，外环材料为低碳钢，金属带材料为0Cr18Ni9，非金属带材料为柔性石墨，其标记为：

HG/T 20610　缠绕垫 C100－40　　1220

4.2.3　紧固件

标准管法兰用紧固件的类型有六角头螺栓、等长双头螺柱、全螺纹螺柱和螺母，配合欧洲系列管法兰使用的紧固件见标准 HG/T 20613～20614，配合美洲系列管法兰使用的紧固件见标准 HG/T 20634～20635，注意两种系列的紧固件不能互换通用。标准容器法兰用紧固件的类型有 A 型螺柱、B 型螺柱及螺母（详见标准 NB/T47027）。当标准管法兰或容器法兰的公称参数确定后，法兰标准中在确定法兰结构尺寸的同时也确定了所需要的螺栓数量及规格。根据紧固件的标准（标准 HG/T 20613、HG/T 20634 或 NB/T 47027）再确定螺栓、螺母的详细规格尺寸。

注意在选用紧固件时需要参考管法兰紧固件的温度－压力使用范围，以 PN 系列为例，如表 4-13 所示，螺栓与螺母的匹配关系还需要满足表 4-14 所示要求。

表 4-13　PN 系列管法兰紧固件的温度-压力使用范围

型式	标准	规格	性能等级	公称压力	使用温度/℃
六角头螺栓 等长双头螺柱	GB/T 5782 GB/T 5785 GB/T 901	M10～M33 M36×3～M56×4	5.6 8.8	≤PN16	＞－20～＋300
			A2－50 A4－50 A2－70 A4－70		－196～＋400
等长双头螺柱	GB/T 901	M10～M33 M36×3～M56×4	8.8	≤PN40	＞－20～＋300
			A2－50 A4－50 A2－70 A4－70		－196～＋400
全螺纹螺柱	HG/T 20613	M10～M33 M36×3～M56×4	35CrMo	≤PN160	－100～＋525
			25Cr2MoV		＞－20～＋575
			42CrMo		－100～＋525
			0Cr18Ni9		－196～＋800
			0Cr17Ni12Mo2		－196～＋800
			A193，B8 Cl. 2		－196～＋525
			A193，B8M Cl 2		
			A320，L7		－100～＋340
			A453，660		－29～＋525

型式	标准	规格	性能等级	公称压力	使用温度/℃
Ⅰ型六角螺母	GB/T 6170 GB/T 6171	M10～M33 M36×3～M56×4	6 8	≤PN16	＞−20～+300
			A2−50 A4−50	≤PN40	−196～+400
			A2−70 A4−70		−196～+400
Ⅱ型六角螺母	GB/T 6175 GB/T 6176	M10～M33 M36×3～M56×4	30CrMo	≤PN160	−100～+525
			35CrMo		−100～+525
			0Cr18Ni9		＞−20～+800
			0Cr17Ni12Mo2		−196～+800
			A194，8，8M		−196～+525
			A194，7		−100～+575

表 4−14　螺栓、螺柱与螺母的匹配关系表（适用于 PN 系列）

等级	规格	六角螺栓、螺柱		螺母		公称压力 PN MPa（bar）	工作温度/ ℃
		型式及产品 等级（标准号）	性能等级 或材料牌号	型式及产品 等级（标准号）	性能等级 或材料牌号		
商品级	M10～M27 M30×2～M56×4	六角螺栓A级 和B级 （GB 5782， GB 5785）	8.8级	Ⅰ型六角螺母 A级和B级 （GB 6170， GB 6171）	8级	≤1.6（16）	＞−20～ +250
	M10～M27 M30×2～M56×4	双头螺柱B级 （GB 901）	8.8级	Ⅰ型六角螺母 A级和B级 （GB 6170， GB 6171）	8级	≤4.0（10）	＞−20～ +250
专用级	M10～M27 M30×2～M56×4	双头螺柱B级 （HG 20613）	35CrMoA	六角螺母 （HG 20613）	30CrMo	≤10.0 （100）	−100～ +500
			25Cr2MoVA				＞−20～ +550
			0Cr18Ni9		0Cr18Ni9		−196～ +600
			0Cr17Ni12Mo2		0Cr17Ni12Mo2		
专用级	M10～M27 M30×2～M56×4	全螺纹螺柱B级 （HG 20613）	35CrMoA	六角螺母 （HG 20613）	30CrMo	≤25.0 （250）	−100～ +500
			25Cr2MoVA				＞−20～ +550
			0Cr18Ni9		0Cr18Ni9		−196～ +600
			0Cr17Ni12Mo2		0Cr17Ni12Mo2		

　　管法兰、垫片与紧固件的选配应满足表 4−15 的对应关系。

表4-15 管法兰、垫片、紧固件选配关系表（适用于 PN 系列）

垫片型式	使用压力 PN (MPa)	密封面型式①	密封面表面粗糙度	法兰型式	垫片最高使用温度/℃	紧固件型式	紧固件性能等级或材料牌号②③④				
							200℃	250℃	300℃	500℃	550℃
橡胶垫片⑤	≤1.6	突面、凹凸面、榫槽面、全平面	密纹水线或 Ra6.3~12.5	各种型式	200	六角螺栓 双头螺柱 全螺纹螺柱	8.8级 35CrMoA 25Cr2MoVA				
石棉橡胶板垫片⑥	≤2.5	突面、凹凸面、榫槽面、全平面	密纹水线或 Ra6.3~12.5	各种型式	300	六角螺栓 双头螺柱 全螺纹螺柱		8.8级	35CrMoA 25Cr2MoVA		
合成纤维橡胶垫片	≤4.0	突面、凹凸面、榫槽面、全平面	密纹水线或 Ra6.3~12.5	各种型式	290	六角螺栓 双头螺柱 全螺纹螺柱		8.8级	35CrMoA 25Cr2MoVA		
聚四氟乙烯垫片（改性或填充）	≤4.0	突面、凹凸面、榫槽面、全平面	密纹水线或 Ra6.3~12.5	各种型式	260	六角螺栓 双头螺柱 全螺纹螺柱		8.8级	35CrMoA 25Cr2MoVA		
柔性石墨复合垫	1.0~6.3	突面、凹凸面、榫槽面	密纹水线或 Ra6.3~12.5	各种型式	650 (450)	六角螺栓 双头螺柱 全螺纹螺柱		8.8级		35CrMoA 25Cr2MoVA	25Cr2MoVA
聚四氟乙烯包覆垫	0.6~4.0	突面	密纹水线或 Ra6.3~12.5	各种型式	150 (200)	六角螺栓 双头螺柱 全螺纹螺柱		8.8级 35CrMoA 25Cr2MoVA			
缠绕垫	1.6~16.0	突面、凹凸面、榫槽面	Ra3.2~6.3	带颈平焊法兰 带颈对焊法兰 整体法兰 承插焊法兰 对焊环松套法兰 法兰盖	650	双头螺柱 全螺纹螺柱				35CrMoA 25Cr2MoVA	25Cr2MoVA

续表

垫片型式	使用压力 PN (MPa)	密封面型式①	密封面表面粗糙度	法兰型式	垫片最高使用温度/℃	紧固件型式	紧固件性能等级或材料牌号②③④				
							200℃	250℃	300℃	500℃	550℃
金属包覆垫	2.5~10.0	突面	Ra1.6~3.2 (碳钢) Ra0.8~1.6 (不锈钢)	带颈对焊法兰 整体法兰 法兰盖	500	双头螺柱 全螺纹螺柱				35CrMoA 25Cr2MoVA	
齿形组合垫	1.6~25.0	突面、凹凸面	Ra3.2~6.3	带颈对焊法兰 整体法兰 法兰盖	650	双头螺柱 全螺纹螺柱				35CrMoA 25Cr2MoVA	25Cr2MoVA
金属环垫	6.3~25.0	环连接面	Ra0.8~1.6 (铬钼钢) Ra0.4~0.8 (不锈钢)	带颈对焊法兰 整体法兰 法兰盖	600	双头螺柱 全螺纹螺柱				35CrMoA 25Cr2MoVA	25Cr2MoVA

注：①凹凸面、榫槽面仅用于 PN1.0~16.0MPa，DN10~600 的整体法兰、带颈对焊法兰、带颈平焊法兰、平焊环松套法兰、承插焊法兰、法兰盖和衬里法兰盖。
②表列紧固件使用温度系指紧固件所用的金属温度。
③表列螺栓、螺柱使用温度可使用在比表列温度低的温度范围（不低于 -20℃），但不宜使用在比表列温度高的温度范围。
④表列紧固件材料，除 35CrMoA 外，使用温度下限为 -20℃，35CrMoA 使用温度低于 -20℃时应进行低温夏比冲击试验。最低使用温度 -100℃。
⑤各种天然橡胶及合成橡胶使用温度范围不同，详见 HG 20606。
⑥石棉橡胶板的 P·t≤650MPa·℃。

配合美洲系列标准管法兰的紧固件所需要满足的温度—压力使用范围，管法兰、垫片与紧固件的选配关系应满足相应标准的要求，详见 HG/T 20634~20635。

4.2.4 小结

标准法兰连接件的选用要求总结如下：

①所选法兰的最大允许工作压力不低于容器的设计压力；

②所选法兰、垫片及螺栓、螺母的使用温度范围不低于容器的设计温度；

③容器法兰和管法兰的类型、密封面型式、垫片及螺栓、螺母都要相互配套。

4.3 支座

根据所支承的容器类型不同，设备支座型式主要有三大类：立式容器支座、卧式容器支座和球形容器支座。立式容器支座通常可分为支耳式、支承式、腿式和裙式支座（图4-9），

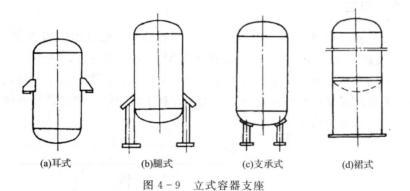

(a)耳式　　(b)腿式　　(c)支承式　　(d)裙式

图4-9　立式容器支座

中小型设备采用前三种，高大的塔设备则采用裙式支座。卧式容器支座一般可分为鞍式、圈式和支腿式三种（图4-10），小型的卧式设备可用支腿，因自身重量可能造成严重挠曲的大直径薄壁容器可采用圈座，一般卧式容器最常采用双鞍座型式。球形容器大多采用柱式（赤道正切柱）支座，如图4-11所示。

支座型式的选定是根据设备的重量、结构、载荷以及操作和维修等要求来确定。设备的支座应能承受各种工况下容器的总重量，并使容器固定在一定的位置上。在某些场合下，支座还要承受操作时的振动、风载荷、地震载荷、管道推力等。

本节主要讨论常规设备的标准耳式支座、鞍式支座的选型，裙式支座的设计见塔设备设计部分，柱式支座的设计见球形容器的设计部分。

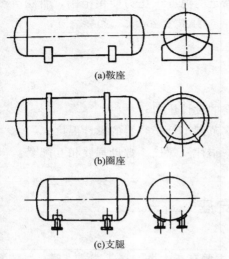

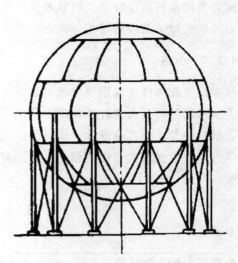

图4-10 卧式容器支座　　　　图4-11 球式容器柱式支座

4.3.1 耳式支座

耳式支座通常由数块钢板焊接而成［图4-12（a）］，也可用钢板直接弯制［图4-12（b）］，主要由底板和筋板组成，底板的作用是增加支座的刚性，使作用在容器上的外力通过底板传递到支承件上。支座的筋板不应有尖角，应做成图中所示的形状。竖直肋条板与壳体间则常采用间断焊缝，使这种耳式支座有利于增强轴向刚性及改善壳体由支座集中载荷所产生的局部应力状态。

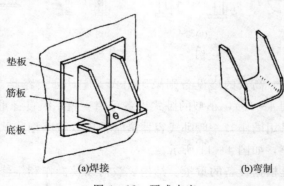

图4-12 耳式支座

一台设备一般配置2～4个支座，焊接在每个支座上的筋板数为两块。标准耳式支座的选用步骤如下：

①根据设备重量及作用在容器上的外载荷，算出每个支座需要承担的载荷Q。在确定载荷Q时，须考虑到设备安装时可能出现的全部支座未能同时受力的情况。

②确定支座型式后，从NB/T 47065.3—2018中按照允许载荷等于或大于计算载荷（即$[Q] \geqslant Q$的原则选出合适的支座型号。注意，该标准支座的允许载荷范围为10～25kN。

　　耳式支座的主要特点是结构简单轻便，但会给壳体造成较大的局部应力，过大时会导致壳体凹陷。因此，当设备较大或器壁较薄即壳体的计算壁厚小于或等于 3mm，或壳体的计算壁厚虽大于 3mm，但 $D_i > 500$（D_i 为容器内径）时，应在支座与器壁之间加一块垫板［图 4-12（a）］，以改善壳体局部应力情况。

　　小型设备的耳式支座可以支承在管子或型钢的立柱上，大型设备的支座往往通过螺栓固定在钢梁或混凝土制的基础上。

4.3.2　鞍式支座

　　鞍式支座是卧式容器广泛应用的一种支座，如图 4-13 所示，通常由垫板、腹板、筋板和底板焊接组成。垫板的作用是改善壳体局部受力情况，通过垫板，鞍座接受容器载荷，筋板的作用是将垫板、腹板和底板连成一体，加大刚性。因此，腹板和筋板的厚度与鞍座的高度 H（即筒体的最低点到基础表面的距离）直接决定鞍座允许负荷的大小，鞍包角 2α 和宽度 m、b_1 的大小直接影响着支座处筒壁应力值的高低。标准 NB/T 47065.1—2018 中鞍座的包角有 120° 和 150° 两种，鞍座的宽度则随着筒体直径的增大而加大。

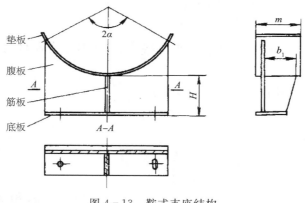

图 4-13　鞍式支座结构

　　根据底板上螺栓孔形状的不同，鞍座分成固定鞍座和滑动鞍座，固定鞍座上为圆形螺栓孔，滑动鞍座上为长圆形螺栓孔。卧式容器常采用双鞍座支承方式，其中一个为固定鞍座，另一个为滑动鞍座，这样对于受热设备工作时，可以使鞍座能够在基础上一定范围内自由滑动，以减小容器中所受的热应力。

　　鞍式支座的选用步骤如下：

　　①根据已知设备总重量，计算出作用在每个鞍座上的实际载荷 Q；

　　②根据设备的公称直径和支座高度，从 NB/T 47065.1—2018 中可以查出轻型（A型）和重型（B型）二个允许载荷值 $[Q]$；

　　③按照允许载荷等于或大于计算载荷（即 $[Q] \geqslant Q$）的原则选出轻型或重型。如果计算负荷超过重型鞍座的允许载荷时，则需要加大腹板、筋板厚度，并按照鞍座标准规定的设计方法进行设计计算。

4.3.3 标准支座的标记格式

（1）标准耳式支座的标记格式

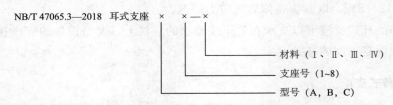

NB/T 47065.3—2018 耳式支座 × ×—×

材料（Ⅰ、Ⅱ、Ⅲ、Ⅳ）
支座号（1~8）
型号（A，B，C）

注1：若垫板厚度 δ_3 与标准尺寸不同，则在设备图样中零件名称或备注栏注明。如：$\delta_3 = 12$。

注2：支座及垫板的材料应在设备图样的材料栏内标注，表示方法如下：支座材料/垫板材料。

标记示例

示例1：A 型，3 号耳式支座，支座材料为 Q235A，垫板材料为 Q235A：

NB/T 47065.3—2018，耳式支座 A3-Ⅰ

材料：Q235A

示例2：B 型，3 号耳式支座，支座材料为 16MnR，垫板材料为 0Cr18Ni9，垫板厚 12mm；

NB/T 47065.3—2018，耳式支座 A3-Ⅱ，$\delta_3 = 12$

材料：16MnR/0Cr18Ni9

（2）标准鞍式支座的标记格式

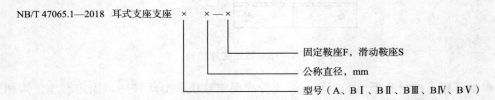

NB/T 47065.1—2018 耳式支座支座 × ×—×

固定鞍座F，滑动鞍座S
公称直径，mm
型号（A、BⅠ、BⅡ、BⅢ、BⅣ、BⅤ）

注1：若鞍座高度 h，垫板宽度 b_4，垫板厚度 δ_4，底板滑动长孔长度 l 与标准尺寸不同，则应在设备图样零件名称栏或备注栏注明。如：$h = 450$，$b_4 = 200$，$\delta_4 = 12$，$l = 30$。

注2：鞍座材料应在设备图样的材料栏内填写，表示方法为：支座材料/垫板材料。无垫板时只注支座材料。

标记示例

示例1：DN325，120°包角，重型不带垫板的标准尺寸的弯制固定式鞍座，鞍座材料为 Q235A。

标记：NB/T 47065.1—2018，鞍座 BⅤ325-F

材料栏内注：Q235A

示例2：DN1600，150°包角，重型滑动鞍座，鞍座材料 Q235A，垫板材料 0Cr18Ni9，鞍座高度为 400mm，垫板厚度为 12mm，滑动长孔长度为 60mm。

标记：NB/T 47065.1—2018，鞍座 BⅡ 1600-S，$h=400$，$\delta_4=12$，$l=60$

材料栏内注：Q235A/0Cr18Ni9

4.4　人孔和手孔

在化工设备中，为了便于内部附件的安装，修理和衬里防腐以及对设备内部进行检查、清洗，往往开设人孔和手孔。

4.4.1　人孔的结构形式

（1）人孔的分类

按压力分类有常压人孔与受压人孔；

按形状分类有圆形人孔与椭圆形人孔（或长圆形人孔），有时也有矩形人孔；

按安装位置分类有垂直人孔和水平人孔；

按盖子的支承形式分类有平盖人孔和拱形盖人孔；

按法兰的结构形式分类有平焊法兰人孔和对焊法兰人孔；

按开启的难易程度分类有快开人孔和一般人孔。

（2）人孔的结构

人孔的结构形式主要决定于操作压力、操作介质和启闭的频繁程度，根据使用要求，通常都是上述几种结构形式的组合，常用人孔的结构形式有：

①常压平盖人孔。图 4-14 是最简单的一种人孔，这种人孔只是在带有法兰的接管上安上一块盲板，结构非常简单，用于常压和不需经常利用人孔进行检查或修理的设备。

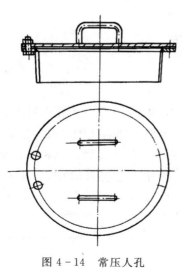

图 4-14　常压人孔

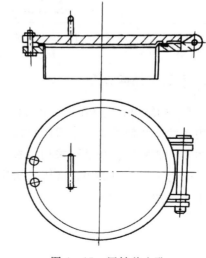

图 4-15　回转盖人孔

②受压人孔。对于压力容器，为了便于移动沉重的人孔盖，盖子通常做成回转盖式（图 4-15）或吊盖形式（图 4-16），尤其对于设置在高空的人孔，更有必要采用这种结构。

吊盖人孔根据安装位置不同，分为水平吊盖人孔 ［图 4-19（a）］和垂直吊盖人孔 ［图 4-16（b）］。而回转盖人孔则可布置在水平位置、垂直位置和倾斜位置。

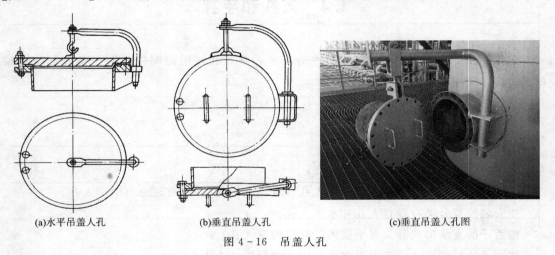

(a)水平吊盖人孔　　　　　(b)垂直吊盖人孔　　　　　(c)垂直吊盖人孔图

图 4-16　吊盖人孔

操作压力在 2.5MPa 以上时，应采用对焊法兰人孔，如图 4-17 所示。

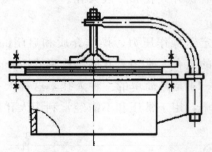

图 4-17　水平吊盖对焊法兰人孔

4.4.2　手孔的结构形式

手孔最简单的结构形式是在接管上安装一块盲板，结构型式与常压人孔相同，见图 4-14，这种结构用于常压和低压以及不需经常打开的场合。需要快速启闭的手孔，应设置快速压紧装置。图 4-18 采用快开手孔采用卡板和球形手柄将手孔盖压紧。这种结构启闭迅速，但压紧时，密封不好，只能用在常压下操作的设备。操作压力在 2.5MPa 以上时，应采用对焊法兰手孔，如图 4-19 所示。

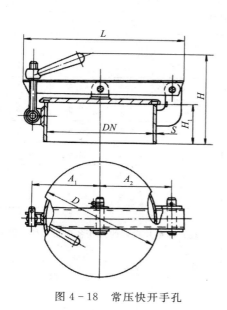

图 4－18　常压快开手孔

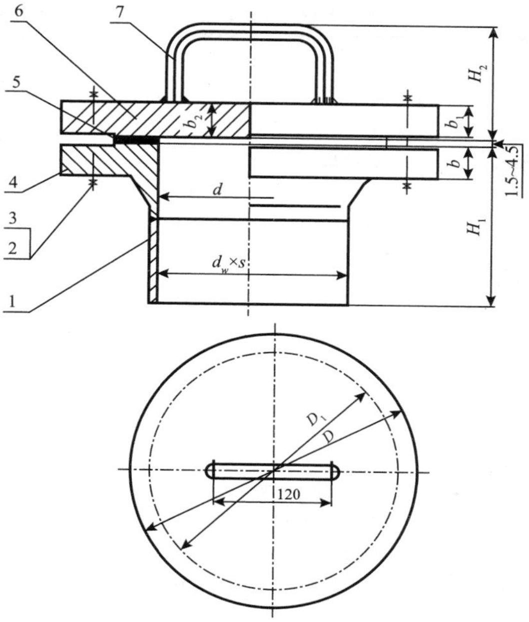

图 4－19　带颈对焊法兰手孔
1—筒节；2—全螺纹螺柱；3—螺母；4—法兰；
5—垫片；6—法兰盖；7—把手

4.4.3　人孔和手孔尺寸的确定

（1）人孔

人孔削弱了容器的强度，同时增加了泄漏的机会。人孔的尺寸应尽量小些。但必须考虑成年人能够进出。在严寒地区，应考虑冬天检修时，工人穿棉衣能出入。圆形人孔的公称直径系列有：DN400，DN450，DN500，DN600。只在设备直径小、压力高的室内设备或作为加料、清洗之用时，采用 DN400 人孔。设计中较常用的是 DN450、DN500 人孔。DN500 人孔较多地用于室外，设备较大内件又需从人孔中取出者。DN600 人孔用于常压设备大型贮槽，或用于直径较大，且有大尺寸可拆卸复杂内附件的塔设备。

（2）手孔

手孔的直径应使工人带手套并握有工具的手能顺利通过。手孔的内径不宜小于 $\phi150mm$，公称直径一般为 DN150、DN250。

4.4.4　人孔和手孔公称压力的确定

由于标准人孔和手孔的主要连接部件为标准法兰，因此，人孔和手孔的公称压力确定方法与标准法兰的公称压力确定方法基本相同：由人孔和手孔的材料及其操作温度以及最高允许工作压力确定，应满足在相应操作温度下公称压力所对应的最高允许工作压力不小于人孔和手孔安装位置处的容器计算压力。例如，回转盖板式平焊法兰人孔最高允许工作压力如表 4－16 所示。

表 4-16 回转盖板式平焊法兰人孔在工作温度下的最高允许工作压力

公称压力 PN	材料类别	工作温度/℃							
		−20~<0	0~20	50	100	150	200	250	300
		最高允许工作压力/bar							
6	I		5.5[a]	5.4	5.0	4.8	4.7	4.5	4.1
	II	5.5	5.5	5.4	5.0	4.8	4.7	4.5	4.1
	VII	4.6	4.6	4.4	3.8	3.4	3.1	2.9	2.8
	VIII	5.5	5.5	5.3	4.5	4.1	3.8	3.6	3.4
	IX	5.5	5.5	5.3	4.9	4.5	4.2	4.0	3.7
	X	4.6	4.6	4.4	3.8	3.4	3.1	2.9	2.8
	XI	5.5	5.5	5.3	4.6	4.2	3.9	3.7	3.5

[a] 当人孔用于压力容器时，使用温度范围为 20~300℃。

注：1. 表中的工作温度和最高允许工作压力仅适用于不包括螺栓（柱）和垫片在内的人孔各受压零件。螺栓（柱）和垫片的压力、温度使用范围应按相应紧固件和垫片标准确定。

2. 中间温度的最高允许工作压力，可按本表的压力值用内插法确定。

4.4.5 人孔和手孔的装设与选用原则

①化工容器为了检查和清洗，一般按下列要求开设人手孔。

a) 设备内径在 $\phi450~900$，一般不考虑开设人孔，可开设一个或者两个手孔（成年人的手臂长约为 650~700）；

b) 设备内径在 $\phi900$ 以上，应该至少开设一个人孔；

c) 设备内径大于 $\phi2500$ 时，顶盖与筒体上都应设置一个人孔；

②能够开设人、手孔的场合，应尽可能不采用可拆卸封头；

③直径较小，压力较高的室内设备，一般可选用 DN400 人孔。室外露天设备，考虑清洗、检修方便，一般可选用 DN500 人孔。常压大型容器如在寒冷地区有薄衬层或有较大内件更换而需要在人孔中取出者，则选用 DN500，DN600；

④设备运转中，需要经常打开人、手孔盖时，选用开孔式人孔。旋柄开孔式人孔较回转开孔式人孔使用方便，但结构较复杂，应在开启较频繁时选用。

⑤对于受压设备，人孔盖较重，一般均采用吊盖式或回转盖式。吊盖式人孔使用方便，压紧垫片较好。回转盖式则结构简单，转动时占空间平面也较小，但布置在水平位置时开启吊盖式费力。设备有冷保温时一般采用回转盖式人孔。

⑥人手孔的装设位置，应便于检查、清理、取出内件和进出设备。

（a）一般立式设备，人孔设于侧面，可避免从顶部用梯子下去及设立专用操作台；

（b）用于装卸填料、催化剂的手孔，一般可斜放，方便使用。

⑦当封头上开孔很多时，手孔可考虑放在人孔上。

关于人、手孔标准系列见表 4-17。

表 4 - 17 碳钢、低合金钢人、手孔标准系列

名称	公称压力/MPa	公称直径/mm	密封面型式	标准号
常压人孔	常压	400	平面（FS）	HG/T 21515—2014
		450		
		500		
		600		
椭圆形回转盖快开人孔	0.6	450×350	平面（FS）	HG/T 21524—2014
回转盖人孔	0.6	400	突面（RF）	HG/T 21514—2014（板式平焊法兰式）
		450		
		500		
		600		
	1.0	400	突面（RF）	HG/T 21517—2014（带颈平焊法兰式）
		450		
		500		
		600		
	1.6	400	凹凸面（MFM）榫槽面（TG）	
		450		
		500		
	2.5	400	突面（RF）	HG/T 21518—2014（带颈对焊法兰式）
		450		
		500		
		600		
	4.0	400	凹凸面（MFM）榫槽面（TG）	
		450		
		500		
	4.3	400	环连接面（RJ）	
		450		
回转拱盖快开人孔	0.6	400	平面（FS）凹凸面（MFM）榫槽面（TG）	HG/T 21527—2014
		450		
		500		

续表

名称	公称压力/MPa	公称直径/mm	密封面型式	标 准 号
垂直吊盖人孔	0.6	400	突面（RF）	HG/T 21519—2014（板式平焊法兰式）
		450		
		500		
		600		
	1.0	400	突面（RF）	HG/T 21520—2014（带颈平焊法兰式）
		450		
		500		
		600		
	1.6	400	凹凸面（MFM）榫槽面（TG）	
		450		
		500		
	2.5	400	突面（RF）	HG/T 21521—2014（带颈对焊法兰式）
		450		
		500		
		600		
	4.0	400	凹凸面（MFM）榫槽面（TG）	
		450		
		500		
	4.3	400	环连接面（RJ）	
		450		
水平吊盖人孔	0.6	400	突面（RF）	HG/T 21522—2014（板式平焊法兰式）
		450		
		500		
		600		
	1.0	400	突面（RF）	HG/T 21523—2014（带颈平焊法兰式）
		450		
		500		
		600		
	1.6	400	凹凸面（MFM）榫槽面（TG）	
		450		
		500		

续表

名称	公称压力/MPa	公称直径/mm	密封面型式	标 准 号
水平吊盖人孔	2.5	400	突面（RF）	HG/T 21524—2014（带颈对焊法兰式）
		450		
		500		
		600		
	4.0	400	凹凸面（MFM）榫槽面（TG）	
		450		
		500		
	4.3	400	环连接面（RJ）	
		450		
	0.5	500		
	0.4	600		
常压旋柄快开人孔	常压	400		HG/T 21525—2014
		450		
		500		
常压快开手孔	常压	150		HG/T 21533—2014
		250		
回转盖快开手孔	0.6	150	平面（RF）榫槽面（TG）	HG/T 21535—2014
		250		
常压手孔	常压	150	平面（RF）	HG/T 21528—2014
		250		
平盖手孔	1.0	150	突面（RF）凹凸面（MFM）	HG/T 21530—2014（带颈平焊法兰式）
	1.6	250		
	1.6	150	榫槽面（TG）	
		250		
	2.5	150	突面（RF），凹凸面（MFM），榫槽面（TG），环连接面（RJ），	HG/T 21531—2014（带颈对焊法兰式）
		250		
	4.0	150		
	4.3	150	凹凸面（MFM），榫槽面（TG），环连接面（RJ）	
回转盖带颈对焊法兰手孔	4.0	250	突面（RF）	HG/T 21532—2014
	4.3	250	凹凸面（MFM），榫槽面（TG），环连接面（RJ）	

4.4.6 标准人孔和手孔的标记

标准人孔的标记格式为：

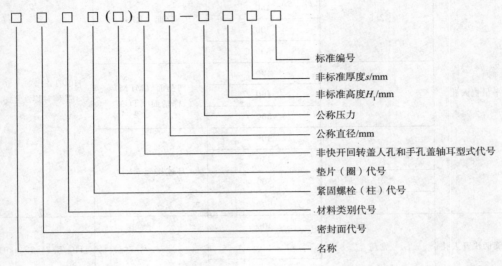

示例：

按照 HG/T 21514 中 4.0.1 的规定，公称压力 PN40、公称直径 DN450、$H_1 = 340$、RF 型密封面、Ⅳ类材料，其中全螺纹螺栓采用 35CrMoA、垫片材料采用：内外环和金属带为 S30408、非金属带为柔性石墨、D 型缠绕垫的水平吊盖带颈对焊法兰人孔，其标记符号为：

人孔 RF Ⅳ t（W·D-2222）450—40 HG/T 21524—2014

标准手孔的标记应符合现行标准 HG/T 21524—2014《钢制人孔和手孔的类型与技术条件》中 4.0.1 的规定。标记示例如下：

公称压力 PN40，公称直径 DN150、$H_1 = 190$、RF 型密封面、Ⅳ类材料，其中全螺纹螺柱采用 35CrMoA、垫片材料采用：内外环和金属带为 304、非金属带为柔性石墨、D 型缠绕垫的带颈对焊法兰手孔标记符号应为：

手孔 RF Ⅳt（W·D-2222）150—40 HG/T 21531

4.5 开孔补强及补强圈设计

由于各种工艺和结构上的要求，不可避免地要在容器上开孔并安装接管。开孔以后，除削弱器壁的强度外，在壳体和接管的连接处，因结构的连续性被破坏，会产生很高的局部应力，给容器的安全操作带来隐患，因此压力容器设计必须充分考虑开孔的补强问题。

4.5.1　补强结构

压力容器接管补强结构通常采用局部补强结构，主要有补强圈补强、厚壁接管补强和整锻件补强三种形式，如图4-20所示。

(a)补强圈补强　　　　　(b)厚壁接管补强　　　　　(c)整锻件补强

图4-20　补强元件的基本类型

①补强圈补强。这是中低压容器应用最多的补强结构，补强圈贴焊在壳体与接管连接处，如图4-20（a）所示。它结构简单，制造方便，使用经验丰富，但补强圈与壳体金属之间不能完全贴合，传热效果差，在中温以上使用时，二者存在较大的热膨胀差，因而使补强局部区域产生较大的热应力；另外，补强圈与壳体采用搭接连接，难以与壳体形成整体，所以抗疲劳性能差。这种补强结构一般使用在静载、常温、中低压、材料的标准抗拉强度低于540MPa、补强圈厚度小于或等于$1.5\delta_n$、壳体名义厚度δ_n不大于38mm的场合。

②厚壁接管补强。即在开孔处焊上一段厚壁接管，如图4-20（b）所示。由于接管的加厚部分正处于最大应力区域内，故比补强圈更能有效地降低应力集中系数。接管补强结构简单，焊缝少，焊接质量容易检验，因此补强效果较好。高强度低合金钢制压力容器由于材料缺口敏感性较高，一般都采用该结构，但必须保证焊缝全熔透。

③整锻件补强。该补强结构是将接管和部分壳体连同补强部分做成整体锻件，再与壳体和接管焊接，如图4-20（c）所示。其优点是：补强金属集中于开孔应力最大部位，能最有效地降低应力集中系数；可采用对接焊缝，并使焊缝及其热影响区离开最大应力点，抗疲劳性能好，疲劳寿命只降低10%～15%。缺点是锻件供应困难，制造成本较高，所以只在重要压力容器中应用，如核容器、材料屈服点在500MPa以上的容器开孔及受低温、高温、疲劳载荷容器的大直径开孔等。

4.5.2　开孔补强设计准则

等面积补强法是最常用的开孔补强准则，其基本思想是认为壳体因开孔被削弱的承载面积，须有补强材料在离孔边一定距离范围内予以等面积补偿。

进行等面积补强设计的步骤如下：

①判断容器上开孔是否需要补强。GB/T 150规定，当在设计压力小于或等于2.5MPa的壳体上开孔，两相邻开孔中心的间距（对曲面间距以弧长计算）大于两孔直径之和的两倍，且接管公称外径小于或等于89mm时，只要接管实际厚度大于表4-18中所需要的最小厚度要求，就可不另行补强。

表 4-18　不另行补强的接管最小厚度　　　　　　　　　　　mm

接管公称外径	25	32	38	45	48	57	65	76	89
最小厚度		3.5			4.0		5.0		6.0

注：（1）钢材的标准抗拉强度下限值 $R_m > 540\text{MPa}$ 时，接管与壳体的连接宜采用全熔透的结构形式；

（2）接管的腐蚀余量为 1mm。

②当判断开孔需要补强，并采用等面积补强法进行设计计算时，需要满足：在有效补强范围内，有效补强的金属面积，等于或大于开孔所削弱的金属面积。以下为相关计算参数：

a）所需最小补强面积 A。对受内压的圆筒或球壳，所需要的补强面积 A 为

$$A = d\delta + 2\delta\delta_{et}(1 - f_r) \tag{4-1}$$

式中　A——开孔削弱所需要的补强面积，mm^2；

　　　d——开孔直径，圆形孔等于接管内直径加 2 倍厚度附加量，椭圆形或长圆形孔取所考虑平面上的尺寸（弦长，包括厚度附加量），mm；

　　　δ——壳体开孔处的计算厚度，mm；

　　　δ_{et}——接管有效厚度，$\delta_{et} = \delta - C$，mm；

　　　f_r——强度削弱系数，等于设计温度下接管材料与壳体材料许用应力之比，当该值大于 1.0 时，取 $f_r = 1.0$。

对于受外压或平盖上的开孔，开孔造成的削弱是抗弯截面模量而不是指承载截面积。按照等面积补强的基本出发点，由于开孔引起的抗弯截面模量的削弱必须在有效补强范围内得到补强，所需补强的截面积仅为因开孔而引起削弱截面积的一半。

对受外压的圆筒或球壳，所需最小补强面积 A 为

$$A = 0.5[d\delta + 2\delta\delta_{et}(1 - f_r)] \tag{4-2}$$

对平盖开孔直径 $d \leqslant 0.5D_i$ 时，所需最小补强面积 A 为

$$A = 0.5d\delta_p \tag{4-3}$$

式中　δ_p——平盖计算厚度，mm。

b）有效补强范围。在壳体上开孔处的最大应力在孔边，并随离孔边距离的增加而减少。如果在离孔边一定距离的补强范围内，加上补强材料，可有效降低应力水平。壳体进行开孔补强时，其补强区的有效范围按如图 4-21 中的矩形 $WXYZ$ 范围确定，超此范围的补强是没有作用的。

有效宽度 B 按式（4-4）计算，取二者中较大值

$$\begin{cases} B = 2d \\ B = d + 2\delta_n + 2\delta_{nt} \end{cases} \tag{4-4}$$

式中　B——补强有效宽度，mm；

　　　δ_n——壳体开孔处的名义厚度，mm；

　　　δ_{nt}——接管名义厚度，mm。

内外侧有效高度按式（4-5）和式（4-6）计算，分别取式中较小值

$$外侧高度 \begin{cases} h_1 = \sqrt{d\delta_{nt}} \\ h_1 = 接管实际外伸高度 \end{cases} \qquad (4-5)$$

$$内侧高度 \begin{cases} h_2 = \sqrt{d\delta_{nt}} \\ h_2 = 接管实际内伸高度 \end{cases} \qquad (4-6)$$

c) 补强范围内补强金属面积 A_e。在有效补强区 WXYZ 范围内，可作为有效补强的金属面积有以下几部分：

A_1—壳体有效厚度减去计算厚度之外的多余面积。

$$A_1 = (B-d)(\delta_e - \delta) - 2\delta_{et}(\delta_e - \delta)(1-f_r) \qquad (4-7)$$

A_2—接管有效厚度减去计算厚度之外的多余面积。

$$A_2 = 2h_1(\delta_{et} - \delta_t)f_r + 2h_2(\delta_{et} - C_2)f_r \qquad (4-8)$$

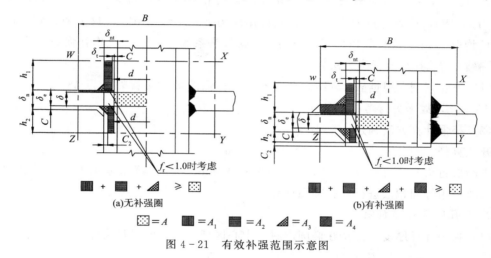

图 4-21 有效补强范围示意图

A_3—有效补强区内焊缝金属的截面积。

A_4—有效补强区内另外再增加的补强元件的金属截面积。

式中 A_e——有效补强范围内另加的补强面积，mm^2；

       δ_e——壳体开孔处的有效厚度，mm；

       δ_t——接管计算厚度，mm。

若 $A_e = A_1 + A_2 + A_3 \geqslant A$

则开孔后不需要另行补强。

若 $A_e = A_1 + A_2 + A_3 < A$

则开孔需要另外补强，所增加的补强金属截面积 A_4 应满足

$$A_4 \geqslant A - A_e \qquad (4-9)$$

补强材料一般需与壳体材料相同，若补强材料许用应力小于壳体材料许用应力，则补强面积按壳体材料与补强材料许用应力之比而增加。若补强材料许用应力大于壳体材料许用应力，则所需补强面积不得减少。

当选用标准补强圈时，在补强圈标准 JB/T 4736 中根据开孔接管的公称直径确定取补强圈的内、外径后，补强圈的厚度可近似按下式计算：

$$\delta_r = \frac{A - (A_1 + A_2 + A_3)}{D_2 - D_1}$$

(4-10)

将计算结果圆整后，按标准 JB/T 4736 中补强圈的厚度规格将上式计算结果圆整，即得到满足等面积补强法的标准补强圈厚度。

4.5.3 等面积补强算例

【例题 4-1】内径 $D_i = 1800mm$ 的圆柱形容器，采用标准椭圆形封头，在封头中心位置设置 $\phi 159 \times 4.5$ 的内平齐接管，封头名义厚度 $\delta_n = 18mm$，设计压力 $p = 2.5MPa$，设计温度 $t = 150℃$，接管外伸高度 $h_1 = 200mm$，封头和补强圈材料为 16MnR，其许用应力 $[\sigma]^t = 163MPa$，接管材料为 10 号钢，其许用应力 $[\sigma]_n^t = 108MPa$，封头和接管的厚度附加量 C 均取 2mm。液柱静压力可以忽略，焊接接头系数 $\phi = 1.0$。试作补强圈设计。

【解】 1. 补强及补强方法判别

(1) 补强判别。根据表 4-18，允许不另行补强的最大接管外径为 $\phi 89$。本开孔外径等于 159mm，故需另行考虑其补强。

(2) 补强计算方法判别

开孔直径：$d = d_i + 2C = 150 + 2 \times 2 = 154mm$

本凸形封头开孔直径 $d = 154mm < D_i/2 = 900mm$，满足等面积法开孔补强计算的适用条件，故可用等面积法进行开孔补强计算。

2. 开孔所需补强面积

(1) 封头计算厚度 由于在椭圆形封头中心区域开孔，所以封头计算厚度为：

$$\delta = \frac{K_1 p_c D_i}{2[\sigma]^t \phi - 0.5 p_c} = \frac{0.9 \times 2.5 \times 1800}{2 \times 163 \times 1 - 0.5 \times 2.5} = 12.5mm$$

式中 $K_1 = 0.9$

(2) 开孔所需补强面积 先计算强度削弱系数 f_r，$f_r = \frac{[\sigma]_n^t}{[\sigma]^t} = \frac{108}{163} = 0.663$，接管有效厚度为 $\delta_{et} = \delta_{nt} - C = 4.5 - 2 = 2.5mm$。

开孔所需补强面积按式 (4-1) 计算

$$A = d\delta + 2\delta\delta_{et}(1 - f_r)$$
$$= 154 \times 12.5 + 2 \times 12.5 \times 2.5 \times (1 - 0.663) = 1946mm^2$$

3. 有效补强范围

(1) 有效宽度 B

$$B = 2d = 2 \times 154 = 308mm$$
$$B = d + 2\delta_n + 2\delta_m = 154 + 2 \times 18 + 2 \times 4.5 = 199mm$$

取大值

故 $B = 308mm$

（2）有效高度

外侧有效高度 h_1

$$h_1 = \sqrt{d\delta_{nt}} = \sqrt{154 \times 4.5} = 26.3\text{mm}$$
$$h_1 = 200\text{mm}（实际外伸高度）$$

$\left.\right\}$取小值

故 $h_1 = 26.3$mm

内侧有效高度 h_2

$$h_2 = \sqrt{d\delta_{nt}} = \sqrt{154 \times 4.5} = 26.3\text{mm}$$
$$h_2 = 0\text{mm}（实际内伸高度）$$

$\left.\right\}$取小值

故 $h_2 = 0$mm

4. 有效补强面积

（1）封头多余金属面积

封头有效厚度 $\delta_e = \delta_n - C = 18 - 2 = 16$ （mm）

封头多余金属面积 A_1

$$
\begin{aligned}
A_1 &= (B-d)(\delta_e - \delta) - 2\delta_{et}(\delta_e - \delta)(1 - f_r) \\
&= (308 - 154) \times (16 - 12.5) - 2 \times 2.5 \times (16 - 12.5)(1 - 0.663) \\
&= 533\text{mm}^2
\end{aligned}
$$

（2）接管多余金属面积

接管计算厚度

$$\delta_t = \frac{p_c d_i}{2[\sigma]_n^t \phi - p_c} = \frac{2.5 \times 150}{2 \times 108 \times 1 - 2.5} = 1.76\text{mm}$$

接管多余金属面积 A_2

$$
\begin{aligned}
A_2 &= 2h_1(\delta_{et} - \delta_t)f_r + 2h_2(\delta_{et} - C_2)f_r \\
&= 2 \times 26.3 \times (2.5 - 1.76) \times 0.663 + 0 = 25.8\text{mm}^2
\end{aligned}
$$

（3）接管区焊缝面积（焊脚取 4.0mm）

$$A_3 = 2 \times \frac{1}{2} \times 6.0 \times 6.0 = 36.0\text{mm}^2$$

（4）有效补强面积

$$A_e = A_1 + A_2 + A_3 = 533 + 25.8 + 36.0 = 594.8\text{mm}^2$$

5. 所需另行补强面积

$$A_4 = A - (A_1 + A_2 + A_3) = 1944 - 594.5 = 1351.2\ \text{mm}^2$$

拟采用补强圈补强

6. 补强圈设计

根据接管公称直径 DN150 选补强圈，参照补强圈标准 JB/T 4736 取补强圈外径 $D_2 = 300$mm，内径 $D_1 = 163$mm。因 $B = 2d = 308$mm$> D_2$，补强圈在有效补强范围内。

补强圈厚度为

$$\delta = \frac{A_4}{D_2 - D_1} = \frac{1351.2}{300 - 163} = 9.86\text{mm}$$

考虑钢板负偏差并经圆整，取补强圈名义厚度为 12mm。但为便于制造时准备材料，补强圈名义厚度也可取为封头的厚度，即 $\delta_n = 18\text{mm}$。

4.5.4　标准补强圈的标记

补强圈标记按如下规定：

$$①×②-③-④⑤$$

①——DN 及其数值（单位：mm）；

②——补强圈厚度（单位：mm）；

③——按补强圈标准中规定的坡口型式代号；

④——补强圈材料；

⑤——标准号：JB/T 4736。

示例：

接管公称直径 DN＝100mm、补强圈厚度为 8mm、坡口型式为 D 型、材料为 Q235B 的补强圈，其标记为：

$$\text{DN100×8-D-Q235B} \qquad \text{JB/T 4736}$$

4.6　液面计

液面计是用来观察设备内部液位变化的一种装置，为设备操作提供部分依据。一般用于两种目的：一是通过测量液位来确定容器中物料的数量，以保证生产过程中各环节必须定量的物料；二是通过液面测量来反映连续生产过程是否正常，以便可靠地控制过程的进行。

化工生产中常用的液面计，按结构一般可分为玻璃管液面计、玻璃板液面计、浮标液面计、浮子液面计、磁性浮子液面计、防霜液面计。最常用的形式是玻璃管液面计和玻璃板液面计，前者用于常、低压设备，后者用于中压和高压设备。

4.6.1　液面计的结构与选型

（1）玻璃管液面计

玻璃管液面计是一种直读式液面测量仪表，如图 4-22 所示，仪表的两端各装一个针形阀，将液面计与容器隔开，以便进行清洗检修，更换零件。在针形阀里，装有一个 $\phi10$ 的钢球，当玻璃管发生意外事故而破裂时，钢球在设备内压的作用下，自动封闭，以防容器内部介质继续外流。在阀体上下两端，分别装有放气塞与流液塞，根据工艺操作条件或严寒地区的需要，还可装设伴热（或冷却）管。

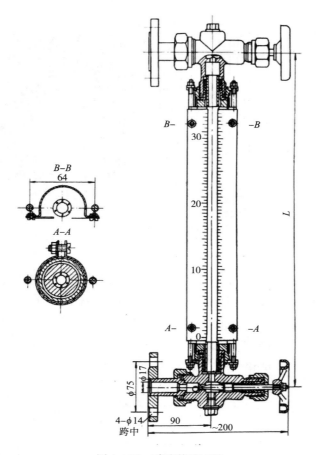

图 4 - 22　玻璃管液面计

常用的玻璃管为 DN15～40，大于 DN25 应用较少。

（2）板式液面计

常压板式液面计如图 4 - 23 所示，这种液面计不带针形阀，与设备的连接采用嵌入式连接，有带颈（图 4 - 23（b））和不带颈（图 4 - 23（a））两种形式。不带颈的板式液面计，用在悬浮液介质时不易沉积和堵塞。带颈与不带颈的液面计，由于必须在设备上开一长条孔，严重削弱了设备的受压强度。因此，这种不带颈结构的液面计仅适用于常压，而带颈结构液面计也只能使用到 0.6MPa。

板式液面计用在高温介质或对玻璃有腐蚀的介质时，在玻璃板与垫片之间装入云母薄片或四氟薄膜是有效的。玻璃板的材料通常都是钢化硼硅玻璃。

（3）磁性浮子液面计

图 4 - 24 为翻板式磁性浮子液面计，有连通管组件、浮标和翻板指示装置组成。翻板在连通管中漂浮于液体的液面上，液位变化，通过浮标内的磁钢把信号传出，浮标中的磁钢的位置恰好与液面相一致，铝框架上安装了许多铁片制的翻板，翻板两面涂不同的颜

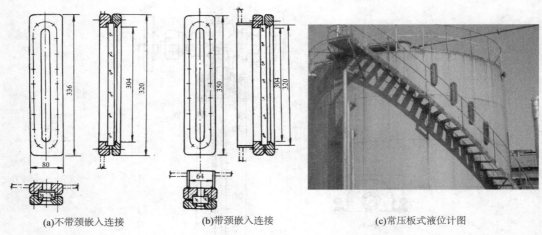

(a)不带颈嵌入连接 (b)带颈嵌入连接 (c)常压板式液位计图

图 4-23 常压板式液面计

色。翻板受磁钢吸引而翻转，从而能能够指示液位的变化。该液面计能承受较高的压力。主要零件可采用不锈钢制造，能耐腐蚀。缺点是：①精确性差，在液面波动时，带磁铁的浮子与外面的指标位置有 20～30mm 范围的滞后现象；②浮子与管子间间隙小，在物料中有固体物料或含有铁锈物质时，浮子会卡住，不灵活；③不锈钢浮子要求厚 0.3～0.5mm，铝浮子厚 0.6～1mm。

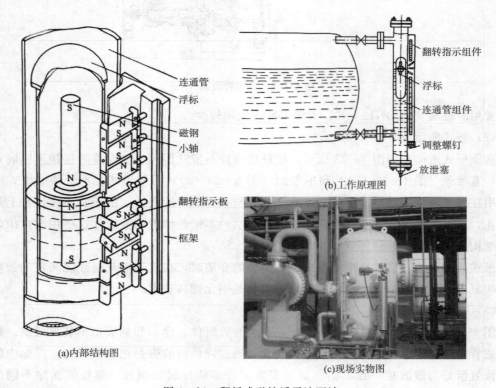

(a)内部结构图

(b)工作原理图

连通管
浮标
磁钢
小轴
翻转指示板
框架

翻转指示组件
浮标
连通管组件
调整螺钉
放泄塞

(c)现场实物图

图 4-24 翻板式磁性浮子液面计

4.6.2　液面计的装设

液面计与设备的连接结构形式，对液面计使用的可靠性影响很大，很多玻璃管液面计，往往由于安装不当，使玻璃管形成较大的弯曲应力，结果在低于设计压力的情况下，即行破坏。因此，连接结构必须具有一定的强度和刚度，以保证液面计的同心度与垂直度，同时易于安装制造，结构应根据液面计的接口形式、设备壳体的材质，以及对液面测量的要求进行设计。

①液面计与设备的连接结构　主要应保证液面的垂直度和避免安装应力，以及安装方便。如图4-25所示，a型阀体上带可拆卸的短接，这种结构允许轴线有一定偏差，避免由于法兰制造、安装误差产生安装应力，保证液面计垂直度。b型阀体上带法兰并用活接头连接，安装时较方便，但垂直度的保证不如a型。c、d、e型阀体上为螺纹接头，c型安装时，与设备带来的法兰盲板焊接，盲板现场开孔，容易保证液面的垂直度，但盲板要临时开螺孔。d型采用管接头连接，e型则与接管直接丝扣连接。d、e型用于物料有腐蚀性的情况时，拆卸、修理困难。

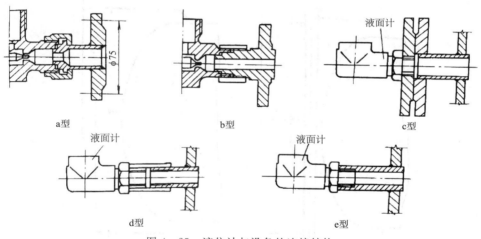

图4-25　液位计与设备的连接结构

②多组液面计的装设。液面计的长度一般都不超过1400mm。如果容器高度超过1400mm，可以沿着容器高度应用多个液面计，相互交错安装，以使得液面随时可从某一根液位计中观察到。

图4-26所示连接形式，设备接管短，只能显示出槽内部分液面变化，可满足一般使用要求。

如果要求指示出全容积液面变化情况，可采用图4-27所示结构形式。（a）型采用一根总管与多组液位计组合，可减少设备本体开孔，与液面计相连的接管也可以短些，同时，采用总管对物料中固体杂质可易清理与分离。由于上、下部接管又细又长，总管必须考虑加强。（b）型为多组液位计直接安装在设备上，设备上需要增加接管数量。

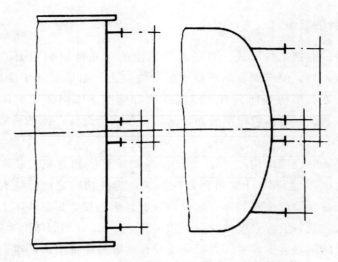

图 4-26　多组液面计的装设

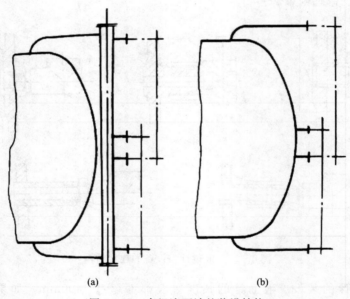

(a)　　　　　　　　　　　(b)

图 4-27　多组液面计的装设结构

4.6.3　液面计的选型

　　应用在化工生产中的液面计，应根据设备的操作条件（温度、压力），介质的特性、安装位置及环境条件等因素合理地选用合适的液面计。

　　液面计标准系列及适用范围见表 4-19。

表 4 - 19 液面计标准系列

名称	公称压力/MPa	使用温度/℃	允许工作压力/MPa	公称长度/mm	结构型式	标准号
透光式玻璃板液面计	2.5	0~250	≤2.5	550，850，1150，1450，1750	普通型 保温型	HG/T 21589.1—95
	4.3	0~200	≤4.3			HG/T 21589.2—95
		210	≤4.1			
		220	≤5.9			
		230	≤5.7			
		240	≤5.5			
		250	≤5.4			
反射式玻璃板液面计	4.0	0~200	≤4.0			HG/T 21590—95
		220	≤3.8			
		230	≤3.7			
		250	≤3.6			
视镜式玻璃板液面计	常压	0~250	≤0.1	300	带颈 不带颈	HG/T 21591.1—95
	0.6	0~250	≤0.6		不带颈	HG/T 21591.2—95
玻璃管液面计	1.6	0~200	≤1.6	500，600，800，1000，1200，1400	普通型 保温型	HG/T 21592—95
磁性液面计	1.6 2.5 4.0 4.3 10.0 14.0	−40~300	≤1.6 ≤2.5 ≤4.0 ≤4.3 ≤10.0 ≤14.0	350~6000	普通型 夹套型	HG/T21584—95

①设备高度不很高（3m 以下），介质流动性较好，不结晶，不含有堵塞通道的固体颗粒物质，一般可采用玻璃管式液面计。

玻璃管式液面计适用于 1.6MPa 以下场合。玻璃板式液面计适用于 1.6MPa 以上，或要求使用安全性较高的场合。透光式板式液面计，可以用于无色透明的液体，而反射式则适用于略带色泽的、干净的介质。但若介质会腐蚀玻璃板，则不能采用反射式玻璃板液面计。

②设备高度 3m 以上、物料易堵塞、液面测量要求不甚严格的常压设备，应用浮标液面计。

③浮子液面计不易堵塞，易制成防腐蚀的结构，使用可靠，尤其适用于地下槽式、卧

式贮槽，但承压低，也不适用于有搅拌和液面波动较大设备。

④磁性浮子液面计，特点是液体介质和测量指示完全隔离。可用于测量和显示腐蚀性、易燃、易爆、毒性、强放射性及浑浊性的液体液位，有广泛的实用性。除了基本形式外，还有夹套型、防霜型、地下型、吊绳型等型式。对一些特殊的介质如液化石油气以及一些高温高压的液体，专用型的磁性液面计也取得了满意的使用效果。

第5章 换热器设计

管壳式换热器是一种通用的换热设备，已形成标准系列，具有结构简单、坚固耐用、造价低廉、用材广泛、清洗方便、适应性强等优点，在化工、石油、轻工、冶金、制药等行业中得到广泛的应用。本章主要介绍管壳式换热器中最常见的浮头式、固定管板式与U形管板式换热器的设计，其他类型的管壳式换热器设计参考设计标准 GB/T 151—2014《热交换器》。

基于设计标准 GB/T 151—2014《热交换器》进行的换热器设计包含工艺计算、结构设计与机械设计三部分内容，本章主要介绍在完成换热器工艺计算的基础上，进行结构设计与机械设计的主要内容。

5.1 结构设计

5.1.1 整体结构

管壳式换热器主要由壳体、管束、管板、管箱及折流板等组成。浮头式、固定管板式与U形管板式换热器的整体结构型式与主要零部件如图 5-1 所示。

浮头式换热器的结构如图 5-1（a）所示。其结构特点是两端管板的其中一端不与外壳固定连接，可在壳体内沿轴向自由伸缩，该端称为浮头。浮头式换热器的优点是当换热管与壳体有温差存在，壳体或换热管膨胀时，互不约束，不会产生温差应力；管束可从壳体内抽出，便于管内和管间的清洗。其缺点是结构复杂，用材量大，造价高；浮头盖与浮动管板间若密封不严，易发生泄漏造成两种介质的混合。

固定管板式换热器的典型结构如图 5-1（b）所示，管束连接在管板上，管板与壳体焊接。其优点是结构简单、紧凑、能承受较高的压力，造价低，管程清洗方便，管子损坏时易于堵管或更换；缺点是当管束与壳体的壁温或材料的线膨胀系数相差较大时，壳体和管束中将产生较大的热应力。这种换热器适用于壳侧介质清洁且不易结垢并能进行溶解清洗，管、壳程两侧温差不大或温差较大但壳侧压力不高的场合。为减少热应力，通常在固定管板式换热器中设置膨胀节来吸收热膨胀差。当管子和壳壁温差大于70℃和壳程压力超过 0.6MPa 时，由于膨胀节过厚，难以伸缩，失去温差的补偿作用，应考虑采用其他结构类型的换热器。

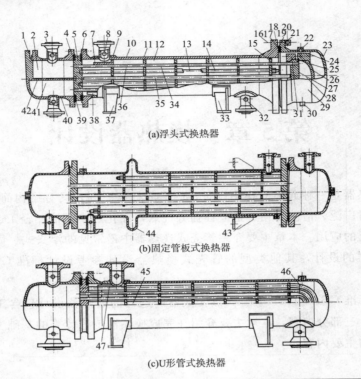

(a)浮头式换热器

(b)固定管板式换热器

(c)U形管式换热器

序号	名称	序号	名称	序号	名称
1	平盖	17	螺母	33	活动鞍座（部件）
2	平盖管箱（部件）	18	外头盖垫片	34	换热管
3	接管法兰	19	外头盖侧法兰	35	挡管
4	管箱法兰	20	外头盖法兰	36	管束（部件）
5	固定管板	21	吊耳	37	固定鞍座（部件）
6	壳体法兰	22	放气口	38	滑道
7	防冲板	23	凸形封头	39	管箱垫片
8	仪表接口	24	浮头法兰	40	管箱圆筒（短节）
9	被强圈	25	浮头垫片	41	封头管箱（部件）
10	壳体（部件）	26	球冠形封头	42	分程隔板
11	折流板	27	浮动管板	43	耳式支座（部件）
12	旁路挡板	28	浮头盖（部件）	44	膨胀节（部件）
13	拉杆	29	外头盖（部件）	45	中间挡板
14	定距管	30	排液口	46	U形换热管
15	支持板	31	钩圈	47	内导流筒
16	双头螺柱或螺栓	32	接管		

图 5-1　标准管壳式换热器的整体结构与零部件

　　U形管式换热器的典型结构如图 5-1（c）所示。这种换热器的结构特点是，只有一块管板，管束由多根U形管组成，管的两端固定在同一块管板上，管子可以自由伸缩。当壳体与U形换热管有温差时，不会产生热应力。由于受弯管曲率半径的限制，其换热管排布较少，管束最内层管间距较大，管板的利用率较低，壳程流体易形成短路，对传热不利。当管子泄漏损坏时，只有管束外围处的 U 形管才便于更换，内层换热管坏了不能更换，只能堵死，而坏一根 U 形管相当于坏两根管，报废率较高。U 形管换热器结构比较简单、价格便宜，承压能力强，适用于管、壳壁温差较大或壳程介质易结垢需要清洗，又不适宜采用浮头式和固定管板式的场合，特别适用于管内走清洁而不易结垢的高温、高压、腐蚀性大的物料。

换热器的主要组合部件有前端管箱、壳体和后端结构（包括管束）三部分，详细分类及代号见表 5-1。

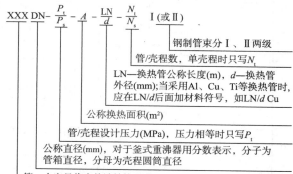

XXX DN- $\dfrac{P_t}{P_s}$ - A - $\dfrac{LN}{d}$ - $\dfrac{N_t}{N_s}$ I (或 II)

- 钢制管束分 I、II 两级
- 管/壳程数，单程时只写 N_t
- LN—换热管公称长度(m)，d—换热管外径(mm)；当采用 Al、Cu、Ti 等换热管时，应在 LN/d 后面加材料符号，如 LN/d Cu
- 公称换热面积(m²)
- 管/壳程设计压力(MPa)，压力相等时只写 P_t
- 公称直径(mm)，对于釜式重沸器用分数表示，分子为管箱直径，分母为壳程圆筒直径
- 第一个字母代表前端结构型式
- 第二个字母代表壳体型式
- 第三个字母代表后端结构型式

我国国家标准 GB/T 151《热交换器》规定了国产管壳式换热器型号的表示方法。用户可以根据型号很容易看出换热器的结构、直径、管壳程压力、换热面积、管程数以及换热管规格等参数。国产管壳式换热器型号由 5 字符串组成，说明如下：

例如：可拆封头管箱，公称直径 700mm，管程设计压力 2.5MPa，壳程设计压力 1.6MPa，公称换热面积 200m²，公称长度 9m，换热管外径 25mm，4 管程，单壳程的固定管板式热交换器，碳素钢换热管符合 NB/T 47019 的规定，其型号为：

$$BEM700-\frac{2.5}{1.6}-200-\frac{9}{25}-4\ I$$

5.1.2 管壳式换热器典型部件

(1) 管箱

管箱的作用是将进入管程的流体均匀分布到各换热管，把管内流体汇集在一起送出换热器。在多管程换热器中，管箱中的隔板起到分隔管程、改变流体方向的作用。管箱的结构形式主要以换热器是否需要清洗或管束是否需要分程等因素来决定。常见的管箱结构型式如图 5-2 所示。其中图（a）适用较清洁的介质，因检查管子及清洗时只能将管箱整体拆下，故维修不方便；图（b）在管箱上装有平盖，只要将平盖拆下即可进行清洗和检查，因此工程中应用较多，但材料消耗多。图（c）为多管程管箱中多个隔板的布置结构。

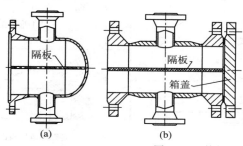

隔板

隔板
箱盖

(a)　　　　(b)　　　　(c)多管程管箱隔板结构

图 5-2　管箱结构

表 5 - 1　换热器主要组件的类型及代号

前端结构形式		壳体形式		后端结构形式	
A	平盖管箱	E	单程壳体	L	固定管板 与A相似的结构
B	封头管箱	F	具有纵向隔板的双程壳体	M	固定管板 与B相似的结构
C	用于可拆管束与管板制成一体的管箱	G	分流	N	固定管板 与N相似的结构
N	与管板制成一体的固定管板管箱	H	双分流	P	外填料函式浮头
		J	无隔板分流(或冷凝器壳体)	S	钩圈式浮头
		K	釜式重沸器	T	可抽式浮头
D	特殊高压管箱	X		U	U形管束
				W	带套环填料函式浮头

（2）管板

管板是管壳式换热器最重要的零部件之一，是一块具有一定厚度的圆平板，主要用来排布换热管，并将管程和壳程的流体分隔开来，避免冷、热流体混合，同时受管程、壳程压力和温度的作用，有兼作法兰的管板和不兼作法兰的管板两种结构，如图5-3所示。管板上分布多排管孔，与换热管连接，将管束与管板连为一个整体；管板上还开了隔板槽以安装垫片，并与管箱的分程隔板形成端部密封连接（详见5.1.3节），将管箱分隔成两个或多个管程。管板的两个重要结构参数是直径与壁厚，其直径由壳体的公称通径及壳体与管板的连接方式确定（见图5-9）；管板的壁厚由强度计算确定（详见5.3节）。

(a)兼作法兰的管板   (b)不兼作法兰的管板

图5-3 管板结构

（3）浮头

浮头式换热器中管束能够自由活动的一端为浮动端，称为浮头，主要由浮头管板、钩圈、浮头法兰、球面封头、螺栓紧固件及垫片等组成。密封垫片安装在浮头法兰及浮头管板之间，通过螺栓紧固件将球面封头、浮头法兰及钩圈压紧在浮头管板两侧，把管程与壳程流体完全隔开并形成有效密封。典型的浮头结构如图5-4所示。

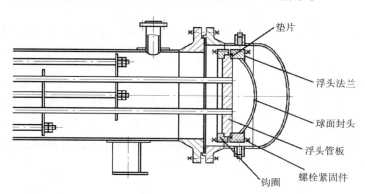

图5-4 浮头结构

由于在安装钩圈时，浮头管板及管束已放入壳体中，另一端的固定管板已安装好，整体的钩圈无法安装到图5-4浮头法兰的左侧，因此，钩圈只能采取整体加工好法兰圈后，等分为上、下两半的剖分结构，浮头结构的安装过程如图 5-5 所示。

(a)浮头安装前　　　　(b)钩圈安装过程中　　　　(c)浮头安装后

图 5-5　浮头结构的安装过程

钩圈有 A 型与 B 型两种结构，与浮头管板配合的结构尺寸有所不同，如图 5-6 所示，实际设计中可以任选其一。

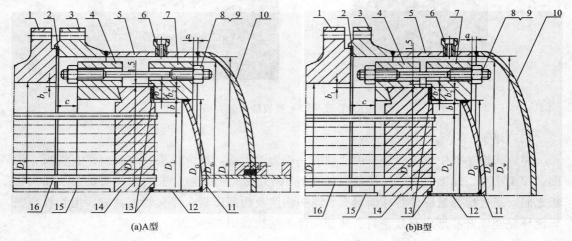

(a)A型　　　　　　　　　　　　　　　　(b)B型

图 5-6　钩圈的类型与结构

1—外头盖侧法兰；2—外头盖垫片；3—外头盖法兰；4—钩圈；5—外头盖圆筒；6—放气口或排液口；7—浮头法兰；8—双头螺柱；
9—螺母；10—凸形封头；11—球冠形封头；12—分程隔板；13—浮头垫片；14—浮动管板；15—挡管；16—换热管。

（4）折流板

折流板是设置在壳体内与管束垂直的弓形或圆盘－圆环形平板，如图 5-7 所示。安装折流板迫使壳程流体按规定的路径多次横向穿过管束，既提高了流速又增加了湍流程度，改善了换热效率，在卧式换热器中折流板还可起到支持管束的作用，也称为支持板。装配好的折流板－管束－拉杆系统如图 5-8 所示。

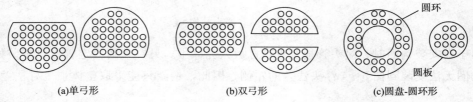

(a)单弓形　　　　　　　(b)双弓形　　　　　　　(c)圆盘-圆环形

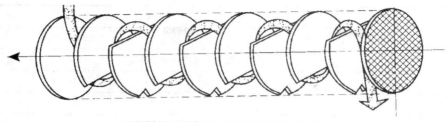

(d)弓形折流板的布置方式及壳程流体的流动途径

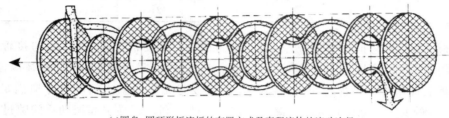

(e)圆盘–圆环形折流板的布置方式及壳程流体的流动途径

图 5－7　折流板的结构型式及布置方式

图 5－8　装配好的管束、折流板及拉杆系统

　　折流板的厚度根据壳程筒体公称直径和折流板间换热管无支撑跨距确定，如表 5－2 所示。

表 5－2　折流板或支持板的厚度

公称直径 DN	折流板或支持板间的换热管无支撑跨距 L					
	≤300	>300～600	>600～900	>900～1200	>1200～1500	>1500
	折流板或支持板最小厚度					
<400	3	4	5	8	10	10
400～700	4	5	6	10	10	12
>700～900	5	6	8	10	12	16
>900～1500	6	8	10	12	16	16

续表

公称直径 DN	折流板或支持板间的换热管无支撑跨距 L					
	≤300	>300～600	>600～900	>900～1200	>1200～1500	>1500
	折流板或支持板最小厚度					
>1500～2000	—	10	12	16	20	20
>2000～2600	—	12	14	18	22	24
>2600～3200	—	14	18	22	24	26
>3200～4000	—	—	20	24	26	28

折流板一般应按等间距布置，管束两端的折流板应尽量靠近壳程进、出口接管。折流板的最小间距不宜小于壳体内径的 1/5，且不小于 50mm；最大间距不大于壳体内径。

折流板上管孔与换热管之间的间隙及及折流板与壳体内壁之间的间隙应满足 GB/T 151 设计标准的要求，间隙过大，泄漏严重，对传热不利，还易引起振动；间隙过小，安装困难。折流板上管孔与换热管之间的间隙标准设计值及允许的偏差如表 5-3 所示；折流板与壳体内壁之间的间隙标准设计值及允许的偏差如表 5-4 所示。

表 5-3　Ⅱ级管束折流板和支持板管孔直径及允许偏差

换热管外径 d、最大无支撑跨距 L_{max}	$d≤32$ 且 $L_{max}>900$	$d>32$ 或 $L_{max}≤900$
管孔直径	$d+0.50$	$d+0.70$
允许偏差	$\begin{matrix}+0.40\\0\end{matrix}$	

注：Ⅱ级管束的材质为碳素钢或低合金钢，其他材质的管束折流板和支持板管孔直径及允许偏差详见标准 GB/T 151—2014。

表 5-4　折流板和支持板外径允许偏差

DN	<400	400～<500	500～<900	900～<1300	1300～<1700	1700～<2100	2100～<2300	2300～≤2600	>2600～3200	>3200～4000
名义外径	DN−2.5	DN−3.5	DN−4.5	DN−6	DN−7	DN−8.5	DN−12	DN−14	DN−16	DN−18
允许偏差	$\begin{matrix}0\\-0.5\end{matrix}$		$\begin{matrix}0\\-0.8\end{matrix}$		$\begin{matrix}0\\-1.0\end{matrix}$		$\begin{matrix}0\\-1.4\end{matrix}$	$\begin{matrix}0\\-1.6\end{matrix}$	$\begin{matrix}0\\-1.8\end{matrix}$	$\begin{matrix}0\\-2.0\end{matrix}$

注：表中参数 DN 为换热器壳体的公称直径，采用钢板卷制的筒体时，为壳体的内径。

5.1.3　主要连接形式

（1）管板与壳体的连接

对于标准系列的管壳式换热器，管板与壳程圆筒及管箱圆筒之间有不同的连接方式，如图 5-9 所示。不同的连接方式对于管板的受力状况不同，在对管板进行强度校核时需要针对具体连接类型进行计算。

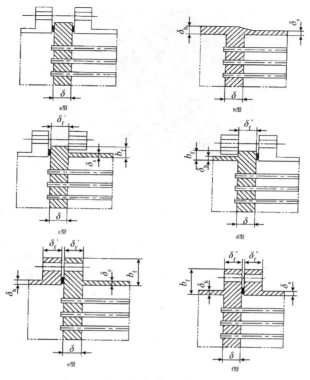

图 5 - 9　管板与壳体的连接方式类型

注：图中无剖面线的圆筒和法兰元件表示该元件不参与管板应力计算。

a 型：管板通过螺柱、垫片与壳体法兰和管箱法兰连接。

b 型：管板直接与壳程圆筒和管箱圆筒形成整体结构。

c 型：管板与壳程圆筒连为整体，其延长部分形成凸缘被夹持在活套环与管箱法兰之间。

d 型：管板与管箱圆筒连为整体，其延长部分形成凸缘被夹持在活套环与壳体法兰之间。

e 型：管板与壳程圆筒连为整体，其延长部分兼作法兰，用螺柱、垫片与管箱连接。

f 型：管板与管箱圆筒连为整体，其延长部分兼作法兰，用螺柱、垫片与壳体法兰连接。

（2）管子与管板的连接

管子与管板通常采用胀接、焊接或焊胀并用的方法固定。胀接前后管子的变形如图 5 - 10（a）所示。胀接法多用于压力低于 4.0MPa 和温度低于 300℃ 的场合。

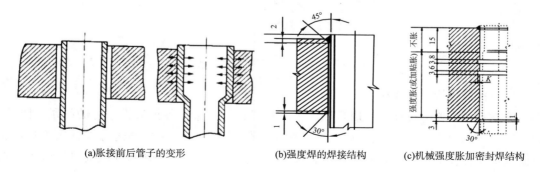

(a)胀接前后管子的变形　　(b)强度焊的焊接结构　　(c)机械强度胀加密封焊结构

(d)换热管与管板焊接后胀接工艺

图 5-10 换热管与管板的连接方式

当温度高于 300℃或压力高于 3.92MPa 时，一般采用强度焊的方法，连接结构如 5-10（b）所示。

对于高温高压换热器，操作工况恶劣，管子与管板受力复杂情况下，常采用焊胀并用的方法，连接结构如图 5-10（c）所示。图 5-10（d）为管子与管板焊接完成后，正在进行强度胀的工艺过程。

（3）管板与分程隔板的连接

管板与分程隔板的密封连接方式如图 5-11 所示，为安装密封垫片并形成良好的密封压紧面，管板上隔板槽的宽度应比隔板厚度大 2mm，同时管板上加工的隔板槽凹面应与管板法兰面相平齐，分程隔板的端面应与管箱法兰面相平齐。

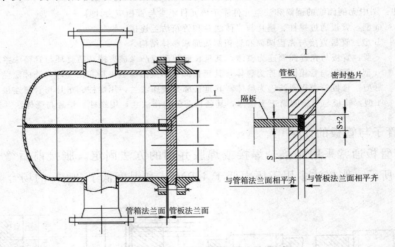

图 5-11 管板与分程隔板的连接方式

（4）拉杆与管板的连接

管壳式换热器中拉杆的作用是轴向固定折流板，并保证各折流板之间的间距。图 5-12（a）是可拆螺纹连接型式，即拉杆的两端都带螺纹，其中一端通过螺纹拧入管板，各折流板穿在拉杆上，各板之间用定距套管来保证板间距，最后一块折流板通过螺母固定在拉杆的另一端。图 5-12（b）为不可拆点焊连接型式，拉杆与管板及各折流板都通过点焊方式固定。

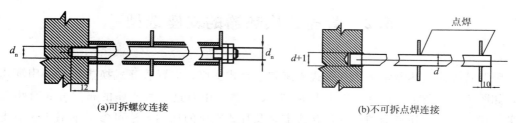

(a)可拆螺纹连接 (b)不可拆点焊连接

图5-12 拉杆与管板的连接方式

（5）滑道与折流板的连接

对于浮头式换热器和U形管式换热器，在安装和清洗管束时，为方便将装配好的管束装入或抽出壳体，需要在折流板底部设置滑道，常用为板式和滚轮式，如图5-13所示。

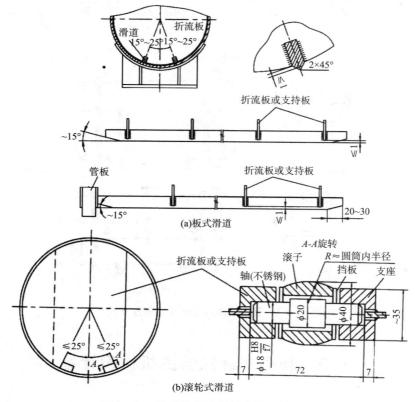

(a)板式滑道

(b)滚轮式滑道

图5-13 滑道与折流板的连接及装配结构

根据表5-4，不同外径的换热器折流板与壳体内壁之间最小间隙为2.5mm，而滑道高出折流板外径的高度按标准为不大于0.5～1mm，这样，在滑道和壳体内壁之间仍保证一定间隙以利于装配。当管束装入壳体后，管束的一端固定在管板上，整个管束的部分就通过多个折流板和滑道支撑在壳体上，以保证整个管束的重量载荷和变形对管板的受力和变形影响最小。

5.2　管壳式换热器的支座选型

卧置管壳式换热器常采用双鞍式支座和重叠式支座，立置管壳式换热器常采用耳式支座，如图5-14所示，标准 GB/T 151《热交换器》中对这三种支座的布置方式有相应的要求。用于管壳式换热器的标准双鞍式支座及耳式支座的选用方法可参考本书4.3节支座的内容。

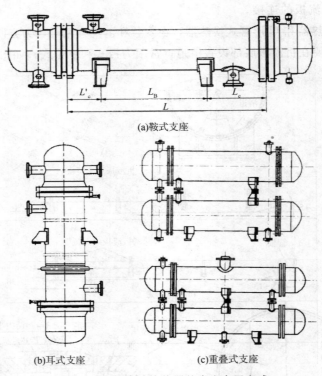

(a)鞍式支座

(b)耳式支座　　　　(c)重叠式支座

图5-14　管壳式换热器的支座布置方式

5.3　管壳式换热器的机械设计

5.3.1　机械设计的内容

管壳式换热器的主要受压元件包括：封头、管箱、筒体、膨胀节、法兰、管板、钩圈、管子，这些元件都需要进行应力计算和强度校核，以保证安全运行。机械设计计算包括以下主要内容：

①壳体和管箱壁厚计算；

②管子与管板连接结构设计；

③壳体与管板连接结构设计；

④管板厚度计算；

⑤折流板、支撑板等零部件的结构设计；

⑥换热管与壳体在温差和流体压力联合作用下的应力计算；

⑦管子拉脱力和稳定性校核；

⑧判断是否需要膨胀节，如需要，则选择膨胀节结构形式并进行有关的计算；

⑨接管、接管法兰、容器法兰、支座等的选择及开孔补强设计等 。

其中受压元件依据 GB/T 150—2011 进行设计计算的有：管箱筒体及封头、壳程圆筒及封头、接管、开孔补强、换热管；依据 GB/T 151—2014 进行设计计算的有：管箱平盖、分程隔板、浮头盖、钩圈、浮头法兰、管板；膨胀节按 GB/T 16749 进行设计。换热器上各管口的管法兰、壳体法兰及管箱法兰（常用为容器法兰）推荐优先选择标准法兰，其公称参数的确定见 4.2 节标准法兰的相关内容。

限于篇幅，本书只介绍浮头式换热器管板的设计计算过程，其他受压元件的设计计算过程详见以上标准相关内容。

5.3.2 浮头式换热器管板的机械设计步骤

对于不兼作法兰的管板，即图 5-9 所示 a 型连接方式的管板，强度计算所涉及的参数符号定义说明如表 5-5 所示：

表 5-5 计算参数说明表

符号名称	定义	单位	确定方法
A_d	在布管区范围内，因设置分程隔板和拉杆结构的需要，而未能被换热管支承的面积	mm²	按 GB/T 151 中 7.4.8.1 节计算
A_1	管板布管区内开孔后的面积	mm²	按 GB/T 151 中按 7.4.8.1 节计算
A_t	管板布管区面积	mm²	按 GB/T 151 中 7.4.8.2 中计算
a	1 根换热管管壁金属的横截面积	mm²	按式 5-1
C	系数		按 $\tilde{K}_t^{1/3}/\tilde{P}_a^{1/2}$ 和 $1/\rho_t$ 查 GB/T 151 中图 7-10
D_G	固定端管板垫片压紧力作用中心圆直径	mm	按 GB/T 150.3—2011 中第 7 章
D_t	管板布管区当量直径	mm	按 GB/T 151 中 7.4.8.3 节计算
d	换热管外径	mm	换热管结构参数
E_p	设计温度下管板材料的弹性模量	MPa	管板材料标准
E_t	设计温度下换热管材料的弹性模量	MPa	换热管材料标准
G_{we}	系数		按 $\tilde{K}_t^{1/3}/\tilde{P}_a^{1/2}$ 和 $1/\rho_t$ 查 GB/T 151 中图 7-11

符号名称	定义	单位	确定方法
K_t	管束模数	MPa	按式（5-4）
$\widetilde{K_t}$	管束无量纲刚度		按式（5-5）
L	换热管有效长度（两管板内侧间距）	mm	设计条件确定
l	换热管与管板胀接长度或焊脚长度	mm	按GB/T 151中6.6.1或6.6.2的规定
n	换热管根数		换热管设计参数
$\widetilde{P_a}$	无量纲压力		按式（5-8）
P_c	当量组合压力	MPa	按式（5-11）
p_d	管板计算压力	MPa	按式（5-6）、式（5-7）
p_s	壳程设计压力	MPa	设计条件确定
p_t	管程设计压力	MPa	设计条件确定
q	换热管与管板连接拉脱力	MPa	按式（5-12）
$[q]$	许用拉脱力	MPa	按GB/T 151中7.4.7节选取
S	换热管中心距	mm	换热管结构参数
β	系数		按式（5-3）
δ	管板计算厚度	mm	按式（5-9）
δ_t	换热管管壁厚度	mm	换热管结构参数
η	管板刚度削弱系数，除非另有指定，一般可取μ值		
μ	管板强度削弱系数，除非另有指定，一般可取$\mu=0.4$		
ρ_t	布管区当量直径D_t与固定端管板垫片D_G之比		按GB/T 151中7.4.8节计算
σ_t	换热管轴向应力	MPa	按式（5-10）确定
$[\sigma]^t_{cr}$	换热管稳定许用压应力	MPa	按GB/T 151中7.3.2节确定
$[\sigma]^t_r$	设计温度下管板材料的许用应力	MPa	管板材料标准
$[\sigma]^t_t$	设计温度下换热管材料的许用应力	MPa	换热管材料标准

计算步骤如下：

①按GB/T 150.3—2011第7章相关内容计算计算D_G；

②根据布管区尺寸按GB/T 151中7.4.8节计算A_d、A_t、D_t和ρ_t；

③按式（5-1）计算a：

$$a = \pi\delta_t(d-\delta_t) \tag{5-1}$$

④按式（5-2）～式（5-5）计算A_1，β，K_t，$\widetilde{K_t}$。

$$A_1 = A_t - n \cdot \frac{\pi d^2}{4} \tag{5-2}$$

$$\beta = \frac{na}{A_1} \tag{5-3}$$

$$K_t = \frac{E_t na}{L D_t} \tag{5-4}$$

$$\widetilde{K_t} = \frac{K_t}{\eta E_p} \tag{5-5}$$

⑤按 GB/T 151 中 7.3.2 节确定 $[\sigma]_{cr}^t$；

⑥确定管板计算压力

对于浮头式热交换器（S 型、T 型后端结构）：

若能保证 p_s 与 p_t 在任何情况下都同时作用，或 p_s 与 p_t 之一为负压时，则按式（5-6）：

$$p_d = |p_s - p_t| \tag{5-6}$$

否则取下列两值中的较大者，见式（5-7）：

$$p_d = |p_s| \text{ 或 } p_d = |p_t| \tag{5-7}$$

⑦按式（5-8）计算 $\widetilde{P_a}$，并按 $\widetilde{K_t}^{1/3}/\widetilde{P_a}^{1/2}$ 和 $1/\rho_t$，查 GB/T 151 中图 7-10 得到 C，查图 7-11 得到 G_{we}，当横坐标参数超过范围时，可外延近似取值。

$$\widetilde{P_a} = \frac{p_d}{1.5\mu[\sigma]_r^t} \tag{5-8}$$

⑧管板计算厚度见式（5-9）：

$$\delta = CD_t \sqrt{\widetilde{P_a}} \tag{5-9}$$

⑨换热管的轴向应力

浮头式热交换器（S 型、T 型后端结构）见式（5-10）：

$$\sigma_t = \frac{1}{\beta}\left[P_c - (p_s - p_t)\frac{A_t}{A_1}G_{we}\right] \tag{5-10}$$

式中：
$$P_c = p_s - p_t(1 + \beta) \tag{5-11}$$

计算结果应满足：

$$当 \sigma_t > 0 \text{ 时}, \sigma_t \leqslant [\sigma]_t^t$$

$$当 \sigma_t < 0 \text{ 时}, |\sigma_t| \leqslant [\sigma]_{cr}^t$$

一般情况下，应按下列三种工况分别计算换热管轴向应力：

a）只有壳程设计压力 p_s，管程设计压力 $p_t = 0$；

b）只有管程设计压力 p_t，壳程设计压力 $p_s = 0$；

c）壳程设计压力 p_s 和管程设计压力 p_t 同时作用。

⑨换热管与管板连接拉脱力的计算见式（5-12）。

$$q = \left|\frac{\sigma_t a}{\pi d l}\right| \tag{5-12}$$

计算结果应满足 $q \leqslant [q]$。

对于对接连接的内孔焊结构，换热管轴向应力应满足 $|\sigma_t| \leqslant \phi \min \{[\sigma_t]_t^t, [\sigma_t]_r^t\}$，同时不再校核拉脱力。

计算步骤汇总的设计计算表，如表 5-6 所示。

对于固定端为 b 型、c 型、d 型连接方式的管板设计可按 JB 4732—1995（2005 年确认）附录 I。

表 5-6　浮头式换热器管板设计计算表

初始数据				
			设计温度下管板材料的弹性模量 E_p	MPa
壳程设计压力 p_s		MPa	管板刚度削弱系数 η	
管程设计压力 p_d		MPa	管板 管板强度削弱系数 μ	
垫片压紧力作用中心圆直径 D_G		mm	换热管与管板胀接长度或焊脚高度 l	mm
管板计算压力 p_d		MPa	设计温度下管板材料的许用应力 $[\sigma]_t^t$	MPa
			许用拉脱力 $[q]$	MPa

换热管			系数计算	
	换热管外径 d	mm		
	换热管壁厚 δ_t	mm	管板布管区面积 A_t（按 7.4.8）	mm²
	换热管根数 n		三角形排列 $A_t = 0.866nS^2 + A_d$	
	管心距 S	mm	正方形排列 $A_t = nS^2 + A_d$	
	面积 A_d——见 7.4.8.1	mm²	布管区内开孔后面积 $A_1 = A_t - n\pi d^2/4$	mm²
	换热管金属总截面积 $na = n\pi\delta_t(d-\delta_t)$	mm²	管板布管区当量直径 $D_t = \sqrt{4A_t/\pi}$	mm
	开孔面积 $n\pi d^2/4$	mm²	管束模数 $K_t = \dfrac{E_t na}{L D_t}$	
	换热管有效长度 L	mm		
	设计温度下换热管材料的弹性模量 E_t	MPa	管束无量纲刚度 $\widetilde{K}_t = \dfrac{K_t}{\eta E_p}$	
	设计温度下换热管材料的许用应力 $[\sigma]_t^t$	MPa	系数 $\beta = na/A_1$	
	设计温度下换热管材料的屈服强度 R_{eL}^t	MPa	$\rho_t = \dfrac{D_t}{D_T}$	
	换热管回转半径		无量纲压力 $\widetilde{P}_a = \dfrac{p_d}{1.5\mu [\sigma]_t^t}$	
	$i = 0.25\sqrt{d^2 + (d-2\delta_t)^2}$	mm	计算 $\widetilde{K}_t^{1/3}/\widetilde{P}_a^{1/2} =$	
	换热管受压失稳当量长度 l_{cr}（见图 7-2）	mm	计算 $1/\rho_t =$	
	系数 $C_r = \pi\sqrt{2E_t/R_{eL}^t}$		查图 7-10 $C =$	
	换热管稳定许用压力 $[\sigma]_{cr}^t$		查图 7-11 $G_{we} =$	
	当 $C_r \leqslant l_{cr}/i$ 时，$[\sigma]_{cr}^t = \dfrac{E_t}{1.5} \cdot \dfrac{\pi^2}{(l_{cr}/i)^2}$	MPa		
	当 $C_r > l_{cr}/i$ 时，$[\sigma]_{cr}^t = \dfrac{R_{eL}^t}{1.5} \cdot \left[1 - \dfrac{l_{cr}/i}{2C_r}\right]$	MPa		

管板计算厚度 $\delta = CD_t\sqrt{\widetilde{P}_a}$	mm

当量组合压力 $P_c = p_s - p_t(1+\beta)$	MPa

换热管应力[b]			
浮头式 $\sigma_t = \dfrac{1}{\beta}\left[P_c - (p_s - p_t)\dfrac{A_t}{A_1}G_{we}\right]$	MPa	当 $\sigma_t > 0$ 时，$\sigma_t \leqslant [\sigma]_t^t$	
填料函式 $\sigma_1 = \dfrac{1}{\beta}\left[P_c + p_1\dfrac{A_t}{A_1}G_{we}\right]$	MPa	当 $\sigma_t < 0$ 时，$|\sigma_t| \leqslant [\sigma]_{cr}^t$	

拉脱力[c] $q = \dfrac{\sigma_t a}{\pi dl}$	MPa	$|q| \leqslant [q]$

注：a. 本表不适用于后端结构为 W 型式的填料函式热交换器。

b. 一般情况下，应按三种不同组合工况分别进行计算与校核，见 7.4.5.2。

c. 对于对接连接的内孔焊结构，校核条件见 7.4.5.2h）。

以上计算为浮头式换热器的固定端管板强度计算，确定管板的厚度后，浮动端管板取相同的厚度即可，无需再作强度计算。

5.3.3　浮头式换热器管板的机械设计算例

5.3.3.1　工艺参数及设计参数

某化工厂开停工冷凝器工艺操作参数如表5-7所示。

表5-7　开停工冷凝器工艺操作参数

	管程	壳程
介质名称	循环水	原料气
介质特性	无危害	无危害
操作温度（入/出）/℃	28/38	340/40
操作压力/MPa	0.6	0.8
腐蚀裕量/mm	2.0	2.0
程数	2	1
材质	Q345R/10	Q345R
管子与管板连接方式	强度焊＋贴胀	
换热管规格（外径/mm×壁厚/mm×长度/mm）	25×2.5×4500	
壳体内径/mm	ϕ400	

由此确定的设计参数如表5-8所示：

表5-8　开停工冷凝器设计参数

	管程	壳程
介质名称	循环水	原料气
设计温度/℃	58	360
设计压力/MPa	0.6	0.8
容器类别	Ⅰ	Ⅰ
液压试验压力/MPa	1.6	1.6

传热工艺计算所确定的换热器标准型号为：AES400－2.5－25－4.5/25－2Ⅰ，总体结构如图5-15所示，固定端管板与壳体连接结构属于图5-9中a型。

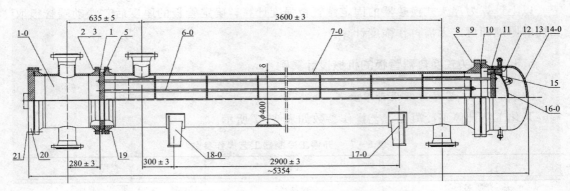

图 5 - 15　开停工冷凝器总体结构

5.3.3.2　计算参数汇总表

根据以上设计条件得到计算参数汇总表，如表 5 - 9 所示。

表 5 - 9　计算参数汇总表

	材料（名称及类型）	Q345R（热轧）	
管板	管板名义厚度 δ_n	40.00	mm
	管板强度削弱系数 μ	0.40	
	管板刚度削弱系数 η	0.40	
	隔板槽面积 A_d	3392.00	mm^2
	换热管与管板胀接长度或焊脚高度 l	3.50	mm
	设计温度下管板材料弹性模量 E_p	176400.00	MPa
	设计温度下管板材料许用应力 $[\sigma]_p^t$	121.80	MPa
	许用拉脱力 $[q]$ 按 GB/T 151—2014 中 7.4.7 节表 7 - 12	40.30	MPa
	壳程侧结构槽深 h_1	5.00	mm
	管程侧隔板槽深 h_2	2.00	mm
换热管	材料名称	10（GB9948）	
	换热管外径 d	25.00	mm
	换热管壁厚 δ_t	2.50	mm
	换热管根数 n	74	根
	换热管中心距 S	32.00	mm
	换热管长 L_t	4500.00	mm
	换热管受压失稳当量长度 l_{cr}（GB/T 151—2014 图 7 - 2）	200.00	mm
	设计温度下换热管材料弹性模量 E_t	176400.00	MPa
	设计温度下换热管材料屈服点 σ_s^t	121.00	MPa
	设计温度下换热管材料许用应力 $[\sigma]_t^t$	80.60	MPa

续表

	垫片外径 D_o	454.00	mm
	垫片内径 D_i	422.00	mm
	垫片厚度 δ_g		mm
垫片	垫片接触面宽度 ω		mm
	垫片压紧力作用中心圆直径 D_G	439.69	mm
	垫片材料	金属垫片	
	压紧面形式	1a 或 1b	

5.3.3.3 计算校核过程

①由表 5-9：$D_G = 439.69\text{mm}$

②由表 5-9：$A_d = 3392\text{mm}^2$

管束三角形排列：$A_t = 0.866nS^2 + A_d = 0.866 \times 74 \times 32^2 + 3392 = 69014.016\text{mm}^2$

管束正方形排列：$A_t = nS^2 + A_d = 74 \times 32^2 + 3392 = 79168\text{mm}^2$

管板布管区面积取以上较大者，故 $A_t = 79168\text{mm}^2$。

管板布管区当量直径

$$D_t = \sqrt{\frac{4A_t}{\pi}} = \sqrt{\frac{4 \times 79168}{\pi}} = 317.49\text{mm}$$

$$\rho_t = \frac{D_t}{D_G} = \frac{317.49}{439.69} = 0.7221$$

③一根换热管管壁金属横截面积：

$$a = \pi\delta_t(d - \delta_t) = \pi \times 2.5 \times (25 - 2.5) = 176.71\text{mm}^2$$

④管板开孔后面积

$$A_l = A_t - n\frac{\pi d^2}{4} = 79168 - 74 \times \frac{\pi \times 25^2}{4} = 42843.33\text{mm}^2$$

换热管有效长度

$$L = L_t - 2\delta_n - 2l_2 = 4500 - 2 \times 40 - 2 \times 1.5 = 4417\text{mm}$$

管束模数

$$K_t = \frac{E_t na}{LD_t} = \frac{176400 \times 74 \times 176.71}{4417 \times 317.49} = 1644.88$$

管束无量纲刚度

$$\widetilde{K}_t = \frac{K_t}{\eta E_p} = \frac{1644.88}{0.4 \times 176400} = 0.0233$$

⑤换热管稳定许用压应力计算［按 GB/T 151—2014（7.3.2.2）节计算］

系数 $$C_r = \pi\sqrt{\frac{2E_t}{\sigma_s^t}} = \pi\sqrt{\frac{2 \times 176400}{121}} = 169.64$$

换热管回转半径

$$i = 0.25\sqrt{d^2 + (d - 2\delta_t)^2} = 0.25 \times \sqrt{25^2 + (25 - 2 \times 2.5)^2} = 8.00\text{mm}$$

由 GB 151—2014 中图 7 - 2 确定：$l_{cr} = 200$

$$C_r = 169.64 > l_{cr}/i = 200/8 = 25$$

此时，管子稳定许用压应力：

$$[\sigma]_{cr}^t = \frac{\sigma_s^t}{1.5}\left(1 - \frac{l_{cr}/i}{2C_r}\right) = \frac{121}{1.5} \times \left(1 - \frac{25}{2 \times 169.64}\right) = 74.72 \text{MPa}$$

$[\sigma]_t^t = 80.6 \text{MPa}$，$[\sigma]_{cr}^t < [\sigma]_t^t$，因此，满足要求。

⑥、⑦确定管板的计算压力 P_d 及无量纲压力 $\widetilde{P}_a$ 系数

$$\beta = \frac{na}{A_1} = \frac{74 \times 176.71}{42843.25} = 0.3052$$

a) 当只有壳程设计压力 p_S，管程设计压力 $p_t = 0$ 时：

$$p_d = p_c = p_s = 0.98 \text{MPa}$$

计算无量纲压力得：

$$\widetilde{P}_a = \frac{p_d}{1.5\mu[\sigma]_r^t} = \frac{0.98}{1.5 \times 0.4 \times 121.8} = 0.0134$$

b) 当只有管程设计压力 p_t，壳程设计压力 $p_S = 0$ 时：

$$p_d = p_c = -p_t(1+\beta) = -0.78 \times (1 + 0.3052) = -1.018056 \text{MPa}$$

计算无量纲压力得：

$$\widetilde{P}_a = \frac{p_d}{1.5\mu[\sigma]_r^t} = \frac{1.018056}{1.5 \times 0.4 \times 121.8} = 0.0139$$

c) 当管程设计压力 p_t，壳程设计压力 p_S 同时作用时：

$$p_d = p_c = p_s - p_t(1+\beta) = 0.98 - 0.78 \times (1 + 0.3052) = -0.038056 \text{MPa}$$

计算无量纲压力得：

$$\widetilde{P}_a = \frac{p_d}{1.5\mu[\sigma]_r^t} = \frac{0.038056}{1.5 \times 0.4 \times 121.8} = 0.00052$$

按 $\widetilde{K}_t^{1/3}/\widetilde{P}_a^{1/2} = 2.44$ 和 $1/\rho_t = 1.38$ 查 GB/T 151—2014 图 7 - 10 得到 $C = 0.5512$。

按 $\widetilde{K}_t^{1/3}/\widetilde{P}_a^{1/2}$ 和 $1/\rho_t = 1.38$，分别代入三种工况下的无量纲压力，查 GB/T 151—2014 图 7 - 11 得到 (a) $G_{we} = 4.3419$；(b) $G_{we} = 5.2008$；(c) $G_{we} = 11.7749$

⑧管板厚度计算 [按 GB/T 151—2014 (7.4.5.2) 计算]

对于浮头式换热器，p_S 和 p_t 均为正压时，取管板设计压力 $p_d = \max(|p_s|, |p_t|) = 0.98 \text{MPa}$

管板计算厚度：$\delta = CD_t\sqrt{\widetilde{P}_a} = 0.5512 \times 317.49 \times \sqrt{0.0139} = 20.63 \text{mm}$

管板名义厚度：

$$\delta_n = \delta + \max(h_1, C_s) + \max(h_2, C_t) + \Delta$$
$$= 20.63 + \max(5,2) + \max(2,2) + \Delta$$
$$= 28 \text{mm}$$

式中　Cs—— 壳程；

Ct——管程的腐蚀裕量；

Δ——为圆整值。

根据 GB/T 151—2014（7.4.2.2）可知，当管板与换热管采用焊接连接时，管板最小厚度应满足结构设计和制造要求，且不小于 12mm。因此，当管板名义厚度取为 40mm 时，满足最小壁厚的要求，且校核强度合格。

⑨换热管轴向应力计算及校核［按 GB/T 151—2014（7.4.5.2）节计算］

a）只有壳程设计压力 p_s，管程设计压力 $p_t=0$ 时：

$$p_d = p_c = p_s = 0.98\text{MPa}$$

则换热管轴向应力为：

$$\sigma_t = \frac{1}{\beta}\left[p_c - (p_s - p_t)\frac{A_t}{A_l}G_{WE}\right]$$
$$= \frac{1}{0.3052} \times \left[0.98 - 0.98 \times \frac{79168}{42843.25} \times 4.3419\right]$$
$$= -22.55\text{MPa}$$

由于换热管稳定许用压应力 $[\sigma]_{cr}^t = 74.72\text{MPa}$，则 $|\sigma_t| < [\sigma]_{cr}^t$，校核合格。

b）只有管程设计压力 p_t，壳程设计压力 $p_s=0$ 时：

$$p_d = p_c = -p_t(1+\beta) = -0.78 \times (1+0.3052) = -1.018056\text{MPa}$$

则换热管轴向应力为

$$\sigma_t = \frac{1}{\beta}\left[p_c - (p_s - p_t)\frac{A_t}{A_l}G_{WE}\right]$$
$$= \frac{1}{0.3052} \times \left[-1.018056 + 0.78 \times \frac{79168}{42843.25} \times 5.2008\right]$$
$$= 21.23\text{MPa}$$

由于设计温度下换热管材料许用压应力 $[\sigma]_t^t = 80.6\text{MPa}$，则 $\sigma_t < [\sigma]_t^t$，校核合格

c）管程设计压力 p_t，壳程设计压力 p_s 同时作用时：

$$p_d = p_c = p_s - p_t(1+\beta) = 0.98 - 0.78 \times (1+0.3052) = -0.038056\text{MPa}$$

则换热管轴向应力为：

$$\sigma_t = \frac{1}{\beta}\left[p_c - (p_s - p_t)\frac{A_t}{A_l}G_{WE}\right]$$
$$= \frac{1}{0.3052} \times \left[-0.038056 - (0.98 - 0.78) \times \frac{79168}{42843.25} \times 11.7749\right]$$
$$= -14.38\text{MPa}$$

由于换热管稳定许用压应力 $[\sigma]_{cr}^t = 74.72\text{MPa}$，则 $|\sigma_t| < [\sigma]_{cr}^t$，校核合格。

⑩换热管与管板连接拉脱力计算及校核［按 GB/T 151—2014（7.4.5.2）计算］

σ_t 取以上三个工况下换热管轴向应力计算的最大值，即 $\sigma_t = -22.55\text{MPa}$

则连接拉脱力 $q = \left|\frac{\sigma_t a}{\pi dl}\right| = \left|\frac{-22.55 \times 176.71}{\pi \times 25 \times 3.5}\right| = 14.50\text{MPa}$

由于管板许用拉脱力 $[q] = 40.30\text{MPa}$，则 $q < [q]$，校核合格。

第6章　塔设备设计

6.1　概　　述

高度与直径之比较大的直立容器均可称为塔式容器，通常称作塔设备，简称塔器或塔。塔设备是实现气、液相或液、液相充分接触的重要设备，广泛用于炼油、化工、食品、医药等行业。其投资在工程设备投资中占有很大比重，一般约占 15%～45%。

塔设备中的绝大多数用于气、液两相间的传质与传热，它与化工工艺密不可分，是工艺过程得以实现的载体，直接影响着产品的质量和效益。工业生产对塔设备的性能有着严格的要求：①良好的操作稳定性；②较高的生产效率和良好的产品质量；③结构简单、制造费用低；③综合考虑塔设备的寿命、质量和运行安全。

塔设备按其结构特点可以分成板式塔（图 6 - 1）、填料塔（图 6 - 2）和复合塔（图 6 - 3）三类。不论哪一种类型的塔设备，从设备设计的角度看，基本上由塔体、内件、支座和附件构成。塔体包括筒节、封头和连接法兰等；内件指塔板或填料及其支承装置；支座一般为裙式支座；附件包括人孔、进出料接管、仪表接管、液体和气体的分配装置、塔外的扶梯、平台和保温层等。其主要区别就是内件的不同：板式塔内设有一层层的塔盘；填料塔内充填有各种填料；复合塔则是在塔内同时装有塔盘和填料。其中，板式塔和填料塔更为常见。

绝大多数的塔设备是置于室外的，但其支承形式却迥然不同，有的采用裙座自支承的，有的采用将塔设备置于框架之内，也有将几个直径大小不一，高度不同的塔设备采用操作平台将其连成一排或呈三角形、四边形排列的塔群。无论采用上述哪种形式，但有一点是共同的，就是这些塔设备采用的是裙座支承，且置于混凝土基础之上，并配有地脚螺栓。在没有更好的办法之前，上述各种形式的塔设备均可采用通常称为自支承式塔方法进行设计。

塔设备的课程设计把工艺参数以及尺寸作为已知条件，在满足工艺条件的前提下，对塔设备进行强度、刚度和稳定性计算，并从制造、安装、检修、使用等方面进行结构设计。具体步骤包括：

①根据计算压力确定塔体圆筒及封头的名义厚度 δ_n 和 δ_{hn}。

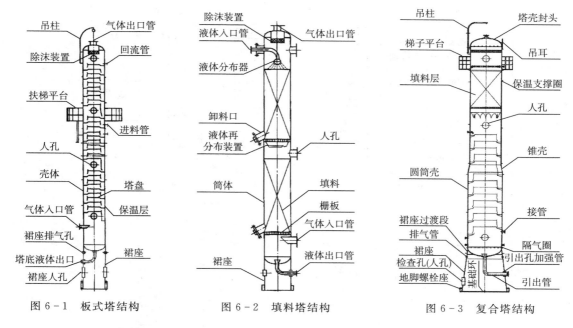

图6-1 板式塔结构

图6-2 填料塔结构

图6-3 复合塔结构

②根据地震载荷或风载荷计算的需要，选取若干计算截面（包括危险截面），设定各计算截面处的有效厚度。

③进行强度和稳定性校核，对拉应力进行强度校核，对压应力应同时满足强度和稳定条件，否则需重新设定有效厚度，直至满足全部校核条件为止。

④校核地脚螺栓的个数及其直径。

⑤其他附件的设计。

6.2 塔体强度及稳定性校核

6.2.1 塔体及封头厚度计算

塔体厚度以及封头厚度可根据圆筒承受的内压或外压条件，按 GB/T 150.3—2011《压力容器 第3部分：设计》中的"3 内压圆筒"或"4 外压圆筒"以及"5 封头"进行计算，确定出计算厚度，然后考虑介质腐蚀性、设计使用寿命以及钢板厚度偏差，初步确定出由压力决定的塔设备壳体的厚度。

6.2.2 载荷分析

塔设备有的放置在室内或框架内，但大多数是放置在室外且无框架支承，称之为自支承式塔设备。自支承式塔设备的塔体除承受工作介质压力之外，还承受质量载荷、风载荷、地震载荷及偏心载荷的作用，如图6-4所示。

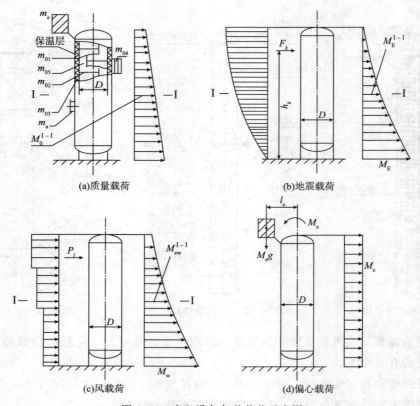

图 6-4　直立设备各种载荷示意图

6.2.3　载荷计算

（1）操作压力

当塔在内压操作时，在塔壁上引起经向和环向的拉应力；在外压操作时，在塔壁上引起经向和环向的压应力。操作压力对裙座不起作用。

（2）塔设备质量

塔设备的操作质量

$$m_0 = m_{01} + m_{02} + m_{03} + m_{04} + m_{05} + m_a + m_e \qquad (6-1)$$

塔设备液压试验时的质量（最大质量）

$$m_{max} = m_{01} + m_{02} + m_{03} + m_{04} + m_w + m_a + m_e \qquad (6-2)$$

塔设备吊装时的质量（最小质量）

$$m_{min} = m_{01} + 0.2m_{02} + m_{03} + m_{04} + m_a + m_e \qquad (6-3)$$

式中，m_{01} 为塔设备壳体（包括裙座）质量，按塔体、裙座和封头的名义厚度计算，kg；m_{02} 为塔设备内构件质量，kg；m_{03} 为塔设备保温层质量，kg；m_{04} 为梯子和平台质量，kg；m_{05} 为操作时塔内物料质量，kg；m_a 为人孔、法兰、接管等附件质量，kg；m_e 为偏心质量，kg；m_w 为液压试验时，塔设备内充液质量，kg。

在计算 m_{02}、m_{04} 和 m_{05} 时，若无实际资料，可参考表 6 - 1 进行估算。式（6 - 3）中的 $0.2m_{02}$ 考虑焊在壳体上的部分内构件质量，如塔盘支持圈、降液管等。当空塔起吊时，若未装保温层、平台、扶梯、则 $m_{\min}$ 扣除 m_{03} 和 m_{04}。

表 6 - 1　塔设备有关部件的质量

名称	单位质量	名称	单位质量	名称	单位质量
笼式扶梯	40kg/m	圆泡罩塔盘	150kg/m²	筛板塔盘	65kg/m²
开式扶梯	15～24kg/m	条形泡罩塔盘	150kg/m²	浮阀塔盘	75kg/m²
钢制平台	150kg/m²	舌形塔盘	75kg/m²	塔盘填充液	70kg/m²

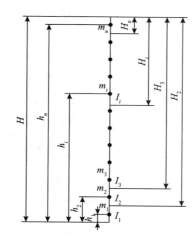

图 6 - 5　多质点体系示意图

（3）自振周期

①塔设备基本振型自振周期

在塔设备强度校核时，可将直径、厚度和材料沿高度变化的塔设备看作一个多质点体系（图 6 - 5），直径、厚度不变的每段塔设备质量可处理为作用在该段高度 1/2 处的集中质量，则塔器的基本自振周期为

$$T_1 = 114.8 \sqrt{\sum_{i=1}^{n} m_i \left(\frac{h_i}{H}\right)^3 \left(\sum_{i=1}^{n} \frac{H_i^3}{E_i^t I_i} - \sum_{i=2}^{n} \frac{H_i^3}{E_{i-1}^t I_{i-1}}\right)} \times 10^{-3} \,(\text{s}) \qquad (6-4)$$

式中，h_i 为第 i 段集中质量距地面的高度，mm；H_i 为塔顶至第 i 段底截面的高度，mm；H 为塔设备总高，mm；m_i 为第 i 段的操作质量，kg；D_i 为塔体内直径，mm；E_i^t，E_{i-1}^t 为第 i 段、第 $i-1$ 段塔材料在设计温度下的弹性模量，MPa；I_i 为第 i 段的截面惯性矩，mm⁴。

截面惯性矩对圆筒段为

$$I_i = \frac{\pi}{8}(D_i + \delta_{ei})^3 \delta_{ei} \qquad (6-5)$$

圆锥段为

$$I_i = \frac{\pi D_{ie}^2 D_{if}^2 \delta_{ei}}{4(D_{ie} + D_{if})} \qquad (6-6)$$

式中，δ_{ei}为各计算截面圆筒或锥壳的有效厚度，mm；D_{ie}为锥壳大端内直径，mm；D_{if}为锥壳小端内直径，mm。

等直径、等壁厚塔器的基本自振周期为

$$T_1 = 90.33H \sqrt{\frac{m_0 H}{E^t \delta_e D_i^3}} \times 10^{-3}(\text{s}) \qquad (6-7)$$

②高阶振型自振周期

直径、厚度相等的塔设备的第二振型与第三振型自振周期分别近似取 $T_2 = T_1/6$ 和 $T_3 = T_1/18$。

对直径、厚度或材料沿高度变化的塔式容器高振型自振周期可按 NB/T 47041—2014《塔式容器》的附录 B 进行计算；对 $H/D \leqslant 5$ 的塔式容器自振周期可按 NB/T 47041—2014《塔式容器》的附录 E 计算。

（4）地震载荷

当发生地震时，塔设备作为悬臂梁，在地震载荷作用下产生弯曲变形。所以，安装在 7 度及 7 度以上地震烈度地区的塔设备必须考虑它的抗震能力，计算出它的地震载荷。对应于设防地震设计塔器时，设计基本地震加速度的取法如表 6-2 所示。

表 6-2 对应于设防地震的设计基本地震加速度

设防烈度	7		8		9
设计基本地震加速度	0.1g	0.15g	0.2g	0.3g	0.4g

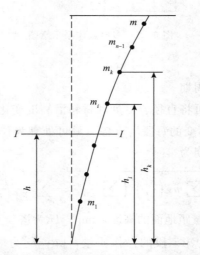

图 6-6 多质点体系基本振型示意图

①水平地震力

直径、壁厚沿高度变化的单个圆筒形直立设备，可视为一个多质点体系，如图 6-6 所示。每一直径和壁厚相等的一段长度间的质量，可处理为作用在该段高 1/2 处的集中载荷。在高度 h_k 处的集中载荷 m_k 所引起的基本振型水平地震力为

$$F_{1k} = \alpha_1 \eta_{1k} m_k g \quad (\text{N}) \tag{6-8}$$

式中，α_1 为对应于塔设备基本振型自振周期 T_1 的地震影响系数，见图 6-7；η_{1k} 为基本振型参与系数，按式（6-9）确定。

$$\eta_{1k} = \frac{h_k^{1.5} \sum\limits_{i=1}^{n} m_i h_i^{1.5}}{\sum\limits_{i=1}^{n} m_i h_i^3} \tag{6-9}$$

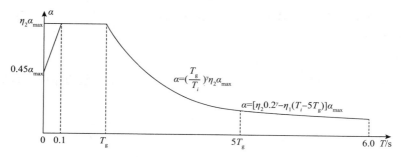

图 6-7　地震影响系数曲线

图 6-7 中，曲线部分按式（6-10）和式（6-11）计算

$$\alpha = \left(\frac{T_g}{T_i}\right)^{\gamma} \eta_2 \alpha_{\max} \tag{6-10}$$

$$\alpha = \left[\eta_2 \, 0.2^{\gamma} - \eta_1 (T_i - 5T_g) \right] \alpha_{\max} \tag{6-11}$$

式中，$\alpha_{\max}$ 为地震影响系数最大值，见表 6-3；T_g 为各类场地土的特征周期值，见表 6-4；T_i 为第 i 振型的自振周期；γ 为地震影响系数曲线下降段的衰减指数，按式（6-12）确定；η_1 为地震影响系数直线下降段下降斜率的调整系数，按式（6-13）确定；η_2 为地震影响系数阻尼调整系数，按式（6-14）确定。

$$\gamma = 0.9 + \frac{0.9 - \zeta_i}{0.3 + 6\zeta_i} \tag{6-12}$$

$$\eta_1 = 0.02 + \frac{0.05 - \zeta_i}{4 + 32\zeta_i} \tag{6-13}$$

$$\eta_2 = 1 + \frac{0.05 - \zeta_i}{0.08 + 1.6\zeta_i} \tag{6-14}$$

式中，ζ_i 为第 i 阶振型阻尼比，应根据实测值确定。无实测数据时，一阶振型阻尼比可取 $\zeta_1 = 0.01 \sim 0.03$。高阶振型阻尼比，可参照第一振型阻尼比选取。

表 6-3　地震影响系数最大值 $\alpha_{\max}$

设防烈度	7		8		9
对应于多遇地震的 $\alpha_{\max}$	0.08	0.12	0.16	0.24	0.32

注：如有必要，可按国家规定权限批准的设计地震动参数进行地震载荷计算。

表 6-4　各类场地土的特征周期值 T_g

设计地震分组	场地土类别				
	I_0	I_1	II	III	IV
第一组	0.20	0.25	0.35	0.45	0.65
第二组	0.25	0.30	0.40	0.55	0.75
第三组	0.30	0.35	0.45	0.65	0.90

对 $H/D \leqslant 5$ 的塔设备，地震载荷采用底部剪力法计算，参见 NB/T 47041—2014《塔式容器》中附录 E。

②垂直地震力

地震烈度为 8 度或 9 度区的塔设备应考虑上下两个方向垂直地震力作用，如图 6-8 所示。

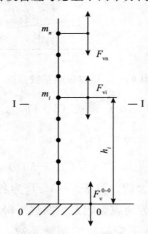

图 6-8　垂直地震力计算简图

塔设备底截面处的垂直地震力按下式计算

$$F_v^{0-0} = \alpha_{vmax} m_{eq} g \quad (N) \tag{6-15}$$

式中，α_{vmax} 为垂直地震影响系数最大值，$\alpha_{vmax} = 0.65\alpha_{max}$；$m_{eq}$ 为计算垂直地震力时塔设备的当量质量，取 $m_{eq} = 0.75m_0$，kg。

任意质量处所分配的垂直地震力（沿塔高按倒三角形分布重新分配），按下式计算

$$F_{vi} = \frac{m_i h_i}{\sum_{k=1}^{n} m_k h} F_v^{0-0} \quad (i = 1, 2, \cdots, n) \tag{6-16}$$

任意计算截面 I-I 处的垂直地震力，按下式计算

$$F_v^{I\text{-}I} = \sum_{k=i}^{n} F_{vk} \quad (i = 1, 2, \cdots, n) \tag{6-17}$$

对 $H/D \leqslant 5$ 的塔设备，不计入垂直地震力。

③地震弯矩

塔设备任意计算截面 I-I 的基本振型地震弯矩（图 6-6）按下式计算

$$M_{E1}^{I-I} = \sum_{k=i}^{n} F_{1k}(h_k - h) \qquad (6-18)$$

式中，h 为计算截面距地面的高度，mm。

对于等直径、等厚度塔器的任意截面 I—I 的地震弯矩

$$M_{E1}^{I-I} = \frac{8\alpha_1 m_0 g}{175 H^{2.5}}(10H^{3.5} - 14H^{2.5}h + 4h^{3.5}) \quad (N \cdot mm) \qquad (6-19)$$

底部截面的地震弯矩

$$M_{E1}^{0-0} = \frac{16}{35}\alpha_1 m_0 gH \quad (N \cdot mm) \qquad (6-20)$$

当塔设备 $H/D>15$ 且 $H>20$m 时，视设备为柔性结构，须考虑高振型的影响。由于第三阶以上各阶振型对塔设备的影响甚微，可不考虑。工程计算组合弯矩时，一般只计算前三个振型的地震弯矩即可，所取的地震弯矩可近似为上述计算值的 1.25 倍。

有关高阶振型对计算截面处地震弯矩的影响，可参见 NB/T 47041—2014《塔式容器》中附录 B。

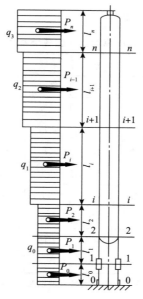

图 6-9 风弯矩计算简图

（5）风载荷

塔体会因风压而发生弯曲变形。吹到塔设备迎风面上的风压值，随设备高度的增加而增加。为了计算简便，将风压值按设备高度分为几段，假设每段风压值各自均布于塔设备的迎风面上，如图 6-9 所示。

塔设备的计算截面应该选在其较薄弱的部位，如截面 0—0，1—1，2—2 等。其中 0—0 截面为塔设备的基底截面；1—1 截面为裙座上人孔或较大管线引出孔处的截面；2—2 截面为塔体与裙座连接焊缝处的截面，如图 6-9 所示。

①顺风向风载荷

两相邻计算截面区间为一计算段，任一计算段的风载荷，就是集中作用在该段中点上的风压合力。任一计算段风载荷的大小，与塔设备所在地区的基本风压 q_0（距地面 10m 高处的风压值）有关，同时也和塔设备的高度、直径、形状以及自振周期有关。

两相邻计算截面间的水平风力为

$$P_i = K_1 K_{2i} q_0 f_i D_{ei} \times 10^{-6} \quad (N) \tag{6-21}$$

式中，K_1 为体形系数，$K_1 = 0.7$；q_0 为 10m 高度处的基本风压值，按表 6-5 查取；f_i 为第 i 段风压高度变化系数，按表 6-6 查取；l_i 为同一直径的两相邻计算截面间距离，mm；D_{ei} 为塔器各计算段的有效直径，mm，按式（6-23）~式（6-25）确定；K_2 为塔器各计算段的风振系数。

当塔高 $H \leqslant 20m$ 时 $\qquad K_{2i} = 1.7$

当 $H > 20m$ 时 $\qquad K_{2i} = 1 + \dfrac{\xi \nu_i \phi_{zi}}{f_i} \tag{6-22}$

式中，ξ 为脉动增大系数，按表 6-7 查取；ν_i 为第 i 段脉动影响系数，按表 6-8 查取；ϕ_{zi} 为第 i 段振型系数，按表 6-9 查取。

表 6-5 10m 高度处我国各地基本风压值 q_0 N/m²

地区	q_0	地区	q_0	地区	q_0	地区	q_0	地区	q_0	地区	q_0
上海	450	福州	600	长春	500	洛阳	300	银川	500	昆明	200
南京	250	广州	500	抚顺	450	蚌埠	300	长沙	350	西宁	350
徐州	350	茂名	550	大连	500	南昌	400	株洲	350	拉萨	350
扬州	350	湛江	850	吉林	400	武汉	250	南宁	400	乌鲁木齐	600
南通	400	北京	350	四平	550	包头	450	成都	250	台北	1200
杭州	300	天津	350	哈尔滨	400	呼和浩特	500	重庆	300	台东	1500
宁波	500	保定	400	济南	400	太原	300	贵阳	250		
衢州	400	石家庄	300	青岛	500	大同	450	西安	350		
温州	550	沈阳	450	郑州	350	兰州	300	延安	250		

注：河道、峡谷、山坡、山岭、山沟汇交口，山沟的转弯处以及垭口应根据实测值选取。

表 6-6 风压高度变化系数 f_i

距地面高度 H_a	地面粗糙度类别			
	A	B	C	D
5	1.17	1.00	0.74	0.62
10	1.38	1.00	0.74	0.62
15	1.52	1.14	0.74	0.62
20	1.63	1.25	0.84	0.62
30	1.80	1.42	1.00	0.62

距地面高度 H_a	地面粗糙度类别			
	A	B	C	D
40	1.92	1.56	1.13	0.73
50	2.03	1.67	1.25	0.84
60	2.12	1.77	1.35	0.93
70	2.20	1.86	1.45	1.02
80	2.27	1.95	1.54	1.11
90	2.34	2.02	1.62	1.19
100	2.40	2.09	1.70	1.27
150	2.64	2.38	2.03	1.61

注1：A类系指近海海面及海岛、海岸、湖岸及沙漠地区；

B类系指田野、乡村、丛林、丘陵以及房屋比较稀疏的乡镇和城市郊区；

C类系指有密集建筑群的城市市区；

D类系指有密集建筑群且房屋较高的城市市区。

注2：中间值可采用线性内插法求取。

表 6-7　脉动增大系数 ζ

$q_1 T_1^2/(\text{N} \cdot \text{s}^2/\text{m}^2)$	10	20	40	60	80	100
ξ	1.47	1.57	1.69	1.77	1.83	1.88
$q_1 T_1^2/(\text{N} \cdot \text{s}^2/\text{m}^2)$	200	400	600	800	1000	2000
ξ	2.04	2.24	2.36	2.46	2.53	2.80
$q_1 T_1^2/(\text{N} \cdot \text{s}^2/\text{m}^2)$	4000	6000	8000	10000	20000	30000
ξ	3.09	3.28	3.42	3.54	3.91	4.14

注1：计算 $q_1 T_1^2$ 时，对B类可直接代入基本风压，即 $q_1 = q_0$，而对A类以 $q_1 = 1.38 q_0$、C类以 $q_1 = 0.62 q_0$、D类以 $q_1 = 0.32 q_0$ 代入。

注2：中间值可采用线性内插法求取。

表 6-8　脉动影响系数 v_i

地面粗糙度类别	高度 H_a/m									
	10	20	30	40	50	60	70	80	100	150
A	0.78	0.83	0.86	0.87	0.88	0.89	0.89	0.89	0.89	0.87
B	0.72	0.79	0.83	0.85	0.87	0.88	0.89	0.89	0.90	0.89
C	0.64	0.73	0.78	0.82	0.85	0.87	0.90	0.90	0.91	0.93
D	0.53	0.65	0.72	0.77	0.81	0.84	0.89	0.89	0.92	0.97

注：中间值可采用线性内插法求取。

表 6-9 振型系数 ϕ_{zi}

相对高度 h_a/H	振型序号	
	1	2
0.10	0.02	−0.09
0.20	0.06	−0.30
0.30	0.14	−0.53
0.40	0.23	−0.68
0.50	0.34	−0.71
0.60	0.46	−0.59
0.70	0.59	−0.32
0.80	0.79	0.07
0.90	0.86	0.52
1.00	1.00	1.00

注：中间值可采用线性内插法求取。

当笼式扶梯与塔顶管线布置成 180°时

$$D_{ei} = D_{oi} + 2\delta_{si} + K_3 + K_4 + d_o + 2\delta_{ps} \quad (\text{mm}) \tag{6-23}$$

当笼式扶梯与塔顶管线布置成 180°时，取下列二式中较大者

$$D_{ei} = D_{oi} + 2\delta_{si} + K_3 + K_4 \tag{6-24}$$

$$D_{ei} = D_{oi} + 2\delta_{si} + K_4 + d_o + 2\delta_{ps} \tag{6-25}$$

式中，D_{oi}为塔器各计算段的外径，mm；δ_{si}为塔器第 i 段的保温层厚度，mm；K_3为笼式扶梯当量宽度，当无确切数据时，取 $K_3=400\text{mm}$；d_o为塔顶管线的外径，mm；δ_{ps}为管线保温层厚度，mm；K_4为操作平台当量宽度，mm，按式（6-26）确定。

$$K_4 = \frac{2\sum A}{l_o} \tag{6-26}$$

式中，l_o为操作平台所在计算段的长度，mm；$\sum A$ 为操作平台构件的投影面积（不计空挡），mm^2。

塔设备作为悬臂梁，在风载荷作用下产生弯曲变形。任意计算截面的 Ⅰ-Ⅰ 处的风弯矩按下式计算

$$M_w^{\text{I-I}} = P_i\frac{l_i}{2} + P_{i+1}\left(l_i+\frac{l_{i+1}}{2}\right) + P_{i+1}\left(l_i+l_{i+1}+\frac{l_{i+2}}{2}\right) + \dots \quad (\text{N}\cdot\text{mm}) \tag{6-27}$$

塔底容器底截面 0-0 处的风弯矩应按下式计算

$$M_w^{0-0} = P_1\frac{l_1}{2} + P_2\left(l_1+\frac{l_2}{2}\right) + P_3\left(l_1+l_2+\frac{l_3}{2}\right) + \dots \quad (\text{N}\cdot\text{mm}) \tag{6-28}$$

②横风向风载荷

当 $H/D>15$ 且 $H>30\text{m}$ 时，还应计算横风向风振，以下给出了自支承式塔设备横风

向共振时的塔顶振幅和风弯矩的计算方法。

塔设备共振时的风速称为临界风速。临界风速应按下式计算

$$v_{ci} = \frac{D_o}{T_i St} \times 10^{-3} \quad (m/s) \tag{6-29}$$

式中，St 为斯特哈罗数，$St = 0.2$。

若风速 $v < v_{c1}$，不需考虑塔设备的共振；若 $v_{c1} \leqslant v < v_{c2}$，应考虑塔设备的第一振型的振动；若 $v \geqslant v_{c2}$，除考虑塔设备的第一振型外还应考虑第二振型的振动。

判别时，取 v 为塔设备顶部风速 v_H，即 $v = v_H$。按塔设备顶部风压值，由下式计算

$$v_H = 1.265 \sqrt{f_t q_0} \quad (m/s) \tag{6-30}$$

式中，f_t 为塔设备顶部风压高度变化系数，见表 6-6。

共振时，对等截面塔，塔顶振幅应按下式计算

$$Y_{Ti} = \frac{C_L D_o \rho_a v_{ci}^2 H^4 \lambda_i}{49.4 G \zeta_i E^t I} \times 10^{-9} \tag{6-31}$$

式中，Y_{Ti} 为第 i 振型的横风向塔顶振幅，m；G，系数，$G = (T_1/T_i)^2$；ρ_a 为空气密度，kg/m^3，常温时可取 1.25；λ_i 为计算系数，按表 6-9 确定；C_L 为升力系数；I 为塔截面惯性矩，mm^4，按式（6-33）确定。

当 $5 \times 10^4 < Re \leqslant 2 \times 10^5$ 时，$C_L = 0.5$；当 $Re > 4 \times 10^5$ 时，$C_L = 0.2$；当 $2 \times 10^5 < Re \leqslant 4 \times 10^5$ 时，按线性插值法确定。其中，Re 为雷诺数，$Re = 69 v D_o$。

表 6-10　计算系数 λ_i

H_{ci}/H	0	0.1	0.2	0.3	0.4	0.5	0.6	0.7	0.8	0.9	1.0
第一振型 λ_1	1.56	1.55	1.54	1.49	1.42	1.31	1.15	0.94	0.68	0.37	0
第一振型 λ_2	0.83	0.82	0.76	0.60	0.37	0.09	-0.16	-0.33	-0.38	-0.27	0

表 6-10 中，H_{ci} 为第 i 振型共振区起始高度，可按下式计算

$$H_{ci} = H \left(\frac{v_{ci}}{v_H} \right)^{1/a} \quad (mm) \tag{6-32}$$

式中，a 为地面粗糙度系数，当地面粗糙度类别为 A、B、C 和 D 时分别取 0.12、0.16、0.22 和 0.30。

对于变截面塔，塔截面惯性矩 I 应按下式计算

$$I = \frac{H^4}{\sum\limits_{i=1}^{n} \dfrac{H_i^4}{I_i} - \sum\limits_{i=2}^{n} \dfrac{H_i^4}{I_{i-1}}} \tag{6-33}$$

式中，I_i 为第 i 段的截面惯性矩，mm^4。

塔设备任意计算截面 J—J 处第 i 振型的共振弯矩（图 6-10）由下式计算

$$M_{ca}^{J-J} = (2\pi/T_i)^2 Y_{Ti} \sum_{k=j}^{n} m_k (h_k - h) \phi_{ki} \quad (N \cdot mm) \tag{6-34}$$

式中，ϕ_{ki} 为振型系数，见表 6-9。

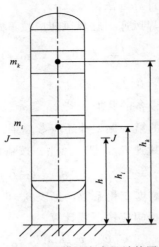

图 6 - 10 横风向弯矩计算图

作用在塔设备计算截面 I - I 处的组合风弯矩取式 (13 - 35) 和式 (13 - 36) 中较大者。

$$M_{ew}^{I\text{-}I} = M_w^{I\text{-}I} \tag{6-35}$$

$$M_{ew}^{I\text{-}I} = \sqrt{(M_{ca}^{I\text{-}I})^2 + (M_{cw}^{I\text{-}I})^2} \tag{6-36}$$

塔设备任意计算截面 I - I 处的顺风向弯矩 $M_{cw}^{I\text{-}I}$ 计算方法同 "顺风向风载荷"，但其中的基本风压 q_0 应改取为塔器共振时离地 10m 处顺风向的风压值 q_{co}。若无此数据，可先利用式 (6 - 29) 计算出 v_{ci}，再利用式 (6 - 37) 进行换算。

$$q_{co} = \frac{1}{2}\rho_a v_{ci}^2 \quad (\text{N/m}^2) \tag{6-37}$$

(6) 偏心载荷

有些塔设备在顶部悬挂有分离器、热交换器、冷凝器等附属设备，这些附属设备对塔体产生偏心载荷。偏心载荷所引起的弯矩为

$$M_e = m_e g l_e \quad (\text{N · mm}) \tag{6-38}$$

式中，l_e 为偏心质点重心至塔设备中心线的距离，mm。

(7) 最大弯矩

仅考虑顺风向最大弯矩时按式 (6 - 39)、式 (6 - 40) 计算，若同时考虑横风向风振时的最大弯矩按式 (6 - 41)、式 (6 - 42) 计算。

任意计算截面 I - I 处的最大弯矩应按下式计算

$$M_{max}^{I\text{-}I} = \max \begin{cases} M_w^{I\text{-}I} + M_e \\ M_E^{I\text{-}I} + 0.25 M_w^{I\text{-}I} + M_e \end{cases} \tag{6-39}$$

底截面 0—0 处的最大弯矩应按下式计算

$$M_{max}^{0-0} = \max \begin{cases} M_w^{0-0} + M_e \\ M_E^{0-0} + 0.25 M_w^{0-0} + M_e \end{cases} \tag{6-40}$$

任意计算截面Ⅰ-Ⅰ处的最大弯矩应按下式计算

$$M_{\max}^{\text{I-I}} = \max \begin{cases} M_{\text{ew}}^{\text{I-I}} + M_{\text{e}} \\ M_{\text{E}}^{\text{I-I}} + 0.25 M_{\text{w}}^{\text{I-I}} + M_{\text{e}} \end{cases} \qquad (6-41)$$

底截面0-0处最大弯矩应按下式计算

$$M_{\max}^{0-0} = \max \begin{cases} M_{\text{ew}}^{0-0} + M_{\text{e}} \\ M_{\text{E}}^{0-0} + 0.25 M_{\text{w}}^{0-0} + M_{\text{e}} \end{cases} \qquad (6-42)$$

6.2.4 塔体的轴向应力校核

（1）塔体稳定性校核

计算压力在塔体中引起的轴向应力

$$\sigma_1 = \frac{p_c D_i}{4\delta_{ei}} \quad \text{(MPa)} \qquad (6-43)$$

轴向应力 σ_1 在危险截面2-2上的分布情况，见图6-11。

操作或非操作时质量载荷及垂直地震力在塔体中引起的轴向应力

$$\sigma_2 = \frac{m_0^{\text{I-I}} g \pm F_{\text{v}}^{\text{I-I}}}{\pi D_i \delta_{ei}} \quad \text{(MPa)} \qquad (6-44)$$

式中，$m_0^{\text{I-I}}$ 为任意计算截面Ⅰ-Ⅰ以上塔器的操作质量，kg；$F_{\text{v}}^{\text{I-I}}$ 为塔设备任意计算截面Ⅰ-Ⅰ处的垂直地震力，N。

其中，$F_{\text{v}}^{\text{I-I}}$ 仅在最大弯矩为地震弯矩参与组合时计入此项。

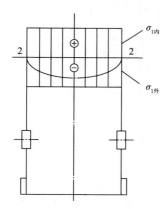

图6-11 应力 σ_1 分布图

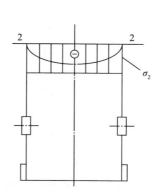

图6-12 应力 σ_2 分布图

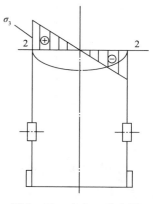

图6-13 应力 σ_3 分布图

轴向应力 σ_2 在危险截面2-2上的分布情况，见图6-12。

弯矩在塔体中引起的轴向应力

$$\sigma_3 = \frac{4M_{\max}^{\text{I-I}}}{\pi D_i^2 \delta_{ei}} \quad \text{(MPa)} \qquad (6-45)$$

式中，$M_{\max}^{\text{I-I}}$ 为任意计算截面Ⅰ-Ⅰ处的最大弯矩，N·mm。

轴向应力 σ_3 在危险截面2-2上的分布情况，见图6-13。

应根据塔设备在操作时或非操作时各种危险情况对 σ_1、σ_2、σ_3 进行组合，求出最大组

合轴向压应力 σ_{max}，并使之等于或小于轴向许用压应力 $[\sigma]_{cr}$ 值。

轴向许用压应力按下式求取

$$[\sigma]_{cr} = \min \begin{cases} KB \\ K[\sigma]^t \end{cases} \qquad (6-46)$$

式中，K 为载荷组合系数，取 $K=1.2$；B 为外压应力系数，MPa。B 值依照下列方法求得：根据筒体平均半径 R 和有效厚度 δ_e 值，按 $A = \dfrac{0.094}{R/\delta_e}$ 计算外压应变系数 A 值；选用 GB/T 150.3—2011《压力容器 第 3 部分：设计》中相应设计材料的外压应力系数 B 图，根据系数 A 查得 B 值。当 A 落在设计温度下材料线的左方时，则按式 $B = \dfrac{2AE^t}{3}$ 计算 B 值。

内压操作的塔设备，最大组合轴向压应力出现在停车情况，即 $\sigma_{max} = \sigma_2 + \sigma_3$，$\sigma_{max}$ 在危险截面 2—2 上的分布情况（利用应力叠加法求出）见图 6-14（a）。

外压操作的塔设备，最大组合轴向压应力出现在正常操作情况下，即 $\sigma_{max} = \sigma_1 + \sigma_2 + \sigma_3$。$\sigma_{max}$ 在危险截面 2—2 上的分布情况，见图 6-14（b）。

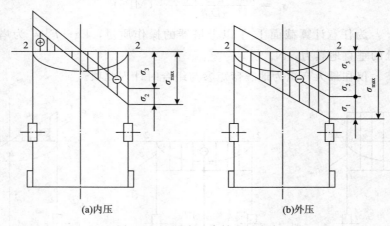

图 6-14　最大组合轴向压应力

（2）塔体拉应力校核

按假设的有效厚度 δ_{ei} 计算操作或非操作时各种情况的 σ_1、σ_2 和 σ_3，并进行组合，求出最大组合轴向拉应力，并使之等于或小于许用应力与焊接接头系数和载荷组合系数的乘积 $K\phi[\sigma]^t$。K 为载荷组合系数，取 $K=1.2$。如厚度不能满足上述条件，须重新假设厚度，重复上述计算，直至满足为止。

内压操作的塔设备，最大组合轴向拉应力出现在正常操作的情况下，即 $\sigma_{max} = \sigma_1 - \sigma_2 + \sigma_3$。此 σ_{max} 在危险截面 2—2 上的分布情况，见图 6-15（a）。

外压操作的塔设备，最大组合轴向拉应力出现在非操作的情况下，即 $\sigma_{max} = \sigma_3 - \sigma_2$。此 σ_{max} 在危险截面 2—2 上的分布情况，见图 6-15（b）。

根据按设计压力计算的塔体厚度、按稳定条件验算确定的厚度以及按抗拉强度验算确

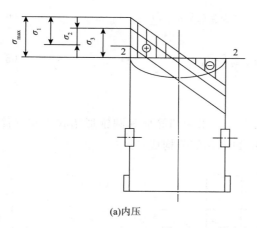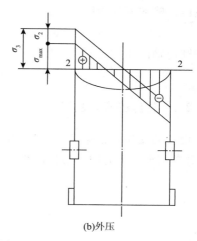

图 6-15　最大组合轴向拉应力

定的厚度进行比较，取其中较大值，再加上厚度附加量，并考虑制造、运输、安装时刚度的要求，最终确定塔体厚度。

（3）耐压试验时应力校核

同其他压力容器一样，塔设备也要在安装后进行耐压试验检查。耐压试验压力按有关规定确定。

对选定的各危险截面按式（6-47）～式（6-49）进行各项应力计算。

耐压试验压力引起的轴向应力

$$\sigma_1 = \frac{p_T D_i}{4\delta_{ei}} \quad (\text{MPa}) \tag{6-47}$$

质量载荷引起的轴向应力

$$\sigma_2 = \frac{m_T^{I-I} g}{\pi D_i \delta_{ei}} \quad (\text{MPa}) \tag{6-48}$$

式中，m_T^{I-I} 为耐压试验时，塔设备计算截面 I-I 以上的质量（只计入塔壳、内构件、偏心质量、保温层、扶梯及平台质量），kg。

弯矩引起的轴向应力

$$\sigma_3 = \frac{4(0.3M_w^{I-I} + M_e)}{\pi D_i^2 \delta_{ei}} \quad (\text{MPa}) \tag{6-49}$$

耐压试验时，圆筒金属材料的许用轴向压应力应按下式确定。

$$[\sigma]_{cr} = \min \begin{cases} B \\ 0.9\sigma_{eL}(\text{或 } \sigma_{p0.2}) \end{cases} \tag{6-50}$$

耐压试验时，圆筒金属材料的许用轴向拉应力应按下式确定。

①圆筒轴向拉应力

液压试验

$$\sigma_1 - \sigma_2 + \sigma_3 \leqslant 0.9\phi\sigma_{eL}(\text{或 } \sigma_{p0.2}) \tag{6-51}$$

气压试验或者气液组合试验

$$\sigma_1 - \sigma_2 + \sigma_3 \leqslant 0.8\phi\sigma_{eL}(或 \sigma_{p0.2}) \tag{6-52}$$

②圆筒轴向压应力

$$\sigma_2 + \sigma_3 \leqslant [\sigma]_{cr} \tag{6-53}$$

6.2.5 裙座的应力校核

塔设备的支座，根据工艺要求和载荷特点，常采用圆筒形和圆锥形裙式支座（简称裙座）。图 6-16 所示为圆筒形裙座简图。它由如下几部分构成：

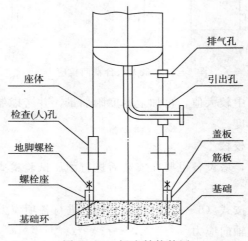

图 6-16 裙座结构简图

①座体。上端与塔体底封头焊接在一起，下端焊在基础环上。座体承受塔体的全部载荷，并把载荷传到基础环上去。

②基础环。基础环是块环形垫板，它把由座体传下来的载荷，再均匀地传到基础上去。

③螺栓座。由盖板和筋板组成，供安装地脚螺栓用，以便地脚螺栓把塔设备固定在基础上。

④管孔。在裙座上有检修用的人孔、引出孔和排气孔等。

现依次介绍座体、基础环、螺栓和螺栓座以及管孔的设计计算。

（1）座体设计

首先参照塔体厚度确定座体的有效厚度 δ_{ei}，然后验算危险截面的应力。危险截面位置，一般取裙座基底截面（0-0 截面）或人孔处（1-1 截面）。

裙座壳底截面的组合应力按下式校核：

操作时

$$\frac{1}{\cos\theta}\left(\frac{M_{max}^{0-0}}{Z_{sb}} + \frac{m_0 g + F_v^{0-0}}{A_{sb}}\right) \leqslant \min\begin{cases} KB\cos^2\theta \\ K[\sigma]_s^t \end{cases} \tag{6-54}$$

其中，F_v^{0-0} 仅在最大弯矩为地震弯矩参与组合时计入此项。

耐压试验时

$$\frac{1}{\cos\theta}\left(\frac{0.3M_w^{0-0}+M_e}{Z_{sb}}+\frac{m_{max}g}{A_{sb}}\right)\leqslant \min\begin{cases}B\cos^2\theta \\ 0.9\sigma_{eL}(\text{或 }\sigma_{p0.2})\end{cases} \tag{6-55}$$

式中，M_{max}^{0-0} 为底部截面 0—0 处的最大弯矩，N·mm；M_w^{0-0} 为底部截面 0—0 处的风弯矩，N·mm；Z_{sb} 为裙座圆筒或锥壳底部抗弯截面模量，mm^3，$Z_{sb}=\pi D_{is}^2\delta_{es}/4$；$A_{sb}$ 为裙座圆筒或锥壳底部截面积，mm^2，$A_{sb}=\pi D_{is}\delta_{es}$；$\theta$ 为锥形裙座壳半锥顶角，°。

此时，基底截面 0—0 上的应力分布情况如图 6-17 及图 6-18 所示。

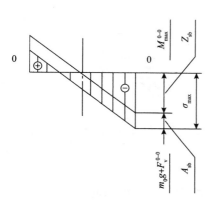

图 6-17 操作时的 σ_{max} 分布图

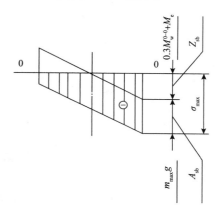

图 6-18 水压试验时的 σ_{max} 分布图

如裙座上人孔或较大管线引出孔处为危险截面 1—1 时应满足下列条件：

操作时

$$\frac{1}{\cos\theta}\left(\frac{M_{max}^{1-1}}{Z_{sm}}+\frac{m_0^{1-1}g\pm F_v^{1-1}}{A_{sm}}\right)\leqslant \min\begin{cases}KB\cos^2\theta \\ K[\sigma]_s^t\end{cases} \tag{6-56}$$

其中，F_v^{1-1} 仅在最大弯矩为地震弯矩参与组合时计入此项。

耐压试验时

$$\frac{1}{\cos\theta}\left(\frac{0.3M_w^{1-1}+M_e}{Z_{sm}}+\frac{m_{max}^{1-1}\cdot g}{A_{sm}}\right)\leqslant \min\begin{cases}B\cos^2\theta \\ 0.9\sigma_{eL}(\text{或 }\sigma_{p0.2})\end{cases} \tag{6-57}$$

式中，M_{max}^{1-1} 为人孔或较大管线引出孔处的最大弯矩，N·mm；M_w^{1-1} 为人孔或较大管线引出孔处的风弯矩，N·mm；m_0^{1-1} 为人孔或较大管线引出孔处以上塔器的操作质量，kg；m_{max}^{1-1} 为人孔或较大管线引出孔处以上塔器液压试验时质量，kg；Z_{sm} 为人孔或较大管线引出孔处裙座壳的抗弯截面模量，mm^3，按式（6-58）和式（6-59）确定。

$$Z_{sm}=\frac{\pi}{4}D_{im}^2\delta_{es}-\sum\left(b_mD_{im}\frac{\delta_{es}}{2}-Z_m\right) \tag{6-58}$$

$$Z_m=2\delta_{es}l_m-\sqrt{\left(\frac{D_{im}}{2}\right)^2-\left(\frac{b_m}{2}\right)^2} \tag{6-59}$$

式中，A_{sb} 为人孔或较大管线引出孔处裙座壳的截面积，mm^2，$A_{sb}=\pi D_{im}\delta_{es}-\sum[(b_m+$

$2\delta_m)\delta_{es}-A_m]$，$A_m=2l_m\delta_m$；$b_m$ 为人孔或较大管线引出管线接管处水平方向的最大宽度，mm；δ_m 为人孔或较大管线引出管线接管处加强管的厚度，mm；δ_{es} 为裙座有效厚度，mm；D_{im} 为人孔或较大管线引出管线接管处座体截面的内直径，mm。公式中各符号参见图 6-19。

其中，F_v^{1-1} 仅在最大弯矩为地震弯矩参与组合时计入此项。

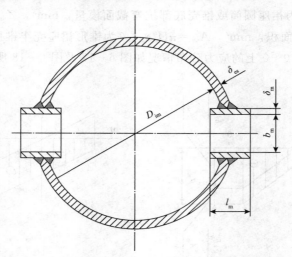

图 6-19　裙座壳检查孔或较大管线引出孔处截面图

Z_{sm} 和 A_{sm} 可由表 6-11 直接查得。

表 6-11　裙座上开设检查孔处的截面模数及面积

塔径 D_i/mm	截面特性	裙座厚度 δ_e/mm										
		4	6	8	10	12	14	16	18	20	22	24
600	$A_{sm}\times10^2\,cm^2$	0.792	1.185	1.580	1.975	2.370	2.765	3.160	—	—	—	—
	$Z_{sm}\times10^3\,cm^3$	1.248	1.876	2.502	3.127	3.753	4.378	5.003	—	—	—	—
700	$A_{sm}\times10^2\,cm^2$	0.918	1.373	1.831	2.289	2.747	3.205	3.662	—	—	—	—
	$Z_{sm}\times10^3\,cm^3$	1.685	2.529	3.372	4.215	5.059	5.902	6.745	—	—	—	—
800	$A_{sm}\times10^2\,cm^2$	0.924	1.382	1.842	2.303	2.764	3.224	3.685	—	—	—	—
	$Z_{sm}\times10^3\,cm^3$	1.646	2.468	3.291	4.114	4.936	5.759	6.582	—	—	—	—
900	$A_{sm}\times10^2\,cm^2$	1.050	1.570	2.094	2.617	3.140	3.664	4.187	—	—	—	—
	$Z_{sm}\times10^3\,cm^3$	2.155	3.234	4.312	5.390	6.468	7.546	8.624	—	—	—	—
1000	$A_{sm}\times10^2\,cm^2$	1.092	1.633	2.178	2.722	3.266	3.811	4.355	4.900	—	—	—
	$Z_{sm}\times10^3\,cm^3$	2.256	3.386	4.515	5.643	6.772	7.901	9.029	10.158	—	—	—
1200	$A_{sm}\times10^2\,cm^2$	1.344	2.010	2.680	3.350	4.020	4.690	5.360	6.030	—	—	—
	$Z_{sm}\times10^3\,cm^3$	3.516	5.274	7.032	8.790	10.548	12.306	14.064	15.821	—	—	—

此时，人孔或较大管线引出孔处截面（1—1截面）上应力分布情况，如图6-20及图6-21所示。

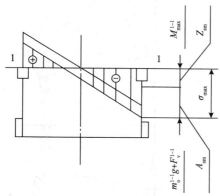

图6-20　操作时的σ分布图

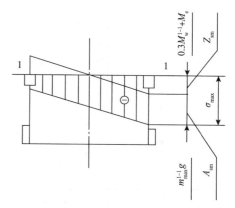

图6-21　水压试验时的σ分布图

（2）基础环设计

①基础环尺寸的确定

基础环内、外径（如图6-22和图6-23所示）一般可参考下式选取

$$D_{ib} = D_{is} - (160 \sim 400) \tag{6-60}$$

$$D_{ob} = D_{is} + (160 \sim 400) \tag{6-61}$$

式中，D_{ob}为基础环外径，mm；D_{ib}为基础环内径，mm。

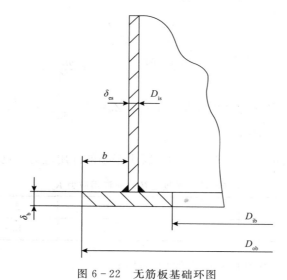

图6-22　无筋板基础环图

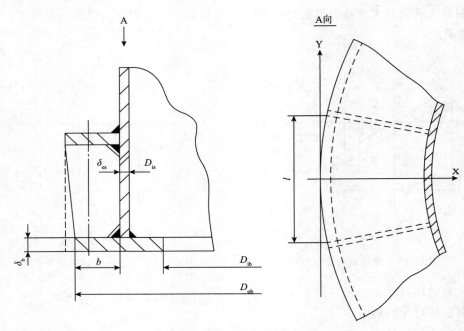

图 6-23　有筋板基础环

②基础环厚度的计算

操作时或水压试验时，设备重量和弯矩在混凝土基础上（基础环底面上）所产生的最大组合轴向压应力为

$$\sigma_{bmax} = \max \begin{cases} \dfrac{M^{0-0}_{max}}{Z_b} + \dfrac{m_0 g}{A_b} \\[2mm] \dfrac{0.3M^{0-0}_w + M_e}{Z_b} + \dfrac{m_{max} g}{A_b} \end{cases} \tag{6-62}$$

式中，Z_b 为基础环的抗弯截面模量，mm^3，$Z_b = \dfrac{\pi (D_{ob}^4 - D_{ib}^4)}{32 D_{ob}}$；$A_b$ 为基础环的面积，mm^2，$A_{sb} = 0.785 (D_{ob}^2 - D_{ib}^2)$；

基础环的厚度须满足 $\sigma_{bmax} \leqslant R_a$，$R_a$ 为混凝土基础的许用应力，见表 6-12。

表 6-12　混凝土基础的许用应力 R_a

混凝土标号	75	100	150	200	250
R_a/MPa	3.5	5.0	7.5	10.0	13.0

σ_{bmax} 可以认为是作用在基础环底上的均匀载荷。

a）基础环上无筋板时（图 6-22），基础环作为悬臂梁，在均匀载荷 σ_{bmax}（基础底面上最大压应力）的作用下（图 6-24），其最大弯矩为 $M'_{max} = \dfrac{\sigma_{bmax} b^2}{2}$。

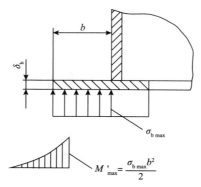

图 6-24 无筋板基础环应力分布

由此，基础环厚度的计算公式为

$$\delta_b = 1.73b\sqrt{[\sigma]_{bmax}/[\sigma]_b} \tag{6-63}$$

式中，$[\sigma]_b$ 为基础环材料的许用应力，对低碳钢取 $[\sigma]_b=140\text{MPa}$。

b）基础环上有筋板时（图 6-23），基础环的厚度按下式计算为

$$\delta_b = \sqrt{\frac{6M_s}{[\sigma]_b}} \tag{6-64}$$

式中，M_s 为计算力矩，$M_s=\max\{|M_x|,\ |M_y|\}$，$M_x=C_x\sigma_{bmax}b^2$，$M_y=C_y\sigma_{bmax}l^2$，其中系数 C_x 和 C_y 按表 6-13 计算。

表 6-13 矩形板力矩 C_x 和 C_y 系数表

b/l	C_x	C_y	b/l	C_x	C_y	b/l	C_x	C_y	b/l	C_x	C_y
0	-0.5000	0	0.8	-0.1730	0.0751	1.6	-0.0485	0.1260	2.4	-0.0217	0.1320
0.1	-0.5000	0.0000	0.9	-0.1420	0.0872	1.7	-0.0430	0.1270	2.5	-0.0200	0.1330
0.2	-0.4900	0.0006	1.0	-0.1180	0.0972	1.8	-0.0384	0.1290	2.6	-0.0185	0.1330
0.3	-0.4480	0.0051	1.1	-0.0995	0.1050	1.9	-0.0345	0.1300	2.7	-0.0171	0.1330
0.4	-0.3850	0.0151	1.2	-0.0846	0.1120	2.0	-0.0312	0.1300	2.8	-0.0159	0.1330
0.5	-0.3190	0.0293	1.3	-0.0726	0.1160	2.1	-0.0283	0.1310	2.9	-0.0149	0.1330
0.6	-0.2600	0.0453	1.4	-0.0629	0.1200	2.2	-0.0258	0.1320	3.0	-0.0139	0.1330
0.7	-0.2120	0.0610	1.5	-0.0550	0.1230	2.3	-0.0236	0.1320	—	—	—

注：l 为两相邻筋板最大内侧间距。

（3）螺栓座的设计

螺栓座结构和尺寸分别见图 6-25 和表 6-14。

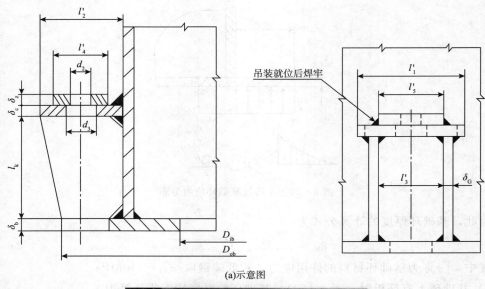

(a)示意图

(b)实物图

图 6 - 25   螺栓座结构

注：当外螺栓座之间距离很小，以致盖板接近连续的环时，则可将盖板制成整体。

表 6 - 14   螺栓座尺寸   mm

螺栓	d_1	d_2	δ_a	δ_{es}	h_i	l	l_1	b
M24	30	36	24					
M27	34	40	26	12	300	120	$l+50$	
M30	36	42	28					
M36	42	48	32	16				$(D_{ob}-D_c-2\delta_{es})/2$
M42	48	54	36	18	350	160	$l+60$	
M48	56	60	40	20				
M56	62	68	46	22	400	200	$l+70$	

（4）地脚螺栓计算

为了使塔设备在刮风或地震时不致翻倒，必须安装足够数量和一定直径的地脚螺栓，把设备固定在基础上。

地脚螺栓承受的最大拉应力为

$$\sigma_B = \max \begin{cases} \dfrac{M_w^{0-0} + M_e}{Z_b} - \dfrac{m_{min}g}{A_b} \\ \dfrac{M_E^{0-0} + 0.25M_w^{0-0} + M_e}{Z_b} - \dfrac{m_0 g - F_v^{0-0}}{A_b} \end{cases} \qquad (6-65)$$

其中，F_v^{0-0} 仅在最大弯矩为地震弯矩参与组合时计入此项。

如果 $\sigma_B \leqslant 0$，则设备自身足够稳定，但是为了固定设备位置，应该设置一定数量的地脚螺栓。

如果 $\sigma_B > 0$，则设备必须安装地脚螺栓，并进行计算。计算时可先按 4 的倍数假定地脚螺栓数量 n，此时地脚螺栓的螺纹根部直径 d_1 按下式计算。

$$d_1 = \sqrt{\dfrac{4\sigma_B A_b}{\pi n [\sigma]_{bt}}} + C_2 \qquad (6-66)$$

式中，$[\sigma]_{bt}$ 为基础环材料的许用应力，对低碳钢取 $[\sigma]_{bt} = 140MPa$，对 16Mn 钢取 $[\sigma]_{bt} = 170MPa$；n 为地脚螺栓个数；C_2 为腐蚀裕量，一般取 3mm。

圆整后地脚螺栓公称直径不得小于 M24，螺栓根径与公称直径见表 6-15。

表 6-15　螺栓根径与公称直径对照表

螺栓公称直径	螺纹小径 d_1/mm	螺栓公称直径	螺纹小径 d_1/mm
M24	20.752	M42	37.129
M27	23.752	M48	42.588
M30	26.211	M56	50.046
M36	31.670		

（5）裙座与塔体的连接

①裙座与塔体的焊缝连接

裙座与塔体连接焊缝的结构型式有两种：一是对接焊缝，如图 6-26（a）、（b）所示；二是搭接焊缝，如图 6-26（c）所示。

对接焊缝结构，要求裙座外直径与塔体下封头的外直径相等，裙座壳与塔体下封头的连接焊缝须采用全焊透连续焊。对接焊缝受压，可以承受较大的轴向载荷，用于大塔。但由于焊缝在塔体底封头的椭球面上，所以封头受力情较差。

搭接焊缝结构，要求裙座内径稍大于塔体外径，以便裙座搭焊在底封头的直边段。搭接焊缝承载后承受剪力，因而受力情况不佳；但对封头来说受力情况较好。

②裙座与塔体对接焊缝的校核

对接焊缝 $J-J$ 截面处的最大拉应力按下式校核

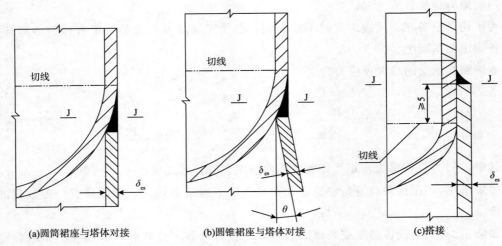

(a)圆筒裙座与塔体对接   (b)圆锥裙座与塔体对接   (c)搭接

图 6-26 裙座与塔体连接焊缝结构

$$\frac{4M_{\max}^{J-J}}{\pi D_{it}^2 \delta_{es}} - \frac{m_o^{J-J}g - F_v^{J-J}}{\pi D_{it}\delta_{es}} \leqslant 0.6K \left[\sigma\right]_w^t \tag{6-67}$$

式中，D_{it} 为裙座顶部截面的内径，mm。

其中，F_v^{J-J} 仅在最大弯矩为地震弯矩参与组合时计入此项。

③裙座与塔体搭接焊缝的验算

搭接焊缝 $J-J$ 截面处的剪应力按式（6-68）或式（6-69）验算。

$$\frac{m_0^{J-J}g - F_v^{J-J}}{A_w} + \frac{M_{\max}^{J-J}}{Z_w} \leqslant 0.8K \left[\sigma\right]_w^t \tag{6-68}$$

$$\frac{0.3M_w^{J-J} + M_e}{Z_w} + \frac{m_{\max}^{J-J}g}{A_w} \leqslant 0.72K\sigma_{eL}(\text{或} \; \sigma_{p0.2}) \tag{6-69}$$

式中 m_0^{J-J}——裙座与筒体搭接焊缝所承受的塔器操作质量，kg；

$m_{\max}^{J-J}$——水压试验时塔器的总质量（不计裙座质量），kg；

A_w——焊缝抗剪截面面积，mm^2，$A_w = 0.7\pi D_{ot}\delta_{es}$；

Z_w——焊缝抗剪截面系数，mm^3，$Z_w = 0.55\pi D_{ot}^2\delta_{es}$；

D_{ot}——座顶部截面的外直径，mm；

$\left[\sigma\right]_w^t$——设计温度下焊接接头的许用应力，取两侧母材许用应力的小值，MPa；

$m_{\max}^{J-J}$——裙座与筒体搭接焊缝处的最大弯矩，N·mm；

M_w^{J-J}——裙座与筒体搭接焊缝处的风弯矩，N·mm。

其中，F_v^{J-J} 仅在最大弯矩为地震弯矩参与组合时计入此项。

6.3 塔器外部零部件的结构设计

塔器容器设计中，除了进行厚度和强度设计计算外，还要合理选择和计算塔器的附属部件，在进行课程设计时可根据这些部件的要求和标准进行选型和计算。

6.3.1 裙座

①裙座壳分为圆筒形和圆锥形两种型式。圆锥形裙座壳的半锥顶角 θ 不宜超过 $15°$，裙座壳的名义厚度不应小于 $6mm$。

②当塔壳下封头与裙座壳用金属材料不同时，裙座壳应设置过渡段，过渡段的设置由设计人员自行确定。

6.3.2 裙座壳与塔壳的连接

①裙座壳与塔壳的连接一般采用对接或搭接型式。

②采用对接型式时，裙座壳的内径宜与相连塔壳封头内径相等，裙座壳与相连塔壳封头的连接焊缝应为连续焊，且应采用全焊透结构。其焊接形式及尺寸见图 $6-27$。

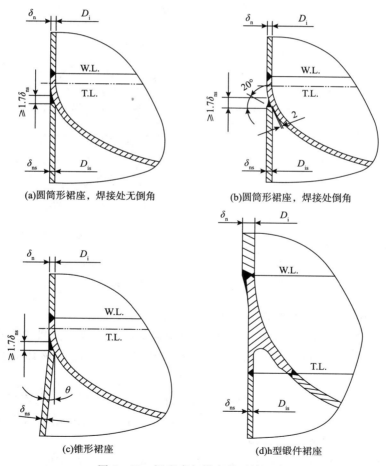

图 6-27 裙座壳与塔壳的对接型式

③采用搭接型式时，搭接部位可在塔器的封头上，见图 $6-28$（a）和（b）；也可在塔

器的圆筒上，见图 6-28 （c）和 （d）。

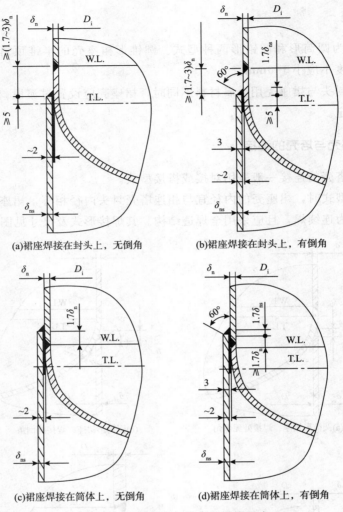

(a)裙座焊接在封头上，无倒角

(b)裙座焊接在封头上，有倒角

(c)裙座焊接在筒体上，无倒角

(d)裙座焊接在筒体上，有倒角

图 6-28　裙座壳与塔壳的搭接型式

采用搭接型式时，还应满足以下要求：

a）当裙座壳与封头搭接时，搭接部位应位于封头的直边段。此搭接焊缝至封头与圆筒连接的环向连接焊缝距离宜在 $(1.7 \sim 3) \delta_n$ 范围内，但不得与该环向连接焊缝连成一体。

b）当裙座壳与圆筒搭接时，此搭接焊缝至封头与圆筒连接的环向连接焊缝距离不应小于 $1.7 \delta_n$，图 6-28 中 （c）、（d）所示结构中被裙座壳覆盖的塔壳的 A 和 B 类焊接接头应磨平，且应进行 100％的射线或超声检测。

c）搭接接头的角焊缝应全焊透，焊脚尺寸应不小于较薄件的厚度。

当裙座壳与由多块板拼接制成的塔壳下封头连接时，在拼接焊缝处的裙座壳应开缺口，其作用是防止焊接时焊缝及热影响区重叠而导致的相连部位材料各项性能指标下降。

缺口型式及尺寸见图 6-29 和表 6-16。当塔壳下封头名义厚度大于 38mm 时，表中给出了需满足要求的缺口宽度和缺口半径的最小取值，其目的是：在满足裙座壳开缺口的前提下，应尽可能地确保裙座壳与塔壳下封头的连接焊缝的尺寸，因为该焊缝截面为有结构突变的危险截面，在受外载荷时，该焊缝承受轴向应力的作用。

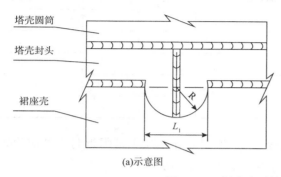
(a)示意图

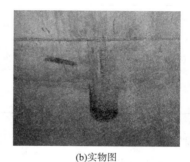
(b)实物图

图 6-29 裙座壳开缺口型式

表 6-16 裙座壳开缺口尺寸   mm

塔壳封头名义厚度 δ_n	≤8	>8~18	>18~28	>28~38	>38
宽度 L_1	70	100	120	140	≥160
缺品半径 R	35	50	60	70	≥80

6.3.3 排气孔（管）和隔气圈

为减小腐蚀及避免可燃、有毒气体的积聚，保证检修人员的安全，应在裙座上部设置排气孔或排气管。

①无保温（保冷）层、防火层的裙座上部应均匀设置排气孔，见图 6-30（a），排气孔规格和数量按表 6-17 规定。当裙座上部开有图 6-29 所示缺口时，可不开设排气孔。

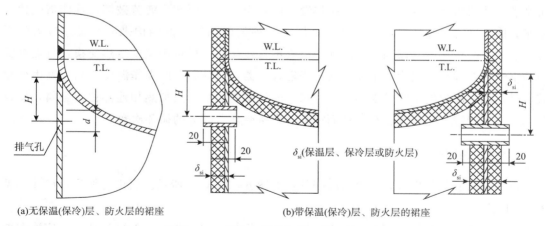
(a)无保温(保冷)层、防火层的裙座   (b)带保温(保冷)层、防火层的裙座

图 6-30 裙座上部排气孔（管）的设置

②有保温（保冷）层、防火层的裙座上部应按如图 6 - 30（b）所示均匀设置排气管，排气管规格和数量按表 6 - 17 规定。

表 6 - 17　排气孔（管）规格和数量　　　　　　　　　　　mm

塔壳圆筒内直径 D_i	600～1200	1400～2400	＞2400
排气孔尺寸	$\phi 80$	$\phi 80$	$\phi 100$
排气孔数量/个	2	4	≥4
排气孔中心线至裙座壳顶端的距离	140	180	220
排气管规格	$\phi 89 \times 4$	$\phi 89 \times 4$	$\phi 108 \times 4$
排气管数量/个	2	4	≥4

③当塔壳下封头的设计温度大于或等于 400℃时，在裙座上部靠近封头处应设置隔气圈。隔气圈分为可拆（图 6 - 31）和不可拆（图 6 - 32）两种。

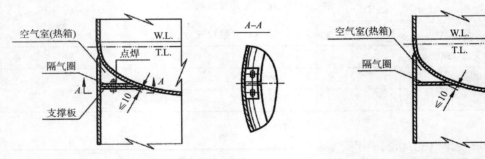

图 6 - 31　可拆式隔气圈结构示意图　　　　　图 6 - 32　不可拆式隔气圈示意图

当塔式容器（或塔釜）的操作温度较高或温度变化较大时，该连接焊缝将承受较大的热应力或温差应力，若该应力得不到可靠的控制，将对塔式容器的安全运行构成极大的威胁，甚至造成该连接焊缝的疲劳破坏。比如：焦化分馏塔，由于其操作温度较高且温度变化剧烈，造成塔壳与裙座壳间的连接焊缝的温差应力过大而产生疲劳破坏，致使塔壳掉入裙座壳内。针对上述情况，国外首先采用了一种类似隔气圈的结构来减小温差应力的影响。隔气圈的作用：确保隔气圈内外的空气不直接接触，尽量避免发生热交换，且隔气圈内的空气相对静止，更像一个保温层。当塔式容器（或塔釜）的操作温度较高或发生变化较大时，隔气圈内的空气被加热，反过来，隔气圈内的空气也加热相连部位的金属，使得该部位金属壁温变化幅度较小，从而提高了设备受疲劳破坏的循环次数。

6.3.4　引出孔

塔式容器底部引出管宜伸出裙座壳外，如图 6 - 33（a）所示。引出孔加强管尺寸参见表 6 - 18。

引出管或引出孔加强管上应焊支承板支撑，焊接结构如图 6 - 33（b）所示，实物图如图 6 - 33（c）所示。当介质温度低于－20℃时，宜采用木垫，如图 6 - 33（d）所示。支撑

板预留间隙 c 按式（6-70）计算。

$$c \geqslant \alpha \times \Delta t \times \frac{L_s}{2} + 1 \qquad (6-70)$$

式中　α——介质温度与20℃间的平均线膨胀系数；

　　　Δt——介质温度与20℃之差。

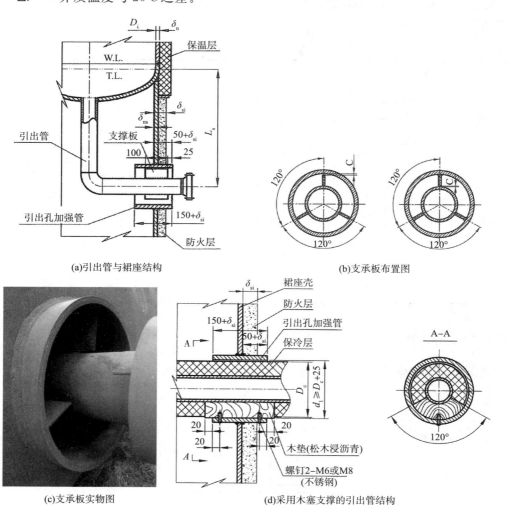

(a)引出管与裙座结构　　　　　　　　　(b)支承板布置图

(c)支承板实物图　　　　(d)采用木塞支撑的引出管结构

图6-33　引出孔结构图

表6-18　引出孔加强管尺寸　　　　　　　　　　　　　　mm

引出管直径 d		20、25	32、40	50、70	80、100	125、150	200	250	300	350	＞350
引出孔加强管	无缝钢管	$\phi133\times4$	$\phi159\times4.5$	$\phi219\times6$	$\phi273\times8$	$\phi325\times8$	—	—	—	—	—
	焊管内径	—	—	200	250	300	350	400	450	500	$d+150$

注：1. 引出管在裙座内用法兰连接时，加强管通道内径应大于法兰外径。
　　2. 引出管保温（冷）后的外径加上25mm大于表中的加强管通道内径时，应适当加大加强管通道内径。
　　3. 引出孔加强管采用焊管时，壁厚一般等于裙座壳厚度，但不在于16mm。

6.3.5 检查孔

裙座应开设检查孔，检查孔分圆形和长圆形（避免过大的截面削弱）两种结构形式，其规格和数量按表 6-19 的规定。检查孔加强管的壁厚不宜小于裙座壳厚度，但其厚度一般不超过 16mm，且需满足应力校核的规定。检查孔加强管与裙座壳的连接焊缝应采用全焊透结构。

mm

表 6-19 检查孔尺寸

塔式容器内径 D_i		≤700	800～1600	＞1600
圆形	d_i	250	450	500
长圆形	r_i	—	200	225
	L_4	—	400	450
数量		1	1	1～2

6.3.6 排净孔

裙座筒体底部应对开两个排净孔，其结构及尺寸见图 6-34。

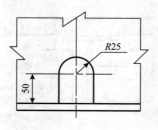

图 6-34 排净孔

6.3.7 地脚螺栓座

地脚螺栓座分外螺栓座和内螺栓座等结构形式，见图 6-35。

螺栓座主要由盖板（整块或分块）、垫板（若需要）和筋板（或加强管）组成，其尺寸可分别按表 6-20 和表 6-21 选取。

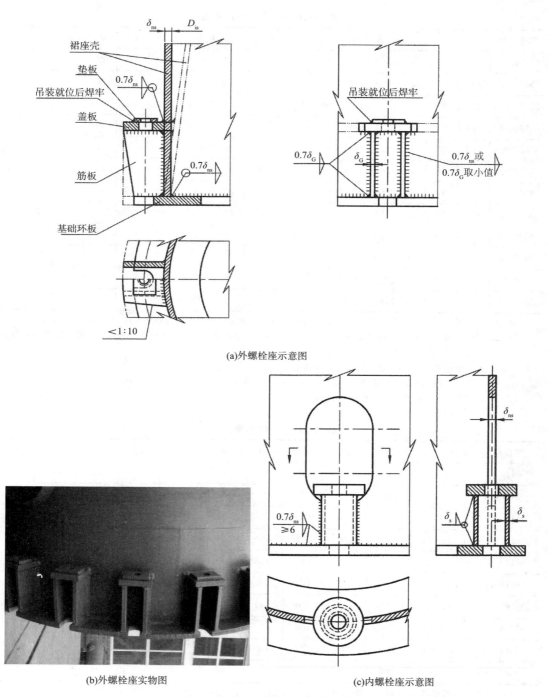

(a)外螺栓座示意图

(b)外螺栓座实物图

(c)内螺栓座示意图

图 6-35 地脚螺栓座结构示意图

表 6－20　外螺栓座尺寸表 mm

螺栓规格	L_k	B	C	$A(D)$	L_3	δ_G	δ_c	δ_z	L_1	L_5	L_4	d_2	d_3	d_4	δ_b
M24×3	200	55	45	190 (160)	70	12	16	12	130	100	50	27	40	50	
M27×3	200	60	50	200 (170)	75	12	18	12	140	110	60	30	43	50	
M30×3.5	250	65	55	210 (180)	80	14	20	14	150	120	70	33	45	50	
M36×4	250	70	60	230 (200)	85	16	22	16	160	130	80	39	50	50	
M42×4.5	300	75	65	240 (210)	90	18	24	18	170	140	90	45	60	60	
M48×5	300	80	70	260 (220)	100	20	26	20	190	150	100	51	65	70	见注1
M56×5.5	350	85	75	280 (240)	110	22	30	22	210	170	110	59	75	80	
M64×6	350	90	80	300 (260)	120	22	32	24	220	180	120	67	85	90	
M72×6	400	95	85	320 (280)	130	24	36	26	240	190	130	75	95	100	
M76×6	400	100	90	340 (290)	135	24	26	26	250	200	140	79	100	110	
M80×6	450	105	95	360 (310)	140	26	40	28	270	220	150	83	110	120	
M90×6	450	115	105	380 (330)	150	28	46	30	280	230	160	93	120	130	

注：1. 基础环板厚度 δ_b 应按本标准的规定进行计算确定，并向上圆整至钢板规格厚度，且不小于 16mm。

2. 表中所列盖板厚度 δ_c 和筋板厚度 δ_G 为参考厚度，应按本标准的规定进行强度校核，以确定其最终的厚度，一般情况，筋板厚度 δ_G 不宜小于盖板厚度 δ_c 的 2/3。

3. 盖板厚度 δ_c 不宜小于基础环板板厚度 δ_b。

4. 当相邻地脚螺栓间距小于等于 400mm 或 $3(L_3+\delta_G)$ 时，宜采用整体环形盖板。

5. 地脚螺栓孔应跨中于裙座检查孔。

表 6－21　内螺栓座尺寸表 mm

螺栓规格	$d_w×\delta$	L_k	B	C	D	d_3	F	δ_c	d_4	A	δ_b
M24×3	49×8	55	70	90	80	26	60	12	32	80	
M27×3	57×9	60	75	100	85	30	70	14	36	100	
M30×3.5	57×9	65	85	110	90	32	70	16	38	100	
M36×4	70×10	75	100	125	100	38	80	18	48	120	
M42×4.5	70×10	100	125	140	115	45	80	20	48	120	见注1
M48×5	89×12	125	155	155	130	52	100	24	60	150	
M56×5.5	89×12	155	190	170	145	60	105	28	64	150	
M64×6	111×14	190	230	190	160	68	130	32	76	180	
M72×6	114×14	225	270	220	180	76	130	36	84	180	
M76×6	114×14	260	310	230	190	80	140	38	86	180	

注：1. 基础环板厚度 δ_b 应计算合格后确定，并向上圆整至钢板规格厚度，且不小于 18mm。

2. 表中所列盖板厚度 δ_c 和加强管规格 $d_w×\delta$ 为参考尺寸，应进行强度校核，以确定其最终的厚度。

3. 若基础环板宽度 A 因基础表面计算压应力大于其许用压应力时，其宽度应适当加大。

4. 地脚螺栓孔应跨中于裙座检查孔。

地脚螺栓的数量一般是 4 的整数倍，且不少于 8 个，对直径较小且高度较低的塔式容器，其地脚螺栓数量不得少于 6 个。当塔式容器的基础为钢筋混凝土时，相邻地脚螺栓的间距不宜小于 360mm。

地脚螺栓的公称直径应大于等于 M24，其常用规格可按表 6-22 选取。

表 6-22　常用地脚螺栓规格　　mm

公称直径	M24	M27	M30	M36	M42	M48	M56	M64	M72	M76	M80	M90
螺纹小径 d_0	20.752	23.752	26.211	31.670	37.129	42.587	50.046	57.505	65.505	69.505	73.505	83.505

6.3.8　吊柱和吊耳

内设可拆塔内件（如塔盘、填料等）的塔式容器应设置塔顶吊柱。塔顶吊柱的安装位置应符合下列规定，其结构如图 6-36 所示。

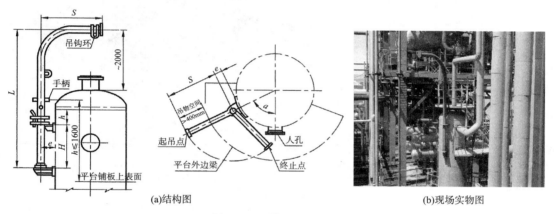

(a)结构图　　(b)现场实物图

图 6-36　塔顶吊柱结构

①塔顶吊柱的悬臂中心线至塔壳上封头顶部的距离宜控制在 2000mm 左右；
②塔顶吊柱手柄至平台上表面的距离不宜大于 1600mm；
③塔顶吊柱中心线与人孔中心线的夹角不宜大于 90°，以便于塔内件的装卸；
④确定塔顶吊柱悬臂长度时应考虑起吊物的空间距离。

塔式容器设置吊耳时，吊耳的结构、位置以及数量应考虑吊装方式和塔式容器的起吊质量，由设计单位和施工单位协同确定，且应考虑塔壳承受的局部应力是否满足要求。

吊柱的尺寸可参照 HG/T 21639—2005 塔顶吊柱进行设计。

6.3.9　保温支承结构

除特殊情况外（如带法兰的塔节），塔设备均应设置保温圈。保温圈在塔体上的布置见图 6-37 及表 6-23。

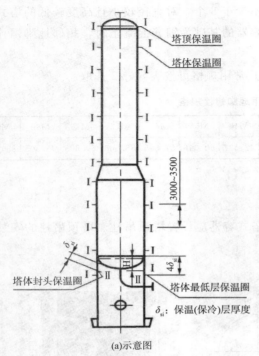

(a)示意图   (b)实物图

图 6-37　保温圈布置图

表 6-23　保温圈位置

保温圈类型	位置或间距
塔顶保温圈（Ⅰ型）	上封头切线处或焊缝线以下 50mm 处
塔顶保温圈（Ⅱ型）	间距 3～3.5m
塔体最低层保温层（Ⅰ型）	距裙座筒体与塔釜封头焊缝线以下 4 倍保温（冷）层厚度（δ_{si}）
塔底封头保温层（Ⅱ型）	位置见图 6-37 和图 6-38，尺寸 H 见表 6-24

直接焊在塔体的保温圈，根据保温表面形状不同分为Ⅰ、Ⅱ、Ⅲ型，单个保温圈一般由 4～8 块组成。保温圈结构形式及尺寸见图 6-38 和表 6-24。

Ⅰ型

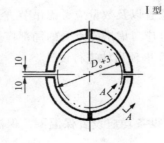

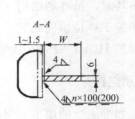

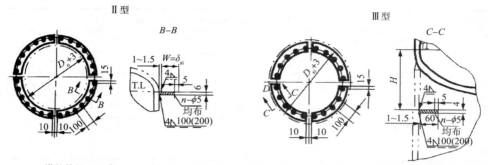

D_o–塔的外径；δ_{si}–保温层厚度；D_{si}–裙座内径；W–保温圈宽度；H–塔釜封头保温圈至封头切线距离

图 6-38　保温圈类型

表 6-24　塔釜封头保温圈至封头切线距离 H

塔径	塔釜封头保温层厚度＋塔釜封头壁厚											
	60	70	80	90	100	110	120	130	140	150	160	170
	H											
600	159	171	181	193	205	215	225	236	247	258	269	279
700	169	181	191	203	215	226	237	248	259	270	281	291
800	179	190	201	213	225	256	248	259	270	281	292	302
900	187	199	211	223	234	246	258	269	280	291	303	314
1000	195	208	219	232	243	255	267	278	290	301	313	324
1200	211	223	236	248	260	273	284	296	308	319	331	343
1400	225	238	251	263	275	289	300	313	325	336	349	361
1600	238	251	265	278	291	303	316	329	341	353	366	377
1800	251	265	278	291	304	317	330	343	356	368	381	393
2000	363	277	291	304	318	331	344	358	370	383	396	409
2200	274	289	303	317	331	344	358	371	384	397	410	423
2400	285	300	315	329	343	357	371	385	398	411	425	438
2600	296	311	326	340	355	369	383	397	411	424	438	451
2800	306	322	336	351	367	381	395	409	423	437	451	464
3000	314	332	347	362	378	392	406	421	435	449	462	477
3200	325	341	357	373	388	403	418	432	447	461	475	489
3400	334	350	367	382	398	413	428	443	458	472	487	501
3600	343	360	377	392	408	424	439	454	469	483	499	13
3800	351	369	386	402	418	434	449	464	480	494	510	524
4000	360	378	395	412	428	444	460	475	491	505	521	536

塔径	塔釜封头保温层厚度＋塔釜封头壁厚											
	60	70	80	90	100	110	120	130	140	150	160	170
	H											
4200	368	386	403	421	437	453	470	485	501	516	532	546
4400	377	395	413	429	446	463	479	495	511	526	542	557
4600	385	403	421	438	455	471	488	505	521	536	552	567
4800	392	411	429	447	464	481	498	514	530	546	562	578
5000	400	419	437	455	473	490	507	524	540	556	52	588
5200	408	427	445	463	481	498	515	532	520	565	582	597
5400	415	434	452	471	489	507	524	541	558	575	591	607
5600	422	441	460	480	498	516	533	550	567	584	601	617
5800	429	440	468	487	505	523	541	559	576	593	610	626
6000	436	456	475	495	514	532	550	568	585	602	619	636

6.3.10　内部梯子

当人孔设在空塔段的塔体侧壁时，塔内壁宜设置梯子、把手。梯子、把手的位置和结构尺寸见图6-39。

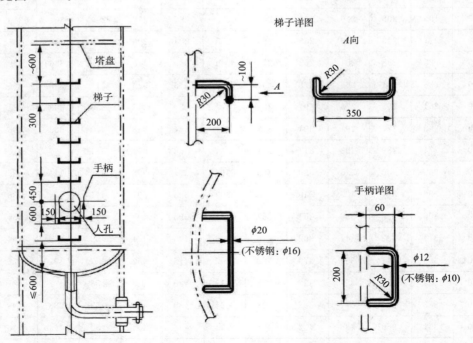

图6-39　梯子、手柄位置及结构

6.4　塔设备内部零部件结构设计

6.4.1　板式塔结构

板式塔在国民经济生产中占有相当大的比重,工业上应用也最多。板式塔的总体结构如图6-1所示,塔内设有一层层相隔一定距离的塔盘,每层塔盘上液体与气体互相接触后又分开,气体继续上升到上一层塔盘,液体继续流到下一层塔盘上。

一般说来,各层塔盘的结构是相同的,只有最高层、最低层和进料层的结构和塔盘间距有所不同。最高层塔盘和塔顶距离常高于塔盘间距,甚至高过一倍,以便能良好地除沫,必要时还要在塔顶设有除沫器;最低层塔盘到塔底的距离也比塔盘间距大,以保证塔底空间有足够液体储存,使塔底液体不致流空;进料塔盘与上一层塔盘的间距也比一般大,对于急剧气化的料液在进料塔盘上须装上挡板、衬板或除沫器,此时塔盘间距还得加高一些。此外,开有人孔的塔板间距也较大,一般为700mm。

（1）塔盘结构

塔盘在结构方面要有一定的刚度,以维持水平;塔盘与塔壁之间应有一定的密封性以避免气、液短路;塔盘应便于制造、安装、维修,并且成本要低。

塔盘结构有整块式和分块式两种。这里只介绍分块式塔盘。塔盘分成数块,通过人孔送进塔内,装到焊在塔内壁的塔盘固定件（一般为支持圈）上。图6-40为分块式塔盘示意图,塔盘上的塔板分成数块,靠近塔壁的两块是弓形板,其余是矩形板。为了检修方便,矩形板中间的一块作为通道板。为了使人能移开通道板,通道板质量不应超过30kg。最小通道板尺寸为300mm×400mm,各层内部通道板最好开在同一垂直位置上,以利于采光和拆卸。如没有设通道板,也可用一块塔盘板代替。

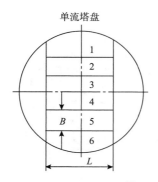
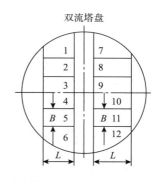

图6-40　分块式塔盘示意图

分块的塔盘板（图6-41）的结构设计应满足足够刚度和便于拆装,一般采用自身梁式塔盘板,有时也采用槽式塔盘板。塔盘板的长度 L 随塔径的大小而异,最长可达2200mm。宽度 B 由塔体人孔尺寸、塔盘板的结构强度及升气孔的排列情况等因素决定,例如自身梁式一般有 340mm 和 415mm 两种。筋板高度 h_1，自身梁式为 60～80mm，槽式约为 30mm。塔盘板厚：碳钢为 3～4mm，不锈钢为 2～3mm。

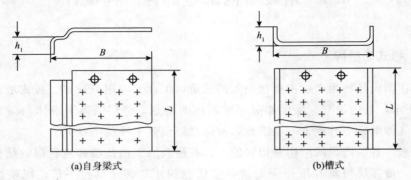

(a)自身梁式　　　　　　　　　(b)槽式

图 6-41　分块的塔盘板

　　分块式塔盘板之间的连接，根据人孔位置及检修要求，分为上可拆连接（图 6-42）和上、下均可拆连接（图 6-43）两种。常用的紧固构件是螺栓和椭圆垫板。在图 6-43 中，从上或下松开螺母，将椭圆垫板转到虚线位置后，塔板Ⅰ即可自由取出。这种结构也常用于通道板和塔盘板的连接。

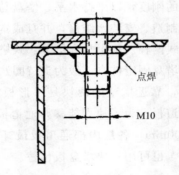

图 6-42　上可拆连接结构

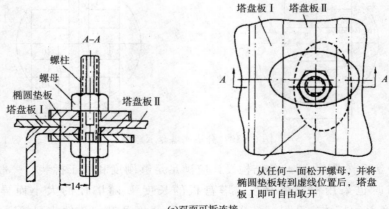

(a)双面可拆连接

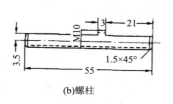

(b)螺柱

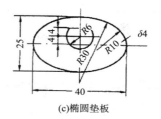

(c)椭圆垫板

图6-43 上、下均可拆连接结构

塔盘板安放于焊在塔壁上的支持圈（或支持板）上。塔盘板与支持圈（或支持板）的连接一般用卡子，结构如图6-44所示。卡子由下卡（包括卡板及螺栓）、椭圆垫板及螺母等零件组成。为避免螺栓生锈而拆卸困难，规定螺栓材料为铬钢或铬镍不锈钢。

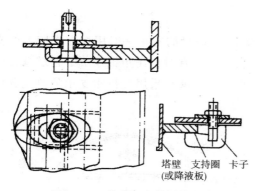

图6-44 塔盘与支持圈的连接

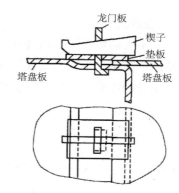

图6-45 用楔形紧固件的塔盘板连接

用卡子连接塔盘时，所用紧固件加工量大，装拆麻烦，而且螺栓要求耐蚀。楔形紧固件是另一类紧固结构，其特点是结构简单，装拆快，不用特殊材料，成本低等。楔形紧固件结构如图6-45所示，图中所用的龙门板是非焊接结构，有时也将龙门板直接焊在塔盘板上。

（2）降液板和受液盘

①降液板可根据需要设计成固定式或可拆式结构。

②固定式降液板宜通过连接板与塔体相连，不宜与塔壁直接焊接。

③可拆式降液板可用卡子固定。但当降液板兼作梁时，上部固定点（每侧至少两点）应用螺栓固定，不得用卡子固定。此时，降液板或降液板连接板应开设长圆孔。

④对于三溢流（包括三溢流）以上的多溢流塔盘，同一层塔盘的中部各腔之间，应设置气相平衡通道。

⑤受液盘可根据需要设计成平面式或凹槽式，但应保证图6-46（a）、（b）和（c）所示降液板与受液盘之间各个截面（$a-b$、$a-c$和$d-e$）的流通面积的最小值与塔盘数据表中要求的一致。

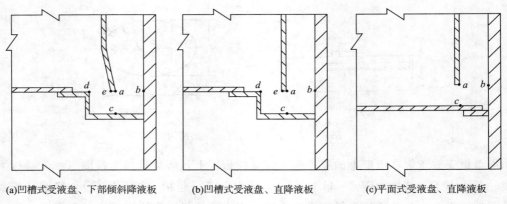

(a)凹槽式受液盘、下部倾斜降液板 (b)凹槽式受液盘、直降液板 (c)平面式受液盘、直降液板

图 6-46 降液板和受液盘结构示意图

（3）塔盘的支承

对于直径不大的塔（例如塔径在 2000mm 以下），塔盘的支承一般用焊在塔壁上的支持圈。支持圈一般用扁钢弯制成或将钢板切为圆弧焊成，有时也用角钢制成。若塔盘板的跨度较小，本身刚度足够，则不需要用支承梁，图 6-47 就是采用支持圈支承的单流分块塔盘。

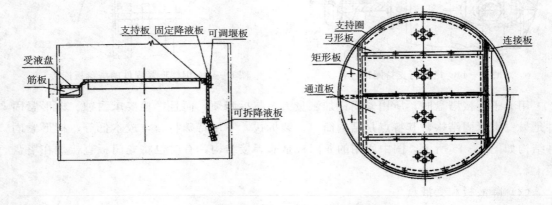

图 6-47 用支持圈支承的单流分块塔盘

对于直径较大的塔（例如塔径在 2000~3000mm 以上），只用支持圈支承就会导致塔盘刚度不足，这就需要用支承梁结构来缩短分块塔盘的跨度，即将长度较小的分块塔盘的一端支承在支持圈（或支持板）上，而另一端支在支承梁上。支承梁的结构型式很多，图 6-48 就是一种典型的双流分块式塔盘支承结构，图中的主梁就是塔盘的中间受液槽，可以是钢板冲压件或焊接件，支承梁（即受液槽）支承在支座上。每一分块塔盘板在其边缘处用卡子紧固件或楔形板紧固件固定在受液槽翻边和支持圈（或支持板）上。

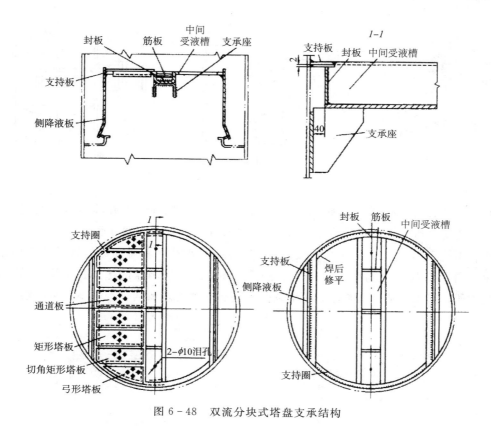

图 6-48 双流分块式塔盘支承结构

6.4.2 填料塔结构

填料塔内充填有各种形式的填料，液体自上而下流动，在填料表面形成许多薄膜，使自下而上的气体，在经过填料空间时与液体具有较大的接触面积，以促进传质作用。填料塔在传质形式上与板式塔不同，是一种连续式气液传质设备，但结构比板式塔简单。这种塔由塔体、喷淋装置、填料、再分布器、栅板以及气、液的进出口等部件组成，典型结构如图 6-2 所示。

（1）喷淋装置

填料塔操作时，在任一横截面上保证气液的均匀分布十分重要。气速的均匀分布，主要取决于液体分布的均匀程度。因此，液体在塔顶的初始均匀分布，是保证填料塔达到预期分离效果的重要条件。液体喷淋装置设计的不合理将直接影响填料塔的处理能力和分离效率，其结构设计要求：使整个塔截面的填料表面很好润湿，结构简单，制造维修方便。

喷淋装置的类型很多，常用的有喷洒型、溢流型、冲击型等。

①喷洒型

对于小直径的填料塔（例如 300mm 以下）可以采用管式喷洒器，通过在填料上面的进液管喷洒，如图 6-49 所示。该结构的优点是简单，缺点是喷淋面积小而且不均匀。

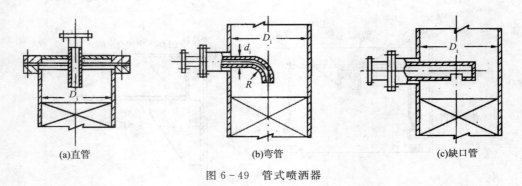

(a)直管　　　　　　　　　　(b)弯管　　　　　　　　　　(c)缺口管

图 6-49　管式喷洒器

对直径稍大的填料塔（例如 300~1200mm）可以采用环管多孔喷洒器。按照塔径及液体均布要求，可分为单环管喷洒器（图 6-50）和多环管喷洒器（图 6-51）。环状管的下面开有小孔，小孔直径为 4~8mm。共有 3~5 排，小孔面积总和约与管横截面积相等，环管中心圆直径 D_1 一般为塔径的 60%~80%。环管多孔喷洒器的优点是结构简单，制造和安装方便，缺点是喷洒面积小，不够均匀，而且液体要求清洁，否则小孔易堵塞。

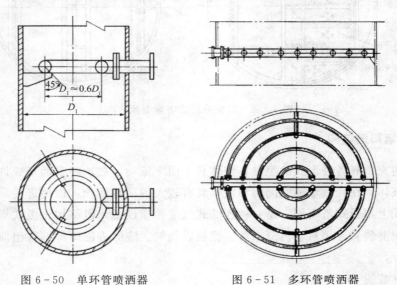

图 6-50　单环管喷洒器　　　　　图 6-51　多环管喷洒器

莲蓬头喷洒器是另一种应用得较为普遍的喷洒器，其结构简单，喷洒较均匀，结构如图 6-52 所示。莲蓬头可以做成半球形、碟形或杯形。它悬于填料上方中央处，液体经小孔分股喷出。小孔的输液能力可按下式计算

$$Q = \varphi f w \quad (\text{m}^2/\text{s})$$

式中，φ 为流速系数，0.82~0.85；f 为小孔总面积，m^2；w 为小孔中液体流速，m/s。

莲蓬头直径一般为塔径的 20%~30%，小孔直径为 3~15mm。莲蓬头安装位置离填料表面的距离一般为塔径的 0.5~1.0 倍。

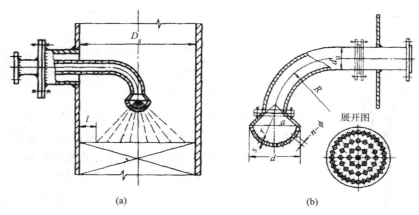

(a)   (b)

图 6-52 莲蓬头喷洒器

②溢流型

盘式分布器（图 6-53）是常用的一种溢流式喷淋装置，液体经过进液管加到喷淋盘内，然后从喷淋盘内的降液管溢流，淋洒到填料上。喷淋盘一般紧固在焊于塔壁的支持圈上，类似于塔盘板的紧固。分布板上钻有直径约 3mm 的泪孔，以便停车时将液体排净。如果喷淋盘与塔壁之间的空隙不够大而气体又需要通过分布板时，则可在分布板上装大小不等的短管，大管为升气管，小管为降液管。

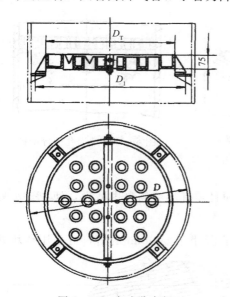

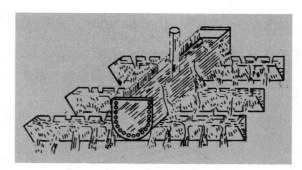

图 6-53 盘式分布板   图 6-54 槽型分布器

盘式分布器结构简单，流体阻力小，液体分布均匀。但当塔径大于 3m 时，板上的液面高差较大，不宜使用此种型式而应选用槽型分布器，如图 6-54 所示。

③冲击型

反射板式喷洒器是利用液流冲击反射板（可以是平板、凸板或锥形板）的反射飞散作

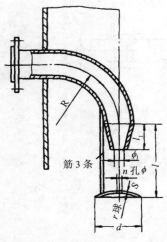

图 6-55　反射板式喷淋器

用而分布液体，如图 6-55 所示。反射板中央钻有小孔以喷淋填料的中央部分。

各种类型的喷淋装置各具特点，选用时必须根据具体情况（如塔径大小，对喷淋均匀性的要求等）来确定型式。

（2）液体再分布器

液体沿填料层向下流动时，由于周边液体向下流动的阻力较小，有逐渐向塔壁方向流动的趋势，即有"壁流"倾向，使液体沿塔截面分布不均匀，降低传质效率，严重时使塔中心的填料不能被润湿而形成"干锥"。为了克服这种现象，必须设置液体再分布器，使流经一段填料层的液体进行再分布，在下一填料层高度内得到均匀喷淋。

液体再分布装置有分配锥（图 6-56），它的结构简单，适用于直径小于 1m 的塔，锥壳下端直径为 0.7～0.8 倍塔径。除分配锥外还有槽形液体再分布器（图 6-57），它是由焊在塔壁上的环形槽构成，槽上带有 3～4 根管子，沿塔壁流下的液体通过管子流到塔的中央。另外还有带通孔的分配锥（图 6-58），通孔的目的是增加气体通过时的截面积，避免中心气体的流速太大。再分配器的间距一般不超过 6 倍塔径，对于较大的塔（例如塔径大于 1m），可取 2～3 倍塔径。

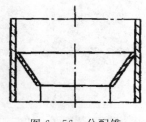

图 6-56　分配锥

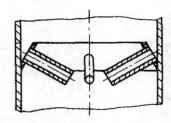

图 6-57　槽形再分配器

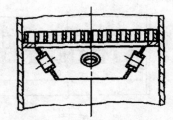

图 6-58　带通孔的分配锥

（3）支承结构

填料的支承结构不但要有足够的强度和刚度，而且须有足够的自由截面，使在支承处不致首先发生液泛。

常用的填料支承结构是栅板（图 6-59）。对于直径小于 500mm 的塔，可采用整块式

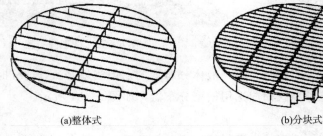

(a)整体式　　　　　　　　　　(b)分块式

图 6-59　栅板结构

栅板，即将若干扁钢条焊在外围的扁钢圈上。扁钢条的间距约为填料环外径的 $0.6\sim0.8$ 倍。对于大直径的塔可采用分块式栅板，此时要注意每块栅板能从人孔中进出。

对于孔隙率很高的填料（例如钢制鲍尔环），由于填料的空隙率有时大于栅板的开孔率，常导致板上累积一定的液层，造成流动阻力增大。此时可采用开孔波形板的支承结构（图 $6-60$），其特点是为液体和气体提供了不同的通道，既避免了液体在板上的积聚，又利于液体的均匀再分配。

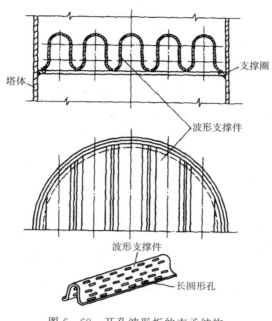

图 $6-60$　开孔波形板的支承结构

6.5　塔设备设计计算示例

［算例 1］已知 $\phi1400\text{mm}\times18900\text{mm}$ 泡罩塔（见图 $6-61$）的设计条件如下：

设置地区的基本分压值 $q_0=300\text{N/m}^2$；抗震设防烈度为 8 度，设计基本地震加速度为 $0.2g$，地震分组为第二组；场地土类型为Ⅲ类；地面粗糙度为 B 类；塔壳与裙座对接；塔内装有 30 层泡罩塔盘（泡罩塔盘单位质量 150kg/m^3），每块存留介质高 120mm，介质密度 694kg/m^3；塔体外表面附有 100mm 厚保温层，保温材料密度 300kg/m^3；塔体每隔 5m 安装一层操作平台，共 3 层，平台宽 1.0m，单位质量 150kg/m^3，包角 $360°$；设计压力 $p=0.1\text{MPa}$；设计温度 100℃；焊接接头系数 0.85；壳体厚度附加量 3mm，裙座厚度附加量 2mm，偏心质量 $m_e=0$。对塔进行强度和稳定计算。

（1）塔壳强度计算

塔壳圆筒、裙座壳和塔壳封头材料选用 Q245R：R_{el}（$R_{p0.2}$）$=245\text{MPa}$，$[\sigma]^t=147\text{MPa}$

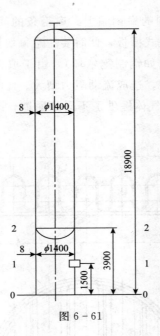

图 6 - 61

圆筒：$\delta = \dfrac{p_c D_i}{2[\sigma]^t \phi - p_c} = \dfrac{0.1 \times 1400}{2 \times 147 \times 0.85 - 0.1} = 0.56\text{mm}$

封头：$\delta = \dfrac{K p_c D_i}{2[\sigma]^t \phi - 0.5 p_c} = \dfrac{1 \times 0.1 \times 1400}{2 \times 147 \times 0.85 - 0.1} = 0.56\text{mm}$

取塔壳圆筒、裙座壳和塔壳封头的厚度均为 8mm。

(2) 塔器质量计算

圆筒、裙座壳和封头质量 $m_{01} = \dfrac{\pi}{4}(1.416^2 - 1.4^2) \times 18.9 \times 7.85 \times 10^3 = 5250\text{kg}$

附属件质量 $m_a = 0.25 m_{01} = 1313\text{kg}$

内构件质量 $m_{02} = \dfrac{\pi}{4} \times 1.4^2 \times 30 \times 150 = 6927\text{kg}$

保温层质量 $m_{03} = \dfrac{\pi}{4}(1.616^2 - 1.416^2) \times (18.9 - 3.9) \times 300 = 2143\text{kg}$

平台、扶梯质量（笼式扶梯单位质量 40kg/m）

$$m_{04} = 40 \times 18.9 + \dfrac{\pi}{4}\left[(1.416 + 2.0)^2 - 1.416^2\right] \times 150 \times 3 \times \dfrac{360°}{360°} = 4172\text{kg}$$

物料质量 $m_{05} = \dfrac{\pi}{4} \times 1.4^2 \times 0.12 \times 694 \times 30 = 3846\text{kg}$

水压试验时质量 $m_w = \dfrac{\pi}{4} \times 1.4^2 \times (18.9 - 3.9) \times 1000 = 23091\text{kg}$

偏心质量 $m_e = 0\text{kg}$

塔器操作质量：

$$m_0 = m_{01} + m_{02} + m_{03} + m_{04} + m_{05} + m_a + m_e$$
$$= 5250 + 6927 + 2143 + 4172 + 3846 + 1313 + 0$$
$$= 23651 \text{kg}$$

塔器最大质量：

$$m_{max} = m_{01} + m_{02} + m_{03} + m_{04} + m_w + m_a + m_e$$
$$= 5250 + 6927 + 2143 + 4172 + 23091 + 1313 + 0$$
$$= 42896 \text{kg}$$

塔器最小质量：

$$m_{min} = m_{01} + 0.2 m_{02} + m_{03} + m_{04} + m_a$$
$$= 5250 + 0.2 \times 6927 + 2143 + 4172 + 1313$$
$$= 14263 \text{kg}$$

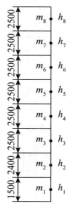

图 6-62

将全塔沿高分成 8 段，其中裙座分为 2 段，筒体均匀分为 6 段（如图 6-62 所示），其各段质量列入表 6-25。

表 6-25

kg

塔段号 i	1	2	3	4	5	6	7	8
$m_{01} + m_a$	520.9	833.4	868.1	868.1	868.1	868.1	868.1	868.1
m_{02}	0	0	1154.5	1154.5	1154.5	1154.5	1154.5	1154.5
m_{03}	0	0	357.2	357.2	357.2	357.2	357.2	357.2
m_{04}	60	96	1238.5	100	1238.5	100	1238.5	100
m_{05}	0	0	641	641	641	641	641	641
m_w	0	0	3848.5	3848.5	3848.5	3848.5	3848.5	3848.5
m_0	580.9	929.4	4259.3	3120.8	4259.3	3120.8	4259.3	3120.8
m_{max}	580.9	929.4	7466.8	6328.3	7466.8	6328.3	7466.8	6328.3
m_{min}	580.9	929.4	2694.7	1556.2	2694.7	1556.2	2694.7	1556.2

（3）塔器的基本自振周期计算

$$T_1 = 90.33 H \sqrt{\frac{m_0 H}{E^t \delta_e D_i^3}} \times 10^{-3} = 90.33 \times 18900 \sqrt{\frac{23651 \times 18900}{1.97 \times 10^5 \times 5 \times 1400^3}} \times 10^{-3} = 0.7 \text{s}$$

（4）地震载荷及地震弯矩计算

将塔沿高度方向分成 8 段，视每段高度之间的质量为作用在该段高度 1/2 处的集中质量，各段集中质量对该截面所引起的地震力地震弯矩列于表 6-26（分段图见图 6-62）。

表 6-26

塔段号 i	1	2	3	4	5	6	7	8	备注
m_i/kg	580.9	929.4	4259.3	3120.8	4259.3	3120.8	4259.3	3120.8	
h_i/mm	750	2700	5150	7650	10150	12650	15150	17650	

塔段号 i	1	2	3	4	5	6	7	8	备注
$h_i^{1.5}$	0.021×10^6	0.140×10^6	0.370×10^6	0.669×10^6	1.023×10^6	1.423×10^6	1.865×10^6	2.345×10^6	
$m_ih_i^{1.5}$	0.012×10^9	0.130×10^9	1.574×10^9	2.088×10^9	4.355×10^9	4.440×10^9	7.942×10^9	7.318×10^9	27.859×10^9
$m_ih_i^3$	0.245×10^{12}	0.183×10^{14}	5.818×10^{14}	13.972×10^{14}	44.539×10^{14}	63.174×10^{14}	148.107×10^{14}	171.593×10^{14}	44.739×10^{15}
A/B	\multicolumn{9}{c}{$A/B=6.227\times10^{-7}\left(A=\sum_{i=1}^{8}m_ih_i^{1.5}=27.859\times10^9,B\sum_{i=1}^{8}m_ih_i^3=44.739\times10^{15}\right)$}
$\eta_{1k}=\dfrac{h_k^{1.5}A}{B}$	0.0131	0.0872	0.2304	0.4166	0.6370	0.8861	1.1613	1.4602	
γ	\multicolumn{9}{c}{$\gamma=0.9+\dfrac{0.05-\zeta_1}{0.3+6\zeta_1}=0.9+\dfrac{0.05-0.01}{0.3+6\times0.01}=1.011$}
η_2	\multicolumn{9}{c}{$\eta_2=1+\dfrac{0.05-\zeta_1}{0.08+1.6\zeta_1}=1+\dfrac{0.05-0.01}{0.08+1.6\times0.01}=1.417$}
α_1	\multicolumn{9}{c}{$\alpha_1=\left(\dfrac{T_g}{T_1}\right)^{\gamma}\eta_2\alpha_{max}=\left(\dfrac{0.55}{0.7}\right)^{1.011}\times1.417\times0.16=0.18$}
F_{1k}/N	13.44	143.11	1732.86	2295.76	4790.92	4883.04	8734.22	8046.74	
m_kh_k	0.436×10^6	2.509×10^6	21.935×10^6	23.874×10^6	43.232×10^6	39.478×10^6	64.528×10^6	55.082×10^6	251.074×10^6
α_{vmax}	\multicolumn{9}{c}{$\alpha_{vmax}=0.65\alpha_{max}=0.65\times0.16=0.104$}
m_{eq}/kg	\multicolumn{9}{c}{$m_{eq}=0.75m_0=0.75\times23651=17738.25$}
F_v^{0-0}/N	\multicolumn{9}{c}{$F_v^{0-0}=\alpha_{vmax}m_{eq}g=0.104\times17738.25\times9.81=18097.27$}
F_{vi}/N	31.43	180.85	1581.06	1720.82	3116.14	2845.55	4651.14	3970.28	
F_v^{i-i}/N	18097.3	18065.8	17885.0						

因为 $H/D_i=13.5<15$ 且 $H<20\mathrm{m}$，不考虑高振型影响。

①0—0 截面地震弯矩：$M_E^{0-0}=\sum_{k=1}^{8}F_{1k}h_k=4.116\times10^8\mathrm{N}\cdot\mathrm{mm}$

②1—1 截面地震弯矩：$M_E^{1-1}=\sum_{k=2}^{8}F_{1k}(h_k-h)=\sum_{k=2}^{8}F_{1k}(h_k-1500)=3.657\times10^8\mathrm{N}\cdot\mathrm{mm}$

③2—2 截面地震弯矩：$M_E^{2-2}=\sum_{k=3}^{8}F_{1k}(h_k-h)=\sum_{k=3}^{8}F_{1k}(h_k-3900)=2.923\times10^8\mathrm{N}\cdot\mathrm{mm}$

（5）风载荷和风弯矩计算

将塔沿高分成 8 段（见图 6-41 所示），计算结果见表 6-27。

表 6 - 27

塔段号 i	1	2	3	4	5	6	7	8
塔段长度/m	0~1.5	1.5~3.9	3.9~6.4	6.4~8.9	8.9~11.4	11.4~13.9	13.9~16.4	16.4~18.9
$q_0/(\text{N/m}^2)$	300							
K_1	0.7							
K_{2i}	1.7							
f_i（B类）	1.0	1.0	1.0	1.0	1.0392	1.1092	1.1708	1.2258
l_i/mm	1500	2400	2500	2500	2500	2500	2500	2500
K_3/mm	400							
K_4/mm	600							
D_{ei}/mm	1816	1816	2616	2016	2616	2016	2616	2016
$P_i=K_1K_{2i}q_0f_il_i$ $D_{ei}\times10^{-6}$，N	972.47	1555.95	2334.78	1799.28	2426.30	1995.76	2733.56	2205.56

因该塔 $H/D_i=13.5<15$ 且 $H<30\text{m}$，故不考虑横风向风弯矩。

①0—0 截面风弯矩：

$$M_{\text{w}}^{0-0} = p_1\frac{l_1}{2} + p_2\left(l_1+\frac{l_2}{2}\right)+\cdots+p_8\left(l_1+l_2+l_3+\cdots+\frac{l_8}{2}\right) = 1.609\times10^8\,\text{N}\cdot\text{mm}$$

②1—1 截面风弯矩：

$$M_{\text{w}}^{1-1} = p_2\frac{l_2}{2} + p_3\left(l_2+\frac{l_3}{2}\right)+\cdots+p_8\left(l_2+l_3+\cdots+\frac{l_8}{2}\right) = 1.376\times10^8\,\text{N}\cdot\text{mm}$$

③2—2 截面风弯矩：

$$M_{\text{w}}^{3-3} = p_3\frac{l_3}{2} + p_4\left(l_3+\frac{l_4}{2}\right)+\cdots+p_8\left(l_3+l_4+\cdots+\frac{l_8}{2}\right) = 1.034\times10^8\,\text{N}\cdot\text{mm}$$

（6）各计算截面的最大弯矩

$$M_{\max}^{\text{I-I}} = \max\begin{cases}M_{\text{w}}^{\text{I-I}} + M_{\text{e}} \\ M_E^{\text{I-I}} + 0.25M_{\text{w}}^{\text{I-I}} + M_{\text{e}}\end{cases} \quad (M_{\text{e}}=0)$$

①塔底截面 0-0：

因
$$\begin{cases}M_{\text{w}}^{0-0}=1.609\times10^8\,\text{N}\cdot\text{mm} \\ M_E^{0-0}+0.25M_{\text{w}}^{0-0}=4.518\times10^8\,\text{N}\cdot\text{mm}\end{cases}$$

故 $\qquad M_{\max}^{0-0}=4.518\times10^8\,\text{N}\cdot\text{mm}$ （地震弯矩控制）

② I-I 截面：

因
$$\begin{cases}M_{\text{w}}^{\text{I-I}}=1.376\times10^8\,\text{N}\cdot\text{mm} \\ M_E^{\text{I-I}}+0.25M_{\text{w}}^{\text{I-I}}=4.001\times10^8\,\text{N}\cdot\text{mm}\end{cases}$$

故 $\qquad M_{\max}^{\text{I-I}}=4.001\times10^8\,\text{N}\cdot\text{mm}$ （地震弯矩控制）

③Ⅱ-Ⅱ截面：

因
$$\begin{cases} M_{w}^{\text{Ⅱ-Ⅱ}}=1.609\times10^{8}\text{N}\cdot\text{mm} \\ M_{E}^{\text{Ⅱ-Ⅱ}}+0.25M_{w}^{\text{Ⅱ-Ⅱ}}=3.182\times10^{8}\text{N}\cdot\text{mm} \end{cases}$$

故
$$M_{\max}^{\text{Ⅱ-Ⅱ}}=3.182\times10^{8}\text{N}\cdot\text{mm}\quad（地震弯矩控制）$$

（7）圆筒应力校核

验算塔壳 2-2 截面处操作时和压力试验时的强度和稳定性。计算结果列于表 6-28。

表 6-28

计算截面		2—2
计算截面以上塔的操作质量 m_0^{2-2}	kg	22141
塔壳有效厚度 δ_e	mm	5
计算截面的横截面积 $A=\pi D_i\delta_e$	·mm²	21991.15
计算截面的断面系数 $Z=\frac{\pi}{4}D_i^2\delta_e$	mm³	7.697×10^6
最大弯距 $M_{\max}^{2-2}$	N·mm	3.182×10^8
操作压力引起的轴向应力 $\sigma_1=\frac{P_cD_i}{4\delta_e}$	MPa	7.0
重力引起的轴向应力 $\sigma_2=\frac{M_0^{2-2}g\pm F_v^{2-2}}{A}$	MPa	10.69* （9.06）
弯矩引起的轴向应力 $\sigma_3=\frac{M_{\max}^{2-2}}{Z}$	MPa	41.34
最大组合压应力 $\sigma_2+\sigma_3\leqslant[\sigma]_{cr}\begin{cases}KB=106.2\\K[\sigma]^t=176.4\end{cases}=106.2$（取 $K=1.2$）	MPa	52.03<106.2
最大组合压应力 $\sigma_1-\sigma_2+\sigma_3\leqslant K[\sigma]^t\phi=149.9$（取 $K=1.2$）	MPa	39.28<149.9
计算截面的风弯矩 M_w^{2-2}	MPa	1.034×10^8
液压试验时，计算截面以上塔的质量 m_T^{2-2}	kg	18295
压力引起的轴向应力 $\sigma_1=\frac{p_TD_i}{4\delta_e}$ （$p_T=0.2\text{MPa}$）	MPa	14.0
重力引起的轴向应力 $\sigma_2=\frac{m_T^{2-2}g}{A}$	MPa	8.16
弯矩引起的轴向应力 $\sigma_3=\frac{0.3M_w^{2-2}}{Z}$	MPa	4.03
周向应力 $\sigma=\frac{(p_T+液柱静压力)(D_i+\delta_e)}{2\delta_e}<0.9R_{eL}(R_{p0.2})\phi=187.4$	MPa	49.58<187.4
液压时最大组合压应力 $\sigma_2+\sigma_3\leqslant[\sigma]_{cr}\begin{cases}B=88.5\\0.9R_{eL}(R_{p0.2})=220.5\end{cases}=88.5$	MPa	12.19<88.5
液压时最大组合拉应力 $\sigma_1-\sigma_2+\sigma_3\leqslant0.9R_{eL}(R_{p0.2})\phi=187.4$	MPa	9.87<187.4

注：* 表示计算 σ_2 时，在压应力中取"＋"号，在拉应力中取"－"号。

（8）裙座壳轴向应力校核

①0－0 截面

因裙座壳为圆筒形（即 $\cos\theta=1$），则 $A=0.094\times\dfrac{\delta_e}{R_0}=\dfrac{0.094\times6}{708}=8.0\times10^{-4}$，查外压或轴向受压圆筒计算图，$B=106\text{MPa}$。

故 $\begin{cases}KB=1.2\times106=127.2\text{MPa}\\K[\sigma]_s^t=1.2\times147=176.4\text{MPa}\end{cases}=127.2\text{MPa}$, $\begin{cases}B=106\text{MPa}\\0.9\sigma_{eL}=0.9\times245=220.5\text{MPa}\end{cases}=106\text{MPa}$

因为 $\begin{cases}Z_{sb}=\dfrac{\pi}{4}D_{is}^2\delta_{es}=\dfrac{\pi\times1400^2\times6}{4}=9236282\text{mm}^2\\A_{sb}=\pi D_{is}\delta_{es}=\pi\times1400\times6=26389.4\text{mm}^2\end{cases}$

所以

$$\begin{cases}\dfrac{1}{\cos\theta}\left(\dfrac{M_{max}^{0-0}}{Z_{sb}}+\dfrac{m_0g+F_v^{0-0}}{A_{sb}}\right)=\dfrac{4.518\times10^8}{9236282.4}+\dfrac{23651\times9.81+18097.3}{26389.4}\\\qquad\qquad=58.40\text{MPa}<127.2\text{MPa}\\\dfrac{1}{\cos\theta}\left(\dfrac{0.3M_w^{0-0}+M_e}{Z_{sb}}+\dfrac{m_{max}g}{A_{sb}}\right)=\dfrac{0.3\times1.609\times10^8+0}{9236282.4}+\dfrac{42896\times9.81}{26389.4}\\\qquad\qquad=21.17\text{MPa}<106\text{MPa}\end{cases}$$

②1－1 截面（人孔所在截面，一个人孔）

人孔 $l_m=120\text{mm}$；$b_m=450\text{mm}$；$\delta_m=10\text{mm}$；$m_0^{1-1}=23070\text{kg}$

$$\begin{aligned}A_{sm}&=\pi D_{im}\delta_{es}-\sum[(b_m+2\delta_m)\delta_{es}-A_m]\\&=\pi\times1400\times6-[(450+2\times10)\times6-2\times120\times10]\\&=25969.4\text{mm}^2\end{aligned}$$

$$\begin{aligned}Z_m&=2\delta_ml_m\sqrt{\left(\dfrac{D_{im}}{2}\right)^2-\left(\dfrac{b_m}{2}\right)^2}\\&=2\times10\times120\sqrt{\left(\dfrac{1400}{2}\right)^2-\left(\dfrac{450}{2}\right)^2}\\&=1.591\times10^6\text{ mm}^3\end{aligned}$$

$$\begin{aligned}Z_{sm}&=\dfrac{\pi}{4}D_{im}^2\delta_{es}-\sum\left(b_mD_{im}\dfrac{\delta_{es}}{2}-Z_m\right)\\&=\dfrac{\pi}{4}\times1400^2\times6-\left(450\times1400\times\dfrac{6}{2}-1.591\times10^6\right)\\&=8.937\times10^6\text{mm}^3\end{aligned}$$

$$\begin{cases}\dfrac{1}{\cos\theta}\left(\dfrac{M_{max}^{I-I}}{Z_{sm}}+\dfrac{m_0g+F_v^{I-I}}{A_{sm}}\right)=\dfrac{4.001\times10^8}{8.937\times10^6}+\dfrac{23070\times9.81+18065.8}{25969.4}\\\qquad\qquad=54.18\text{MPa}<127.2\text{MPa}\\\dfrac{1}{\cos\theta}\left(\dfrac{0.3M_w^{I-I}+M_e}{Z_{sm}}+\dfrac{m_{max}^{I-I}g}{A_{sm}}\right)=\dfrac{0.3\times1.376\times10^8+0}{8.937\times10^6}+\dfrac{42315\times9.81}{25969.4}\\\qquad\qquad=20.60\text{MPa}<106\text{MPa}\end{cases}$$

（9）基础环厚度计算

基础环外径 $D_{ob} = D_{is} + (160 \sim 400) = 1400 + 300 = 1700\text{mm}$

基础环内径 $D_{ib} = D_{is} - (160 \sim 400) = 1400 - 300 = 1100\text{mm}$

基础环截面系数 Z_b 和截面积 A_b：

$$Z_b = \frac{\pi(D_{ob}^4 - D_{ib}^4)}{32 D_{ob}} = \frac{\pi(1700^4 - 1100^4)}{32 \times 1700} = 3.978 \times 10^8 \text{ mm}^3$$

$$A_b = \frac{\pi}{4}(D_{ob}^2 - D_{ib}^2) = \frac{\pi}{4}(1700^2 - 1100^2) = 1319468.9 \text{ mm}^2$$

混凝土基础上的最大压应力（下式中取最大值）

$$\sigma_{bmax} = \begin{cases} \dfrac{M_{max}^{0-0}}{Z_b} + \dfrac{m_0 g + F_v^{0-0}}{A_b} = \dfrac{4.518 \times 10^8}{3.978 \times 10^8} + \dfrac{23651 \times 9.81 + 18097.3}{1319458.9} = 1.33\text{MPa} \\[4mm] \dfrac{0.3 M_w^{0-0} + M_e}{Z_b} + \dfrac{m_{max} g}{A_b} = \dfrac{0.3 \times 1.609 \times 10^8 + 0}{3.978 \times 10^8} + \dfrac{42896 \times 9.81}{1319468.9} = 0.44\text{MPa} \end{cases}$$

取 $\sigma_{bmax} = 1.33\text{MPa}$

基础环无筋板时的厚度（$[\sigma]_b = 147\text{MPa}$）：

$$\delta_b = 1.73 b \sqrt{\sigma_{bmax}/[\sigma]_b} = 1.73 \times (1700 - 1416)/2 \times \sqrt{1.33/147} = 23.37\text{mm}$$

故取 $\delta_b = 26\text{mm}$

（10）地脚螺栓计算

地脚螺栓承受的最大拉应力 δ_b 按下式计算：

$$\sigma_B = \begin{cases} \dfrac{M_w^{0-0} + M_e}{Z_b} - \dfrac{m_0 g}{A_b} = \dfrac{4.518 \times 10^8 + 0}{3.978 \times 10^8} - \dfrac{14263 \times 9.81}{1319468.9} = 0.30\text{MPa} \\[4mm] \dfrac{M_E^{0-0} + 0.25 M_w^{0-0} + M_e}{Z_b} - \dfrac{m_0 g - F_v^{0-0}}{A_b} = \dfrac{4.518 \times 10^8 + 0}{3.978 \times 10^8} - \dfrac{23651 \times 9.81 - 18097.3}{1319468.9} \\[4mm] \qquad = 0.974\text{MPa} \end{cases}$$

故取 $\sigma_B = 0.974\text{MPa}$

地脚螺栓的螺纹小径 d_1（$[\sigma]_{bt} = 147\text{MPa}$）为：

$$d_1 = \sqrt{\frac{4\sigma_B A_b}{\pi n [\sigma]_{bt}}} + c_2 = \sqrt{\frac{4 \times 0.974 \times 1319468.9}{\pi \times 16 \times 147}} + 3 = 29.37\text{mm}$$

（11）裙座与塔壳连接焊缝验算（对接焊缝）

$$M_{max}^{J-J} \approx M_{max}^{II-II} = 3.182 \times 10^8 \text{N} \cdot \text{mm}; \quad m_0^{J-J} \approx m_0^{II-II} = 22141\text{kg};$$

$$F_v^{J-J} \approx F_v^{II-II} = 17885.0\text{N}; \quad D_{it} = D_i = 1400\text{mm}; \quad \delta_{es} = 6\text{mm};$$

$$\frac{4 M_{max}^{J-J}}{\pi D_{it}^2 \delta_{es}} - \frac{M_0^{J-J} g - F_v^{J-J}}{\pi D_{it} \delta_{es}} = \frac{4 \times 3.182 \times 10^8}{\pi \times 1400^2 \times 6} - \frac{22141 \times 9.81 - 17885.0}{\pi \times 1400 \times 6}$$

$$= 26.90\text{MPa} < 0.6 K [\sigma]_w^t$$

且 $0.6 K [\sigma]_w^t = 0.6 \times 1.2 \times 147 = 105.84\text{MPa}$，故验算合格。

[算例2] 不等径填料塔

已知 $\Phi 800/\Phi 400/\Phi 800 \times 18400\text{mm}$ 填料塔（如图 6-63 所示）的设计条件如下：

设置地区的基本风压值 $q_0 = 294N/m^2$，设计上取 $q_0 = 300N/m^2$；地震烈度为 8 度，设计基本地震加速度为 $0.2g$；场地土型为Ⅲ类，地震分组为二组；地面粗糙度为 B 类；塔壳与裙座对接；在 $\Phi400$ 内径的塔段装填料，填料密度为 505kg/m^3；塔体外表面附有 80mm 厚保温层，保温材料密度 300kg/m^3；塔体每隔 5m 安装一层操作平台，设计压力 $p = 0.2MPa$；设计温度 40℃；焊接接头系数 0.85；壳体厚度附加量 3mm，裙座厚度附加量 2mm。对塔进行强度和稳定校核。

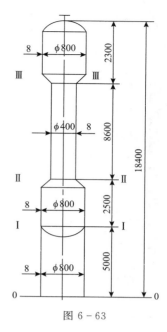

图 6-63

（1）圆筒和封头的强度计算 ［圆筒和封头材料选用 Q245R：$R_{el} = 245MPa$，$[\sigma]^t = 147.8MPa$］

直径 $D_i = 800mm$ 段圆筒和封头：

圆筒：$\delta = \dfrac{p_c D_i}{2[\sigma]^t \phi - p_c} = \dfrac{0.2 \times 800}{2 \times 147.8 \times 0.85 - 0.2} = 0.64mm$

封头：$\delta_h = \dfrac{K p_c D_i}{2[\sigma]^t \phi - 0.5 p_c} = \dfrac{1 \times 0.2 \times 800}{2 \times 147.8 \times 0.85 - 0.5 \times 0.2} = 0.64mm$

直径 $D_i = 400mm$ 段圆筒：

$$\delta = \frac{p_c D_i}{2[\sigma]^t \phi - p_c} = \frac{0.2 \times 400}{2 \times 147.8 \times 0.85 - 0.2} = 0.32mm$$

经圆整后取圆筒、封头、裙座厚度均为 8mm。

（2）塔式容器质量计算

圆筒壳、裙座壳和封头质量：

$$m_{01} = \frac{\pi}{4}[(0.416^2 - 0.4^2) \times 8.6 + (0.816^2 - 0.8^2) \times (18.4 - 8.6)] \times 7850 = 2254kg$$

附属件质量 $m_a = 0.25 m_{01} = 564kg$

内构件质量 $m_{02} = 0$

保温层质量：

$$m_{03} = \frac{\pi}{4}[(0.576^2 - 0.416^2) \times 8.6 + (0.976^2 - 0.816^2) \times (18.4 - 8.6 - 5)] \times 300$$
$$= 646kg$$

笼式扶梯单位质量为 40kg/m^2，钢制平台单位质量为 150kg/m^2，蛇平台宽 1.0m，平台数为 3 个。故平台、扶梯质量：

$$m_{04} = 18.4 \times 40 + \frac{\pi}{4}[(0.816 + 2.0)^2 - 0.816^2] \times 150 \times 1 +$$
$$\frac{\pi}{4}[(0.416 + 2)^2 - 0.416^2] \times 150 \times 2$$
$$= 2926kg$$

物料质量 $m_{05} = \dfrac{\pi}{4} \times 0.4^2 \times 8.6 \times 505 + \dfrac{\pi}{4} \times 0.8^2 \times 2.5 \times 1000 = 1802\text{kg}$

水压试验时质量 $m_w = \dfrac{\pi}{4} \times (0.4^2 \times 8.6 + 0.8^2 \times 4.8) \times 1000 = 3493\text{kg}$

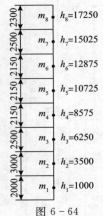

图 6-64

塔式容器操作质量：

$$m_0 = m_{01} + m_{02} + m_{03} + m_{04} + m_{05} + m_a$$
$$= 2254 + 0 + 646 + 2926 + 1802 + 564$$
$$= 8192\text{kg}$$

塔式容器最大质量：

$$m_{max} = m_{01} + m_{02} + m_{03} + m_{04} + m_w + m_a$$
$$= 2254 + 0 + 646 + 2926 + 3493 + 564$$
$$= 9883\text{kg}$$

将塔沿高度方向分成 8 段（如图 6-64 所示），其质量列入表 6-29。

表 6-29   kg

塔段号 i	1	2	3	4	5	6	7	8
$m_{01} + m_a$	398.5	597.8	498.2	216.3	216.3	216.3	216.3	458.3
m_{02}	0	0	0	0	0	0	0	0
m_{03}	0	0	168.9	80.4	80.4	80.4	80.4	155.4
m_{04}	80.0	120.0	955.8	86.0	753.3	86.0	753.3	92.0
m_{05}	0.00	0.00	1256.6	136.4	136.4	136.4	136.4	0
m_w	0.00	0.00	1256.6	270.2	270.2	270.2	270.2	1156.1
m_0	478.5	717.8	2879.5	519.1	1186.4	519.1	1186.4	705.7
m_{max}	478.5	717.8	2879.5	652.9	1320.2	652.9	1320.2	1861.8
m_{min}	478.5	717.8	1622.9	382.7	1050.0	382.7	1050.0	705.7

（3）塔式容器的基本自振周期计算

本设备为变径塔，自振周期计算列于表 6-30。

表 6-30

塔段号 i	1	2	3	4	5	6	7	8	备注
m_i/kg	478.5	717.8	2879.5	519.1	1186.4	519.1	1186.4	705.7	
h_i/mm	1000	3500	6250	8575	10725	12875	15025	17250	
$m_i\left(\dfrac{h_i}{H}\right)^3$	0.077	4.940	112.851	52.541	234.947	177.844	645.983	581.479	$\sum m_i\left(\dfrac{h_i}{H}\right)^3 = 1810.662$
H_i/mm	18400		13400		10900			2300	$E^t = 2.0 \times 10^5\,\text{MPa}$
I_i/mm^4	1.23372×10^9		1.02428×10^9		0.13044×10^9			1.02428×10^9	$I_i = \dfrac{\pi}{8}(D_i + \delta_{ei})^3 \delta_{ei}$

塔段号	1	2	3	4	5	6	7	8	备注
$\dfrac{H_i^3}{E_i^t I_i}$	0.025247	0.011745		0.049641				0.000059	$\sum\dfrac{H_i^3}{E_i^t I_i}=0.086692$
$\dfrac{H_i^3}{E_{i-1} I_{i-1}}$			0.009751		0.006322			0.000466	$\sum\dfrac{H_i^3}{E_{i-1}^t I_{i-1}}=0.016539$
T_1/s				$T_1=114.8\sqrt{\sum\limits_{i=1}^{8}m_i\left(\dfrac{h_i}{H}\right)^3\left(\sum\limits_{i=1}^{4}\dfrac{H_i^3}{E_i^t I_i}-\sum\limits_{i=2}^{4}\dfrac{H_i^3}{E_{i-1} I_{i-1}}\right)\times10^{-3}}=1.29$						

（4）地震载荷及地震弯矩计算

将塔沿高度方向分成 8 段（图 6-65），视每段高度之间的质量为作用在该高度 1/2 处的集中质量。各段集中质量对该截面所引起的地震力列于表 6-31。

表 6-31

塔段号 i	1	2	3	4	5	6	7	8	备注
m_i/kg	478.5	717.8	2879.5	519.1	1186.4	519.1	1186.4	705.7	
h_i/mm	1000	3500	6250	8575	10725	12875	15025	17250	
$m_i h_i^{1.5}$	0.015×10^9	0.149×10^9	1.423×10^9	0.412×10^9	1.318×10^9	0.758×10^9	2.185×10^9	1.599×10^9	$A=\sum m_i h_i^{1.5}$ $=7.859\times 10^9$
$m_i h_i^3$	0.048×10^{13}	3.078×10^{13}	70.300×10^{13}	32.731×10^{13}	146.360×10^{13}	110.788×10^{13}	402.415×10^{13}	362.233×10^{13}	$B=\sum m_i h_i^3$ $=1127.953\times 10^{13}$
$\eta_{1k}=\dfrac{h_k^{1.5}A}{B}$	0.0220	0.1443	0.3443	0.5533	0.7739	1.0179	1.2832	1.5786	$A/B=6.9675\times 10^{-7}$
γ			$\gamma=0.9+\dfrac{0.05-\zeta_1}{0.3+6\zeta_1}=0.9+\dfrac{0.05-0.01}{0.3+6\times0.01}=1.011$						
η_2			$\eta_2=1+\dfrac{0.05-\zeta_1}{0.08+1.6\zeta_1}=1+\dfrac{0.05-0.01}{0.08+1.6\times0.01}=1.417$						
α_1			$\alpha_1=\left(\dfrac{T_g}{T_1}\right)^{\gamma}\eta_2\alpha_{max}=\left(\dfrac{0.55}{1.29}\right)^{1.011}\times1.417\times0.16=0.096$						
F_{1k}/N	9.91	97.55	933.67	270.49	964.68	497.62	1433.73	1049.14	$F_{1k}=\alpha_1\eta_{1k}m_k g$
$m_k h_k$	0.479×10^6	2.512×10^6	17.997×10^6	4.451×10^6	12.724×10^6	6.683×10^6	17.826×10^6	12.173×10^6	$\sum m_k h_k=74.845\times 10^6$
$\alpha_{v max}$			$\alpha_{v max}=0.65\alpha_{max}=0.65\times0.16=0.104$						
m_{eg}/kg			$m_{eg}=0.75m_0=0.75\times8192=6144$						
F_v^{0-0}/N			$F_v^{0-0}=\alpha_{v max}m_{eg}g=0.104\times6144\times9.81=6268.4$						
F_{vi}/N	40.12	210.38	1507.28	372.78	1065.66	559.71	1492.96	1019.51	$F_{vi}=\dfrac{m_i h_i}{\sum m_k h_k}F_v^{0-0}$
F_v^{i-i}/N	6268.4	6228.3	6017.9	4510.6	4137.8	3072.2	2512.5	1019.5	

各计算截面的地震弯矩（因为 $H/D = 30 > 15$，$D = \dfrac{D_1 h_1}{H} + \dfrac{D_2 h_2}{H} = 613\text{mm}$，但 $H < 20\text{m}$，故不考虑高振型影响）如下：

① 0-0 截面地震弯矩：

$$M_E^{0\text{-}0} = \sum_{k=1}^{8} F_{1k} h_k = 6.383 \times 10^7 \text{N} \cdot \text{mm}$$

② Ⅰ-Ⅰ 截面地震弯矩：

$$M_E^{\text{Ⅰ-Ⅰ}} = \sum_{k=3}^{8} F_{1k}(h_k - h) = \sum_{k=3}^{8} F_{1k}(h_k - 5000) = 3.823 \times 10^7 \text{N} \cdot \text{mm}$$

③ Ⅱ-Ⅱ 截面地震弯矩：

$$M_E^{\text{Ⅱ-Ⅱ}} = \sum_{k=4}^{8} F_{1k}(h_k - h) = \sum_{k=4}^{8} F_{1k}(h_k - 7500) = 2.677 \times 10^7 \text{N} \cdot \text{mm}$$

④ Ⅲ-Ⅲ 截面地震弯矩：

$$M_E^{\text{Ⅲ-Ⅲ}} = \sum_{k=8}^{8} F_{1k}(h_k - h) = \sum_{k=8}^{8} F_{1k}(h_k - 16100) = 1.207 \times 10^6 \text{N} \cdot \text{mm}$$

（5）风载荷和风弯矩计算

将塔沿高度分成五段，计算各段风载荷 p_i 及风弯矩，结果列于表 6-32。

表 6-32

塔段号 i	1	2	3	4	5
塔段长度/m	0~5	5~7.5	7.5~11.8	11.8~16.1	16.1~18.4
f_i	1.0	1.0	1.05	1.16	1.21
l_i/mm	5000	2500	4300	4300	2300
D_{ei}/mm	1216	1976	1576	1576	1376
$p_i = K_1 K_{2i} q_0 f_i l_i D_{ei} \times 10^{-6}$/N	2170.6	1763.6	2540.3	2806.4	1367.1

水平风载荷 $p_i = K_i K_{2i} q_0 f_i l_i D_{ei} \times 10^{-6} \text{N} \cdot \text{mm}$（笼式扶梯与管线布置成 $90°$，且裙座无保温或防火层）。

式中：$K_i = 0.7$；$K_{2i} = 1.7$（因为 $H = 18.4\text{m} < 20\text{m}$）；$q_0 = 300\text{N/m}^2$；$K_3 = 400$；$K_4 = 600$。

$$D_{ei} = \begin{cases} D_{oi} + 2\delta_{si} + K_3 + K_4 = D_{oi} + 2 \times 80(0) + 400 + 600 \\ \qquad\qquad = D_{oi} + 1160(1000) \\ D_{oi} + 2\delta_{si} + K_4 + 2\delta_{ps} = D_{oi} + 2 \times 80(0) + 600 + 100 + 2 \times 80 \\ \qquad\qquad = D_{oi} + 1020(860) \end{cases}$$

因该塔式容器 $H/D = 30 > 15$，但 $H = 18.4\text{m} < 30\text{m}$，所以不考虑横风向风振。

① 0-0 截面风弯矩：

$$M_w^{0\text{-}0} = p_1 \frac{l_1}{2} + p_2\left(l_1 + \frac{l_2}{2}\right) + p_3\left(l_1 + l_2 + \frac{l_3}{2}\right) + p_4\left(l_1 + l_2 + l_3 + \frac{l_4}{2}\right) +$$

$$p_5\left(l_1 + l_2 + l_3 + l_4 + \frac{l_5}{2}\right)$$

$$= 2170.6 \times \frac{5000}{2} + 1763.6 \times \left(5000 + \frac{2500}{2}\right) + 2540.3 \times \left(7500 + \frac{4300}{2}\right) +$$

$$2806.4 \times \left(11800 + \frac{4300}{2}\right) + 1367.1 \times \left(16100 + \frac{2300}{2}\right)$$

$$= 1.037 \times 10^8 \, \text{N} \cdot \text{mm}$$

② I - I 截面风弯矩：

$$M_\text{w}^{\text{I-I}} = p_2 \frac{l_2}{2} + p_3 \left(l_2 + \frac{l_3}{2}\right) + p_4 \left(l_2 + l_3 + \frac{l_4}{2}\right) + p_5 \left(l_1 + l_2 + l_3 + \frac{l_4}{2}\right) +$$

$$p_5 \left(l_2 + l_3 + l_4 + \frac{l_5}{2}\right)$$

$$= 1763.6 \times \frac{5000}{2} + 2540.3 \times \left(2500 + \frac{4300}{2}\right) + 2806.4 \times \left(6800 + \frac{4300}{2}\right) +$$

$$1367.1 \times \left(11800 + \frac{2300}{2}\right) = 5.588 \times 10^7 \, \text{N} \cdot \text{mm}$$

③ II - II 截面风弯矩

$$M_\text{w}^{\text{II-II}} = p_3 \frac{l_3}{2} + p_4 \left(l_3 + \frac{l_4}{2}\right) + p_5 \left(l_3 + l_4 + \frac{l_5}{2}\right)$$

$$= 2540.3 \times \frac{4300}{2} + 2806.4 \times \left(4300 + \frac{4300}{2}\right) + 1367.1 \times \left(8600 + \frac{2300}{2}\right)$$

$$= 3.689 \times 10^7 \, \text{N} \cdot \text{mm}$$

④ III - III 截面风弯矩

$$M_\text{w}^{\text{III-III}} = p_5 \frac{l_5}{2} = 1367.1 \times \frac{2300}{2} = 1.572 \times 10^6 \, \text{N} \cdot \text{mm}$$

（6）偏心弯矩

$$M_\text{e} = m_\text{e} g l_\text{e} = 0$$

（7）最大弯矩

① 0 - 0 截面

$$M_{\max}^{0\text{-}0} = \begin{cases} M_\text{w}^{0\text{-}0} + M_\text{e} = 1.037 \times 10^8 \\ M_\text{E}^{0\text{-}0} + 0.25 M_\text{w}^{0\text{-}0} + M_\text{e} = 0.898 \times 10^8 \end{cases} = 1.037 \times 10^8 \, \text{N} \cdot \text{mm（风弯矩控制）}$$

② I - I 截面

$$M_{\max}^{\text{I-I}} = \begin{cases} M_\text{w}^{\text{I-I}} + M_\text{e} = 5.558 \times 10^7 \\ M_\text{E}^{\text{I-I}} + 0.25 M_\text{w}^{\text{I-I}} + M_\text{e} = 5.220 \times 10^7 \end{cases} = 5.558 \times 10^7 \, \text{N} \cdot \text{mm（风弯矩控制）}$$

③ II - II 截面

$$M_{\max}^{\text{II-II}} = \begin{cases} M_\text{w}^{\text{II-II}} + M_\text{e} = 3.689 \times 10^7 \\ M_\text{E}^{\text{II-II}} + 0.25 M_\text{w}^{\text{II-II}} + M_\text{e} = 3.599 \times 10^7 \end{cases} = 3.689 \times 10^7 \, \text{N} \cdot \text{mm（风弯矩控制）}$$

④ III - III 截面

$$M_{\max}^{\text{III-III}} = \begin{cases} M_\text{w}^{\text{III-III}} + M_\text{e} = 1.572 \times 10^6 \\ M_\text{E}^{\text{III-III}} + 0.25 M_\text{w}^{\text{III-III}} + M_\text{e} = 1.600 \times 10^6 \end{cases} = 0.160 \times 10^7 \, \text{N} \cdot \text{mm（风弯矩控制）}$$

（8）塔壳轴向应力校核

各段塔壳的 B 值：$A=0.094\dfrac{\delta_e}{R_o}=\begin{cases}0.094\times5/408=0.00115\\0.094\times5/208=0.00226\end{cases}$

查 GB/T 150.3 图 4-5 得 $B=\begin{cases}119\text{MPa}\\140\text{MPa}\end{cases}$

塔壳各计算截面的稳定和强度验算结果列于表 6-33。

表 6-33

计算截面		I-I	II-II	III-III
塔壳有效厚度 δ_{ei}	mm	5	5	5
计算截面以上操作质量 m_0	kg	6996.2	4116.7	705.7
计算截面横截面积 $A=\pi D_i\delta_{ei}$	mm²	12566.4	6283.2	6283.2
计算截面断面模数 $Z=\dfrac{\pi}{4}D_i^2\delta_{ei}$	mm³	2513274.1	628318.5	628318.5
最大弯矩 M_{max}	N·mm	5.588×10^7	3.689×10^7	0.160×10^7
允许轴向压应力 $[\sigma]_{cr}=\begin{cases}1.2B\\1.2[\sigma]^t\end{cases}$取小值	MPa	$\begin{cases}1.2\times119=142.8\\177.4\end{cases}$	$\begin{cases}1.2\times140=168\\177.4\end{cases}$	$\begin{cases}1.2\times140=168\\177.4\end{cases}$
操作时引起的轴向应力 $\sigma_1=p_cD_i/4\delta_{ei}$	MPa	8.0	4.0	4.0
m_0 引起的轴向应力 $\sigma_2=\dfrac{m_0g\pm F_v^{i-i}}{A}$	MPa	5.46	6.43	1.26*（0.94）
M_{max}引起的轴向应力 $\sigma_3=\dfrac{M_{max}}{Z}$	MPa	22.23	58.71	2.55
轴向压应力 $\sigma_c=\sigma_2+\sigma_3$	MPa	27.69	65.14	3.81
轴向拉应力 $\sigma_t=\sigma_1-\sigma_2+\sigma_3$	MPa	24.77	56.28	5.61
$\sigma_c\leqslant[\sigma]_{cr}$		27.69<142.8	65.14<168	3.81<168
$\sigma_t\leqslant1.2\phi[\sigma]^t=1.2\times0.85\times147.8=150.8$		24.77<150.8	56.28<150.8	5.61<150.8

*　表示计算 σ_2 时，在压应力中取"+"号，在拉应力中取"-"号。

（9）裙座壳轴向应力校核 ［裙座材料用 Q235B：$R_{eL}=235\text{MPa}$，$[\sigma]_s^t=115\text{MPa}$]

①0-0 截面（圆筒形裙座，$\cos\theta=1$）

求裙座段 B 值：$A=0.094\delta_{es}/R_o=0.094\times6/408=0.00138$，查 GB/T 150.3 图 4-5 得 $B=125\text{MPa}$。

$\begin{cases}KB\cos^2\theta=1.2\times125\times1=150\\K[\sigma]_s^t=1.2\times115=138\end{cases}$ 取 138MPa，$\begin{cases}B\cos^2\theta=125\times1=150\\0.9\sigma_{cL}（或\sigma_{p0.2}）=0.9\times235=211.5\end{cases}$ 取 125MPa

操作时：

$$\frac{1}{\cos\theta}\left(\frac{M_{max}^{0-0}}{Z_{sb}}+\frac{m_0g+F_v^{0-0}}{A_{sb}}\right)=\frac{1.037\times10^8}{\dfrac{\pi}{4}\times800^2\times6}+\frac{8192\times9.81+0}{\pi\times800\times6}=39.7<\begin{cases}KB\cos^2\theta\\K[\sigma]_s^t\end{cases}$$

$$=138\text{MPa}$$

耐压试验时：

$$\frac{1}{\cos\theta}\left(\frac{0.3M_{\mathrm{w}}^{0-0}+M_{\mathrm{e}}}{Z_{\mathrm{sb}}}+\frac{m_{\max}g}{A_{\mathrm{sb}}}\right)=\frac{0.3\times1.037\times10^{8}+0}{\frac{\pi}{4}\times800^{2}\times6}+\frac{9883\times9.81}{\pi\times800\times6}$$

$$=16.7<\begin{cases}B\cos^{2}\theta\\0.9\sigma_{\mathrm{sL}}(或\ \sigma_{p0.2})\end{cases}$$

$$=125\mathrm{MPa}$$

② m-m 截面（人孔所在截面，$\cos\theta=1$）

人孔

$l_{\mathrm{m}}=120\mathrm{mm}$；$b_{\mathrm{m}}=450\mathrm{mm}$；$\delta_{\mathrm{m}}=10\mathrm{mm}$；$D_{\mathrm{im}}=800\mathrm{mm}$；$m_{0}^{\mathrm{m-m}}=7953\mathrm{kg}$；$m_{\max}^{\mathrm{m-m}}=9644\mathrm{kg}$

$$A_{\mathrm{sm}}=\pi D_{\mathrm{im}}\delta_{\mathrm{es}}-\sum\left[(b_{\mathrm{m}}+2\delta_{\mathrm{m}})\delta_{\mathrm{es}}-A_{\mathrm{m}}\right]$$

$$=\pi\times800\times6-\left[(450+2\times10)\times6-2\times120\times10\right]$$

$$=12659.6\mathrm{mm}^{2}$$

$$Z_{\mathrm{m}}=2\delta_{\mathrm{m}}l_{\mathrm{m}}\sqrt{\left(\frac{D_{\mathrm{im}}}{2}\right)^{2}-\left(\frac{b_{\mathrm{m}}}{2}\right)^{2}}=2\times10\times120\times\sqrt{400^{2}-225^{2}}=793725.4\ \mathrm{mm}^{3}$$

$$Z_{\mathrm{sm}}=\frac{\pi}{4}D_{\mathrm{im}}^{2}\delta_{\mathrm{es}}-\sum\left(b_{\mathrm{m}}D_{\mathrm{im}}\frac{\delta_{\mathrm{es}}}{2}-Z_{\mathrm{m}}\right)=\frac{\pi}{4}\times800^{2}\times6-\left(450\times800\frac{6}{2}-793725.4\right)$$

$$=2.730\times10^{6}\mathrm{mm}^{3}$$

人孔所在截面的风弯矩和地震弯矩如下：

$$M_{\max}^{\mathrm{m-m}}=\begin{cases}M_{\mathrm{w}}^{\mathrm{m-m}}+M_{\mathrm{e}}=9.412\times10^{7}\\M_{\mathrm{E}}^{\mathrm{m-m}}+0.25M_{\mathrm{w}}^{\mathrm{m-m}}+M_{\mathrm{e}}=8.220\times10^{7}\end{cases}=9.412\times10^{7}\mathrm{N\cdot mm}（风弯矩控制）$$

操作时：

$$\frac{1}{\cos\theta}\left(\frac{M_{\max}^{\mathrm{m-m}}}{Z_{\mathrm{sm}}}+\frac{m_{\max}^{\mathrm{m-m}}g+F_{\mathrm{v}}^{\mathrm{m-m}}}{A_{\mathrm{sm}}}\right)=\frac{9.412\times10^{7}}{2.730\times6}+\frac{7953\times9.81+0}{14659.6}$$

$$=39.8<\begin{cases}KB\cos^{2}\theta\\K\left[\sigma\right]_{\mathrm{s}}^{\mathrm{t}}\end{cases}$$

$$=138\mathrm{MPa}$$

耐压试验时：

$$\frac{1}{\cos\theta}\left(\frac{0.3M_{\mathrm{w}}^{\mathrm{m-m}}+M_{\mathrm{e}}}{Z_{\mathrm{sm}}}+\frac{m_{0}^{\mathrm{m-m}}g}{A_{\mathrm{sm}}}\right)=\frac{0.3\times9.412\times10^{7}+0}{2.730\times6}+\frac{9644\times9.81}{14659.6}$$

$$=16.8<\begin{cases}B\cos^{2}\theta\\0.9\sigma_{\mathrm{sL}}(或\ \sigma_{p0.2})\end{cases}$$

$$=125\mathrm{MPa}$$

（10）塔式容器立置液压试验时的应力校核（校核Ⅰ-Ⅰ截面）

由试验压力引起的周向应力：

$$\sigma=(p_{\mathrm{T}}+液柱静压力)(D_{i}+\delta_{\mathrm{ei}})/2\delta_{\mathrm{ei}}=(1.25\times0.2+0.134)(800+5)/(2\times5)$$

$$=30.9\mathrm{MPa}$$

由试验压力引起的轴向应力：
$$\sigma_i = p_T D_i / 4\delta_{ei} = 1.25 \times 0.2 \times 800 / (4 \times 5) = 10.0 \text{MPa}$$

由重力引起的轴向应力：
$$\sigma_2 = m_T^{I \cdot I} g / \pi D_i \delta_{ei} = 5193.7 \times 9.81 / (\pi \times 800 \times 5) = 4.1 \text{MPa}$$

由弯矩引起的轴向应力：
$$\sigma_3 = 4(0.3 M_w^{I \cdot I} + M_e) / \pi D_i^2 \delta_{ei}$$
$$= 4 \times (0.3 \times 5.588 \times 10^7 + 0) / (\pi \times 800^2 \times 5)$$
$$= 6.7 \text{MPa}$$

液压试验时周向应力 $\sigma = 30.9 \text{MPa} < 0.9\sigma_{eL}$（或 $\sigma_{p0.2}$）$\phi = 187.4 \text{MPa}$

液压试验时，最大组合拉应力 $\sigma_1 - \sigma_2 + \sigma_3 = 12.6 < 0.9\sigma_{eL}$（或 $\sigma_{p0.2}$）$\phi = 187.4 \text{MPa}$

液压试验时，最大组合压应力：
$$\sigma_2 + \sigma_3 = 10.8 < [\sigma]_{cr} = \begin{cases} B = 119 \text{MPa} \\ 0.9\sigma_{eL}（\text{或 } \sigma_{p0.2}） = 0.9 \times 245 = 220.5 \text{MPa} \end{cases} = 119 \text{MPa}$$

（11）基础环厚度计算

基础环外径 $D_{ob} = D_{is} + (160 \sim 400) = 800 + 300 = 1100 \text{mm}$

基础环内径 $D_{sb} = D_{is} - (160 \sim 400) = 800 - 300 = 1100 \text{mm}$

$$Z_b = \frac{\pi (D_{ob}^4 - D_{ib}^4)}{32 D_{ob}} = \frac{\pi \times (1100^4 - 500^4)}{32 \times 1100} = 1.251 \times 10^8 \text{ mm}^3$$

$$A_b = \frac{\pi}{4} (D_{ob}^2 - D_{ib}^2) = \frac{\pi}{4} \times (1100^2 - 500^2) = 7.540 \times 10^5 \text{ mm}^2$$

$$\sigma_{bmax} = \begin{cases} \dfrac{M_{max}^{0-0}}{Z_b} + \dfrac{m_0 g + F_v^{i-i}}{A_b} = \dfrac{1.037 \times 10^8}{1.251 \times 10^8} + \dfrac{8192 \times 9.81 + 0}{7.540 \times 10^5} = 0.94 \\ \dfrac{0.3 M_w^{0-0} + M_c}{Z_b} + \dfrac{m_{max} g}{A_b} = \dfrac{0.3 \times 1.037 \times 10^8 + 0}{1.251 \times 10^8} + \dfrac{9883 \times 9.81}{7.540 \times 10^5} = 0.38 \end{cases}$$
$$= 0.94 \text{MPa}$$

基础环无筋板时的厚度（$[\sigma]_b = 147 \text{MPa}$）：

$$\delta_b = 1.73 b \sqrt{\sigma_{bmax} / [\sigma]_b} = 1.73 \times \frac{1100 - 816}{2} \times \sqrt{0.94 / 147} = 19.6 \text{mm}, \text{ 故取 } \delta_b = 24 \text{mm}$$

（12）地脚螺栓计算

地脚螺栓承受大的最大拉应力 σ_B 按下式计算：

$$\sigma_B = \begin{cases} \dfrac{M_w^{0-0} + M_e}{Z_b} - \dfrac{m_{min} g}{A_b} = \dfrac{1.037 \times 10^8 + 0}{1.251 \times 10^8} - \dfrac{6390 \times 9.81}{7.540 \times 10^5} = 0.75 \\ \dfrac{M_E^{0-0} + 0.25 M_w^{0-0} + M_e}{Z_b} - \dfrac{m_0 g - F_v^{0-0}}{A_b} = \dfrac{0.898 \times 10^8}{1.251 \times 10^8} - \dfrac{8192 \times 9.81 - 6268.4}{7.540 \times 10^5} = 0.62 \end{cases}$$
$$= 0.75 \text{MPa}$$

（13）裙座与塔壳连接焊缝验算（搭接焊缝）

$M_{max}^{J-J} \approx M_{max}^{I-I} = 5.588 \times 10^7 \text{N} \cdot \text{mm}$；$M_w^{J-J} \approx M_w^{I-I} = 5.588 \times 10^7 \text{N} \cdot \text{mm}$；$F_v^{J-J} \approx F_v^{I-I} = 6017.9 N$；$m_{max}^{J-J} \approx m_{max}^{I-I} = 8686.7 \text{kg}$；$m_o^{J-J} \approx m_o^{I-I} = 6996.2 \text{kg}$；$D_{ot} \approx 816 + 16 =$

832mm；$\delta_{es}=6$mm

$$\frac{m^{J-J}_{max}}{0.55D^2_{ot}\delta_{es}}+\frac{m^{J-J}_o g+F^{J-J}_v}{0.7\pi D_{ot}\delta_{es}}=\frac{5.588\times10^7}{0.55\times832^2\times6}+\frac{6996.2\times9.81+0}{0.7\times\pi\times832\times6}$$

$$=30.7\text{MPa}<0.8K[\sigma]^t_w$$

$$\frac{0.3M^{J-J}_w+M_e}{0.55D^2_{ot}\delta_{es}}+\frac{m^{J-J}_{max}g}{0.7\pi D_{ot}\delta_{es}}=\frac{0.3\times5.588\times10^7+0}{0.55\times832^2\times6}+\frac{8686.7\times9.81}{0.7\times\pi\times832\times6}$$

$$=15.1\text{MPa}<0.72\sigma_{eL}\text{（或 }\sigma_{p0.2}\text{）}$$

且 $\begin{cases}0.8K[\sigma]^t_w=0.8\times1.2\times115=110.4\text{MPa}\\0.72\sigma_{eL}\text{（或 }\sigma_{p0.2}\text{）}=169.2\text{MPa}\end{cases}$ ，故验算合格。

［算例3］等直径等厚度高振型塔器计算

已知 $\phi2400\times73300$mm 浮阀塔（见图6-65）的设计条件
如下：

设置地区的基本风压 $q_0=300\text{N/m}^2$ ；抗震设防烈度为8
度，设计基本地震加速度为 $0.20g$ ，设计地震分组为第二组，
场地类型为Ⅲ类；地面粗糙度为B类；塔壳与裙座对接；塔
内装有155层浮阀塔盘（浮阀塔盘单位质量 75kg/m^2 ），每块
存留介质高100mm，介质密度 800kg/m^3 。

塔体外表面附有100mm厚的保温层，保温材料密度
300kg/m^3 ；裙座内外侧防火层厚度各50mm，密度 1700kg/m^3 。
塔体每隔9m安装一层操作平台，共8层，平台宽1.0m，单
位质量 150kg/m^2 ，包角180°。

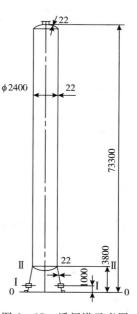

设计压力 $p=2.2$MPa，设计温度为125℃，壳体和封头
材料选用Q345R，$[\sigma]^t=184$MPa，厚度附加量3mm；裙座材
质Q235B，$[\sigma]^t=116$MPa，厚度附加量2mm；过渡段材质
Q345R，长度1000mm，$[\sigma]^t=116$MPa，厚度附加量2mm。焊
接接头系数 $\phi=0.85$ 。

图6-65 浮阀塔示意图

（1）塔壳强度计算（按 GB/T 150）

计算过程略，经圆整后塔壳和封头厚度分别为22mm，裙座厚度为22mm。

（2）塔器质量计算

圆筒壳，裙座壳和封头质量：

$$m_{01}=1118.28\times2+4875.67+\frac{\pi}{4}\times(2.444^2-2.4^2)\times68.86\times7850=9.757\times10^4\text{kg}$$

附属件质量：

$$m_a=0.25\times m_{01}=2.439\times10^4\text{kg}$$

内构件质量：

$$m_{02}=\frac{\pi}{4}\times2.4^2\times155\times75=5.259\times10^4\text{kg}$$

保温层质量：

$$m_{03}=22513.1\text{kg}$$

平台，扶梯质量：

$$m_{04}=40\times69+\frac{\pi}{4}\times\left[(2.444+2)^2-2.444^2\right]\times150\times8\times\frac{180°}{360°}=9.252\times10^3\text{kg}$$

物料质量：

$$m_{05}=\frac{\pi}{4}\times2.4^2\times0.1\times800\times155+9555.2=6.565\times10^4\text{kg}$$

偏心质量：

$$m_{c}=0\text{kg}$$

水压试验时质量：

$$m_{w}=311.4067\times1000=3.114\times10^5\text{kg}$$

塔操作质量：

$$m_0=m_{01}+m_{02}+m_{03}+m_{04}+m_{05}+m_a+m_c=2.72\times10^5\text{kg}$$

塔器最大质量：

$$m_{max}=m_{01}+m_{02}+m_{03}+m_{04}+m_w+m_a+m_e=5.177\times10^5\text{kg}$$

塔器最小质量：

$$m_{min}=m_{01}+0.2m_{02}+m_{03}+m_{04}+m_a=1.642\times10^5\text{kg}$$

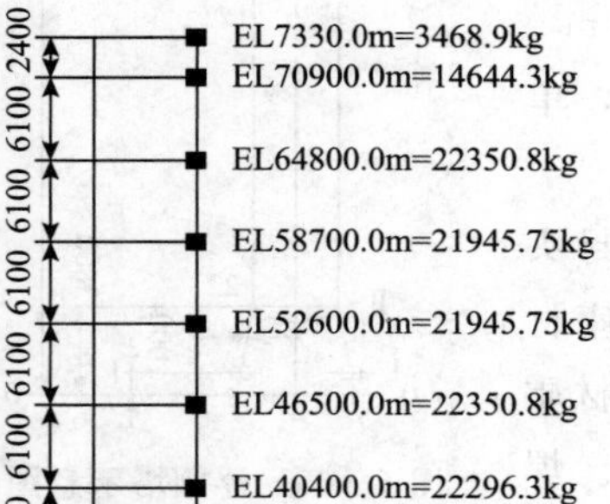

图 6-66 浮阀塔分段示意图

将全塔沿高度分为 13 段（见图 6-66），每段的质量列于表 6-34。

（3）塔式容器自振周期计算

因为 $H/D=30.35>15$ 且 $H>20\text{m}$，所以必须考虑高振型的影响。本设备自振周期和振型向量由程序按附录 B 计算得出：

$T_1=3.8289\text{s}$，$T_2=0.6109\text{s}$，$T_3=0.2202\text{s}$。

各振型向量分别列于表 6-35、表 6-36 和表 6-37。

（4）高振型地震载荷和地震弯矩计算

将塔沿高度方向分成 13 段（见图 6-66），每一段的连续分布质量按质量静力等效原则分别集中于该段的两端，一端点处相邻单元的集中质量应予叠加。按附录 B 计算，各阶振型下各集中质量引起的水平地震力分别列于表 6-35、表 6-36 和表 6-37，垂直地震力列于表 6-38，地震弯矩列于表 6-39。

各计算截面的组合地震弯矩：

表 6-34　分段质量

塔段号 i	1	2	3	4	5	6	7	8	9	10	11	12	13
$m_{01}+m_a$	8093.5	10019.7	10019.7	10019.7	10019.7	10019.7	10019.7	10019.7	10019.7	10019.7	10019.7	10019.7	3402.2
m_{02}	0.0	3393.0	4750.2	4750.2	4750.2	4750.2	4750.2	4750.2	4750.2	4750.2	4750.2	4750.2	1357.2
m_{03}	5501.0	1462.6	1462.6	1462.6	1462.6	1462.6	1462.6	1462.6	1462.6	1462.6	1462.6	1462.6	635.5
m_{04}	152.0	1054.1	1054.1	244.0	1054.1	1054.1	244.0	1054.1	1054.1	244.0	1054.1	1054.1	96.0
m_{05}	1592.0	11579.7	5064.2	5064.2	5064.2	5064.2	5426.0	5064.2	5064.2	5064.2	5064.2	5064.2	1446.9
m_w	1990.0	27600.0	27600.0	27600.0	27600.0	27600.0	27600.0	27600.0	27600.0	27600.0	27600.0	27600.0	9853.0
m_0	15338.5	27509.1	22350.8	21540.7	22350.8	22350.8	22241.8	22350.8	22350.8	21540.7	22350.8	22350.8	6937.8
m_{max}	15736.5	43529.4	44886.6	44076.5	44886.6	44886.6	44415.8	44886.6	44886.6	44076.5	44886.6	44886.6	15343.9
m_{min}	13746.5	13215.0	13486.4	12676.3	13486.4	13486.4	12744.2	13486.4	13486.4	12676.3	13486.4	13486.4	4405.1

表 6-35　一阶水平地震力

塔段号 i	1	2	3	4	5	6	7	8	9	10	11	12	13
m_k/kg	21423.8	24930.0	21945.8	21945.8	22350.8	22296.3	22296.3	22350.8	21945.8	21945.8	22350.8	14644.3	3468.9
h_k/mm	3800	9900	16000	22100	28200	34300	40400	46500	52600	58700	64800	70900	73300
X_{1k}	0.0037	0.0266	0.0702	0.1315	0.2079	0.2964	0.3946	0.4999	0.6102	0.7237	0.8388	0.9545	1.0000
$m_k X_{1k}$	79.3	663.1	1540.6	2885.9	4646.7	6608.1	8798.1	11173.2	13391.3	15882.1	18747.9	13978.0	3468.9
$m_k X_{1k}^2$	0.3	17.6	108.1	379.5	966.1	1958.8	83471.7	95585.5	8171.4	11493.9	15725.7	13342.0	3468.9
$\eta_{1k}=\dfrac{X_{1k}A}{B}$	0.005826	0.041886	0.110541	0.207067	0.327371	0.466728	0.621359	0.78717	0.960855	1.139578	1.320821	1.503009	1.574656
F_{1k}/N	48.4	404.5	939.8	1760.4	2834.6	4031.4	5367.0	6815.8	8168.9	9688.4	11436.5	8526.8	2116.1

$$A = \sum_{k=1}^{13} m_k X_{1k} = 101863.7 \qquad B = \sum_{k=1}^{13} m_k X_{1k}^2 = 64689.49 \qquad A/B = 1.574656$$

系数：取 $\zeta_1 = 0.01,\ \gamma = 0.9,\ \eta_1 = 0.02 + \dfrac{0.05-\zeta_1}{0.3+6\zeta_1} = 1.0111,\ \eta_1 = 0.02 + \dfrac{0.05-\zeta_1}{4+32\zeta_1} = 0.02926,\ \eta_2 = 1 + \dfrac{0.05-\zeta_1}{0.08+1.6\zeta_1} = 1.4167,\ T_g = 0.55$

$$\alpha_1 = \left[\eta_2 0.2^\gamma - \eta_1(T_1 - 5T_g)\right]\alpha_{max} = 0.2468\alpha_{max} = 0.0395 \quad (T_1 > 5T_1)$$

表6-36 二阶水平地震力

塔段号 i	1	2	3	4	5	6	7	8	9	10	11	12	13
m_k/kg	21423.8	24930.0	21945.8	21945.8	22350.8	22296.3	22296.3	22350.8	21945.8	21945.8	22350.8	14644.3	3468.9
h_k/mm	3800	9900	16000	22100	28200	34300	40400	46500	52600	58700	64800	70900	73300
X_{2k}	-0.0223	-0.1427	-0.3258	-0.5136	-0.6561	-0.7157	-0.6705	-0.5156	-0.2616	0.0684	0.4455	0.8425	1.0000
$m_k X_{2k}$	-477.8	-3557.5	-7149.9	-11271.3	-14664.4	-15957.5	-14949.7	-11524.1	-5741.0	1501.1	9957.3	12337.8	3468.9
$m_k X_{2k}^2$	10.7	507.7	2329.4	5789.0	9621.3	11420.8	10023.8	5941.8	1501.8	102.7	4436.0	10394.6	3468.9
A/B						$A=\sum_{k=1}^{13}m_k X_{2k}=-58028$			$B=\sum_{k=1}^{13}m_k X_{2k}^2=65548.33$		$A/B=-0.88527$		
$\eta_{2k}=\dfrac{X_{2k}A}{B}$	0.019742	0.126328	0.288421	0.454675	0.580826	0.633588	0.593574	0.456445	0.231587	-0.06055	-0.39439	-0.74584	-0.88527
系数			取 $\zeta_2=0.01$, $\gamma=0.9$, $\dfrac{0.05-\zeta_2}{0.3+6\zeta_2}=1.0111$, $\eta_1=0.02+\dfrac{0.05-\zeta_2}{4+32\zeta_2}=0.02926$, $\eta_2=1+\dfrac{0.05-\zeta_2}{0.08+1.6\zeta_2}=1.4167$, $T_g=0.55$										
α_2				$\alpha_2=\left(\dfrac{T_g}{T_2}\right)^{\gamma}\eta_2\alpha_{max}=\left(\dfrac{0.55}{0.6109}\right)^{1.0111}\eta_2\alpha_{max}=1.274\alpha_{max}=0.204\ (T_g<T_2<5T_g)$									
F_{2k}/N	846.4	6302.6	12667.1	19968.7	25980.0	28270.9	26485.4	20416.5	10171.0	-2659.4	17640.7	-21858.2	-6145.6

表6-37 三阶水平地震力

塔段号 i	1	2	3	4	5	6	7	8	9	10	11	12	13
m_k/kg	21423.8	24930.0	21945.8	21945.8	22350.8	22296.3	22296.3	22350.8	21945.8	21945.8	22350.8	14644.3	3468.9
h_k/mm	3800	9900	16000	22100	28200	34300	40400	46500	52600	58700	64800	70900	73300
X_{3k}	0.0601	0.3348	0.6295	0.7440	0.5910	0.2159	-0.2314	-0.5632	-0.6314	-0.3852	0.1152	0.7434	1.0000
$m_k X_{3k}$	1287.6	8346.5	13814.9	16327.6	13209.3	4813.6	-5159.4	-12588.0	-13856.5	-8453.5	2574.8	10886.6	3468.9
$m_k X_{3k}^2$	77.4	2794.4	8696.4	12147.8	7806.7	1039.3	1193.9	7089.5	8749.0	3256.3	296.6	8093.1	3468.9
A/B				$A=\sum_{k=1}^{13}m_k X_{3k}=34672.6$			$B=\sum_{k=1}^{13}m_k X_{3k}^2=64709.35$		$A/B=0.535821$				
$\eta_{3k}=\dfrac{X_{3k}A}{B}$	0.032203	0.179393	0.337299	0.39865	0.31667	0.115684	-0.12399	-0.30177	-0.33832	-0.2064	0.061727	0.398329	0.535821

塔段号 i	1	2	3	4	5	6	7	8	9	10	11	12	13
系数	取 $\zeta_3 = 0.01$, $\eta_2 = 1 + \dfrac{0.05 - \zeta_3}{0.08 + 1.6\zeta_3} = 1.4167$, $T_g = 0.55$												
α_3	$\alpha_3 = \eta_2 \alpha_{max} = 1.4167\alpha_{max} = 0.227(0.1g < T_3 < T_g)$												
F_{3k}/N	1536.3	9959.1	16483.9	19482.2	15761.4	5743.8	-6156.2	-15020.0	-16533.7	-10086.7	3072.3	12989.9	4139.1

表6-38 垂直地震力

塔段号 i	1	2	3	4	5	6	7	8	9	10	11	12	13
m_k/kg	21423.8	24930.0	21945.8	21945.8	22350.8	22296.3	22296.3	22350.8	21945.8	21945.8	22350.8	14644.3	3468.9
h_k/mm	0	3800	9900	16000	22100	28200	34300	40400	46500	52600	58700	64800	70900
$m_k h_k$	0	9.47E+07	2.17E+08	3.51E+08	4.94E+08	6.29E+08	7.65E+08	9.03E+08	1.02E+09	1.15E+09	1.31E+09	9.49E+08	2.46E+08
$\sum\limits_{k=1}^{13} m_k h_k$	$\sum\limits_{k=1}^{13} m_k h_k = 9.68 \times 10^9$												
α_{vmax}	$\alpha_{vmax} = 0.65\alpha_{max} = 0.65 \times 0.16 = 0.104$												
m_{eq}/kg	$m_{eq} = 0.75m_0 = 0.75 \times 272000 = 204000$												
F_v^{0-0}/N	$F_v^{0-0} = \alpha_{vmax} m_{eq} g = 0.104 \times 204000 \times 9.81 = 208129$												
F_{vj}/N	00.0	2423.6	5558.3	8983.2	12637.0	16085.8	19565.3	23101.2	26107.4	29532.2	33565.3	24277.5	6292.1
F_v^{1-4}/N	208129.0	208129.0	205705.4	200147.0	191163.8	178526.6	162441.0	142875.7	119774.5	93667.2	64135.0	30569.6	6292.1

表6-39 各计算截面地震弯矩

计算截面	0	1	2	3	4	5	6	7	8	9	10	11	12
截面高度 h/mm	0	3800	9900	16000	22100	28200	34300	40400	46500	52600	58700	64800	70900
M_{E1}^{1-4}	1.55E+08	1.50E+08	1.40E+08	1.32E+08	1.26E+08	1.20E+08	1.15E+08	1.11E+08	1.07E+08	1.03E+08	1.01E+08	7.00E+07	5.08E+06
M_{E2}^{1-4}	-4.47E+08	-3.90E+08	-3.10E+08	-2.70E+08	-1.60E+08	-1.00E+08	-7.80E+07	-7.80E+07	-1.00E+08	-1.40E+08	-2.00E+08	-1.90E+08	-1.50E+07
M_{E3}^{1-4}	3.09E+08	3.48E+08	1.01E+08	1.19E+08	9.61E+07	3.50E+07	-3.80E+07	-9.20E+07	-1.00E+08	-6.20E+07	1.87E+07	7.92E+07	9.93E+06
M_E^{1-4}	5.65E+08	5.43E+08	3.57E+08	3.27E+08	2.22E+08	1.63E+08	1.44E+08	1.64E+08	1.79E+08	1.87E+08	2.22E+08	2.14E+08	1.85E+07

①0-0 截面的地震弯矩

$$M_{\mathrm{E}}^{0\text{-}0} = \sqrt{(M_{\mathrm{E}1}^{0\text{-}0})^2 + (M_{\mathrm{E}2}^{0\text{-}0})^2 + (M_{\mathrm{E}3}^{0\text{-}0})^2} = 5.65 \times 10^8 \mathrm{N \cdot mm}$$

② I-I 截面的组合地震弯矩

$$M_{\mathrm{E}}^{\mathrm{I}\text{-}\mathrm{I}} = \sqrt{(M_{\mathrm{E}1}^{\mathrm{I}\text{-}\mathrm{I}})^2 + (M_{\mathrm{E}2}^{\mathrm{I}\text{-}\mathrm{I}})^2 + (M_{\mathrm{E}3}^{\mathrm{I}\text{-}\mathrm{I}})^2} = 5.58 \times 10^8 \mathrm{N \cdot mm}$$

③ II-II 截面的地震弯矩

$$M_{\mathrm{E}}^{\mathrm{II}\text{-}\mathrm{II}} = \sqrt{(M_{\mathrm{E}1}^{\mathrm{II}\text{-}\mathrm{II}})^2 + (M_{\mathrm{E}2}^{\mathrm{II}\text{-}\mathrm{II}})^2 + (M_{\mathrm{E}3}^{\mathrm{II}\text{-}\mathrm{II}})^2} = 5.43 \times 10^8 \mathrm{N \cdot mm}$$

(5) 风载荷计算

将全塔沿高度分为 13 段（分段图见图 6-66）。因为 $H/D = 30.35 > 15$ 且 $H > 30\mathrm{m}$，所以除计算顺风向载荷外，还应计算横风向载荷。

①顺风向载荷计算

水平风力按下式计算：

$$p_1 = K_1 K_{2i} q_0 f_i l_i E_{ei} \times 10^{-6} \mathrm{N}$$

各段计算结果列于表 6-40。

因此：

0-0 截面风弯矩：

$$M_{\mathrm{w}}^{0\text{-}0} = p_1 \frac{l_1}{2} + p_2 \left(l_1 + \frac{l_2}{2}\right) + \cdots + p_{13} \left(l_1 + l_2 + \frac{l_{13}}{2}\right) = 6.572 \times 10^9 \mathrm{N \cdot mm}$$

I-I 截面风弯矩：

$$\begin{aligned} M_{\mathrm{w}}^{\mathrm{I}\text{-}\mathrm{I}} &= p_1 \frac{l_1 - 1000}{2} + p_2 \left(l_1 - 1000 + \frac{l_2}{2}\right) + \cdots + p_{13} \left(l_1 - 1000 + l_2 + \frac{l_{13}}{2}\right) \\ &= 6.43 \times 10^9 \mathrm{N \cdot mm} \end{aligned}$$

II-II 截面风弯矩：

$$M_{\mathrm{w}}^{\mathrm{II}\text{-}\mathrm{II}} = p_2 \frac{l_2}{2} + p_3 \left(l_2 + \frac{l_3}{2}\right) + \cdots + p_{13} \left(l_2 + l_3 + \frac{l_{13}}{2}\right) = 6.034 \times 10^9 \mathrm{N \cdot mm}$$

②横风向风载荷计算

临界风速计算：

$$v_{\mathrm{c}1} = \frac{D_o}{T_1 \mathrm{St}} \times 10^{-3} = \frac{2644}{3.8289 \times 0.2} \times 10^{-3} = 3.453 \mathrm{m/s}$$

$$v_{\mathrm{c}2} = \frac{D_o}{T_2 \mathrm{St}} \times 10^{-3} = \frac{2644}{0.6109 \times 0.2} \times 10^{-3} = 21.64 \mathrm{m/s}$$

共振判别：

设计风速计算：

$$v = v_{\mathrm{H}} = 1.265 \sqrt{f_{\mathrm{t}} q_0} = 1.256 \sqrt{1.890 \times 300} = 30.12 \mathrm{m/s}$$

因为 $v > v_{\mathrm{c}2} > v_{\mathrm{c}1}$，故应同时考虑第一振型和第二振型的振动。

横风塔顶振幅：

共振时塔顶振幅按 NB/T 47041 式（39）计算：

表 6 - 40　各段顺风向水平风力

塔段号 i	1	2	3	4	5	6	7	8	9	10	11	12	13
塔段长度/m	0 ~ 3.8	3.8 ~ 9.9	9.9 ~ 16	16 ~ 22.1	22.1 ~ 28.2	28.2 ~ 34.3	34.3 ~ 40.4	40.4 ~ 46.5	46.5 ~ 52.6	52.6 ~ 58.7	58.7 ~ 64.8	64.8 ~ 70.9	70.9 ~ 73.3
K_1							0.7						
ξ							$3.13\,(q_1 T_1^2 = 4398.25)$						
v_i (B 类)	0.720	0.720	0.762	0.798	0.823	0.839	0.851	0.863	0.873	0.879	0.885	0.89	0.89
Φ_{xi}	0.02	0.034	0.075	0.141	0.216	0.305	0.401	0.505	0.625	0.791	0.849	0.954	1
f_i	1	1	1.162	1.286	1.389	1.480	1.564	1.631	1.696	1.757	1.813	1.868	1.890
$k_{2j} = 1 + \dfrac{\xi v_i \phi_{2j}}{f_j}$	1.0451	1.0766	1.153	1.275	1.401	1.540	1.683	1.835	2.001	2.237	2.296	2.422	2.473
q_0							300						
l_1/mm	3900	6100	6100	6100	6100	6100	6100	6100	6100	6100	6100	6100	2400
D_{ei}/mm	3444	3644	3644	3644	3644	3644	3644	3644	3644	3644	3644	3644	3044
P_i/N	2947.8	5025.3	6254.4	6389.8	9083.5	10640.7	10265.3	13975.1	15882.2	15323.8	19429.6	21119.1	7169.9

当雷诺数

$Re = 69vD_e = 69 \times 30.12 \times 2644 = 5.495 \times 10^6 > 4 \times 10^5$ 时 $C_L = 0.2$

当 $H_{e1}/H = \left(\dfrac{v_{ct}}{v_H}\right)^{1/a} = \left(\dfrac{3.453}{30.12}\right)^{1/0.16} \approx 0$ 时 $\lambda_1 = 1.56$（查 NB/T 47041 表 14）

当 $H_{e2}/H = \left(\dfrac{v_{c2}}{v_H}\right)^{1/a} = \left(\dfrac{21.64}{30.12}\right)^{1/0.16} \approx 0.1266$ 时 $\lambda_2 = 0.804$（查 NB/T 47041 表 14）

对变截面塔

$$I = \frac{H^4}{\sum\limits_{i=1}^{2}\dfrac{H_i^4}{I_i} - \sum\limits_{i=2}^{2}\dfrac{H_i^4}{I_i}} = 1.122 \times 10^{11}\,\text{mm}^4$$

其中
$$I_1 = \frac{\pi D_{it}^2 D_{if}^2 \delta_{e1}}{4\,(D_{ie}+D_{if})} = \frac{\pi \times 3000^2 \times 2400^2 \times 20}{4\,(3000+2400)} = 1.508 \times 10^{11}\,\text{mm}^4$$

$$I_2 = \frac{\pi}{8}\,(D_{ie}+\delta_{e2})^3 \delta_{e2} = \frac{\pi}{8}\,(2400+19)^3 \times 19 = 1.056 \times 10^{11}\,\text{mm}^4$$

第一振型的横向风塔顶振幅 Y_{T1}，（第一振型时取阻尼比 0.01）为：

$$Y_{T1} = \frac{C_L D_o \rho_a v_{c1}^2 H^4 \lambda}{49.4 G \zeta_1 E^t I}$$

$$= \frac{0.2 \times 2644 \times 1.25 \times 3.453^2 \times 73300^4 \times 1.56}{49.4 \times 0.01 \times 2.015 \times 10^5 \times 1.122 \times 10^{11}} \times 10^{-9}$$

$$= 0.03178\,\text{m}$$

第一振型的横向风塔顶振幅 Y_{T2}，（第一振型时取阻尼比 0.03）为：

$$Y_{T2} = \frac{C_L D_o \rho_a v_{c2}^2 H^4 \lambda}{49.4 G \zeta_2 E^t I}$$

$$= \frac{0.2 \times 2644 \times 1.25 \times 21.64^2 \times 73300^4 \times 0.804}{49.4 \times 39.283 \times 0.03 \times 2.015 \times 10^5 \times 1.122 \times 10^{11}} \times 10^{-9} = 0.0054584\,\text{m}$$

其中
$$G = \frac{T_1^2}{T_2^2} = 39.283$$

塔体横风向弯矩：

共振时临界风速风压作用下的顺风向水平风力列于表 6-41。

表 6-41　各段共振时顺风向水平风力

塔段号 i		1	2	3	4	5
m_k，k_g		13746.5	37530.5	37530.5	37530.5	37530.5
h_k/mm		1900	12487.5	29862.5	47237.5	64612.5
q_0，N/m²		振型 1：$q_0 = \frac{1}{2}\rho v_{c1}^2 = 7.452$，振型 2：$q_0 = \frac{1}{2}\rho v_{c2}^2 = 292.681$				
ξ		振型 1：$\xi = 1.8947$（$q_0 T_1^2 = 109.2$），振型 2：$\xi = 1.8947$（$q_0 T_2^2 = 109.2$）				
v_1		0.72	0.7947	0.8471	0.8759	0.89
ϕ_{fv}	振型 1	0.02	0.1311	0.3711	0.7159	1
	振型 2	−0.09	−0.5044	−0.6789	−0.0745	1
f_1		1	1.27	1.54	1.73	1.89

续表

塔段号 i		1	2	3	4	5
k_{2i}	振型 1	1.0273	1.1553	1.3867	1.6868	1.8922
	振型 2	0.8772	0.4019	0.2924	0.9285	1.8922
l_1/mm		3800	17375	17375	17375	17375
E_{ei}/mm		3444	3644	3644	3644	3644
P_i/N	振型 1	70.1	484.6	705.3	963.8	1181.2
	振型 2	2352.1	6622.2	5842	20837.2	46390.4

塔体 $i\text{-}i$ 截面处第 j 阶振型的共振时横风向弯矩，按式 NB/T 47041 （43）计算：

0-0 截面：

$$M_{ca}^{0\text{-}0} = \begin{cases} \left(\dfrac{2\pi}{T_1}\right)^2 Y_{T1} \sum_{K=1}^{5} m_k h_k \phi_{k1} = \left(\dfrac{2\pi}{3.8289}\right)^2 \times 0.03178 \times 9.7 \times 10^9 = 8.301 \times 10^8 \\ \left(\dfrac{2\pi}{T_2}\right)^2 Y_{T2} \sum_{K=1}^{5} m_k h_k \phi_{k2} = \left(\dfrac{2\pi}{0.6109}\right)^2 \times 0.0054584 \times 6.77 \times 10^9 = 3.909 \times 10^9 \end{cases}$$

$$= 3.909 \times 10^9 \, \text{N} \cdot \text{mm}$$

Ⅰ-Ⅰ 截面：

$$M_{ca}^{\text{Ⅰ-Ⅰ}} = \begin{cases} \left(\dfrac{2\pi}{T_1}\right)^2 Y_{T1} \sum_{K=1}^{5} m_k (h_k - 1000) \phi_{k1} = \left(\dfrac{2\pi}{3.8289}\right)^2 \times 0.03178 \times 9.46 \times 10^9 \\ \qquad\qquad = 8.096 \times 10^8 \\ \left(\dfrac{2\pi}{T_2}\right)^2 Y_{T2} \sum_{K=1}^{5} m_k (h_k - 1000) \phi_{k2} = \left(\dfrac{2\pi}{0.6109}\right)^2 \times 0.0054584 \times 6.63 \times 10^9 \\ \qquad\qquad = 3.828 \times 10^9 \end{cases}$$

$$= 3.828 \times 10^9 \, \text{N} \cdot \text{mm}$$

Ⅱ-Ⅱ 截面：

$$M_{ca}^{\text{Ⅱ-Ⅱ}} = \begin{cases} \left(\dfrac{2\pi}{T_1}\right)^2 Y_{T1} \sum_{K=1}^{5} m_k (h_k - 3800) \phi_{k1} = \left(\dfrac{2\pi}{3.8289}\right)^2 \times 0.03178 \times 8.8 \times 10^9 \\ \qquad\qquad = 7.531 \times 10^8 \\ \left(\dfrac{2\pi}{T_2}\right)^2 Y_{T2} \sum_{K=1}^{5} m_k (h_k - 3800) \phi_{k2} = \left(\dfrac{2\pi}{0.6109}\right)^2 \times 0.0054584 \times 6.25 \times 10^9 \\ \qquad\qquad = 3.609 \times 10^9 \end{cases}$$

$$= 3.609 \times 10^9 \, \text{N} \cdot \text{mm}$$

塔体共振时顺风向弯矩：

0-0 截面：

$$M_{cw}^{0\text{-}0} = 2352.1 \times \frac{3800}{2} + 6622.2 \times \left(3800 + \frac{17375}{2}\right) + 5842 \times \left(21175 + \frac{17375}{2}\right) +$$

$$20837.2 \times \left(38550 + \frac{17375}{2}\right) + 46390.4 \times \left(55925 + \frac{17375}{2}\right)$$

$$= 4.069 \times 10^9 \, \text{N} \cdot \text{mm}$$

Ⅰ-Ⅰ截面：

$$M_{cw}^{I\text{-}I} = 2352.1 \times \frac{3800-1000}{2} + 6622.2 \times \left(2800 + \frac{17375}{2}\right) + 5842 \times \left(20175 + \frac{17375}{2}\right) +$$

$$20837.2 \times \left(37550 + \frac{17375}{2}\right) + 46390.4 \times \left(54925 + \frac{17375}{2}\right)$$

$$= 3.991 \times 10^9 \, \text{N} \cdot \text{mm}$$

Ⅱ-Ⅱ截面：

$$M_{cw}^{II\text{-}II} = 6622.2 \times \frac{17375}{2} + 5842 \times \left(17375 + \frac{17375}{2}\right) + 20837.2 \times \left(34750 + \frac{17375}{2}\right) +$$

$$46390.4 \times \left(52125 + \frac{17375}{2}\right)$$

$$= 3.772 \times 10^9 \, \text{N} \cdot \text{mm}$$

塔体共振时组合风弯矩：

0-0 截面：

$$M_{ew}^{0\text{-}0} = \begin{cases} M_w^{0\text{-}0} = 6.572 \times 10^9 \\ \sqrt{(M_{ca}^{0\text{-}0})^2 + (M_{cw}^{0\text{-}0})^2} = 5.642 \times 10^9 \end{cases} = 6.572 \times 10^9 \, \text{N} \cdot \text{mm}$$

Ⅰ-Ⅰ截面：

$$M_{ew}^{I\text{-}I} = \begin{cases} M_w^{I\text{-}I} = 6.43 \times 10^9 \\ \sqrt{(M_{ca}^{I\text{-}I})^2 + (M_{cw}^{I\text{-}I})^2} = 5.530 \times 10^9 \end{cases} = 6.43 \times 10^9 \, \text{N} \cdot \text{mm}$$

Ⅱ-Ⅱ截面：

$$M_{ew}^{II\text{-}II} = \begin{cases} M_w^{II\text{-}II} = 6.034 \times 10^9 \\ \sqrt{(M_{ca}^{II\text{-}II})^2 + (M_{cw}^{II\text{-}II})^2} = 5.220 \times 10^9 \end{cases} = 6.034 \times 10^9 \, \text{N} \cdot \text{mm}$$

（6）偏心弯矩

$$M_e = m_e g l_e = 0$$

（7）最大弯矩

0-0 截面：

$$M_{max}^{0\text{-}0} = \begin{cases} M_{ew}^{0\text{-}0} + M_e = 6.572 \times 10^9 \\ M_E^{0\text{-}0} + 0.25 M_w^{0\text{-}0} + M_e = 2.21 \times 10^9 \end{cases} = 6.572 \times 10^9 \, \text{N} \cdot \text{mm（风弯矩控制）}$$

Ⅰ-Ⅰ截面：

$$M_{max}^{I\text{-}I} = \begin{cases} M_{ew}^{I\text{-}I} = 6.43 \times 10^9 \\ M_E^{I\text{-}I} + 0.25 M_w^{I\text{-}I} = 2.166 \times 10^9 \end{cases} = 6.43 \times 10^9 \, \text{N} \cdot \text{mm（风弯矩控制）}$$

Ⅱ-Ⅱ截面：

$$M_{max}^{II\text{-}II} = \begin{cases} M_{ew}^{II\text{-}II} + M_e = 6.034 \times 10^9 \\ M_E^{II\text{-}II} + 0.25 M_w^{II\text{-}II} = 2.052 \times 10^9 \end{cases} = 6.034 \times 10^9 \, \text{N} \cdot \text{mm（风弯矩控制）}$$

（8）圆筒应力校核

验算塔壳Ⅱ-Ⅱ界面处的稳定和强度，结果列于表 6-42。

表 6－42　塔壳Ⅱ-Ⅱ截面计算结果汇总

计算截面		Ⅱ-Ⅱ
塔壳有效厚度 δ_{ei}	mm	$22-3=19$
计算截面以上操作质 m_0	kg	256225.7
计算截面横截面积 $A=\pi D_i \delta_{ei}$	mm^2	143184
计算截面断面系数 $Z=\dfrac{\pi}{4}D_i^2\delta_{ei}$	mm^3	8.59×10^7
计算截面最大弯矩 M_{max}	N·mm	6.034×10^9
许用轴向压缩应力 $[\sigma]_{cr}=\begin{cases}KB\\K[\sigma]^t\end{cases}$	MPa	$1.2\times139.51=167.412$ $1.2\times184=220.8$
许用轴向拉应力 $[\sigma]_t=1.2[\sigma]^t\phi$	MPa	$1.2\times184\times0.85=187.68$
操作压力引起的轴向应力 $\sigma_1=\dfrac{p_c D_i}{4\delta_{ei}}$	MPa	69.47
重力引起的轴向应力 $\sigma_2=\dfrac{m_0 g\pm F_v}{A}$	MPa	19
M_{max} 引起的轴向应力 $\sigma_3=\dfrac{M_{max}}{Z}$	MPa	70.24
组合压应力 $\sigma_c=\sigma_2+\sigma_3\leqslant[\sigma]_{cr}$		$89.24<167.412$
组合拉应力 $\sigma_t=\sigma_1-\sigma_2+\sigma_3\leqslant K\phi[\sigma]^t$		$120.71<166.3$

Ⅱ-Ⅱ截面：$A=0.094\dfrac{\delta_{e2}}{R_0}=0.094\times\dfrac{19}{1222}=0.00146$，查 GB/T 150.3 图 4－4 得 $B=139.51\text{MPa}$。

（9）裙座验算

①塔底 0-0 截面

裙座按圆锥形裙座（下封头椭圆方程为：$x^2/1222^2+y^2/622^2=1$）进行验算。

0-0 截面：$A=0.094\dfrac{\delta_{e0}}{R_0}=0.094\times\dfrac{20}{1222}=0.00154$，查 GB 150.3 图 4－5 得 $B=125.1\text{MPa}$。

圆锥半顶角 $\theta=\arctan\dfrac{0.5\times(3000-2400)}{3800-123-50}=4.728°$

根据椭圆方程 $\dfrac{x^2}{1222^2}+\dfrac{y^2}{622^2}=1$

可得 $y=622\sqrt{1-(1200/1222)^2}=117\text{mm}$

$\begin{cases}KB\cos^2\theta=1.2\times125.1\times\cos^2 4.728=149.1\text{MPa}\\K[\sigma]_s^t=1.2\times116=139.2\text{MPa}\end{cases}$ 　取 139.2MPa

$\begin{cases}B\cos^2\theta=125.1\times\cos^2 4.728°=124.23\text{MPa}\\0.9R_{eL}=0.9\times235=211.5\text{MPa}\end{cases}$ 　取 124.23MPa

因为

$$Z_{sb}=\frac{\pi}{4}D_{is}^2\delta_{es}=\frac{\pi\times3000^2\times20}{4}=1.413\times10^8\text{mm}^3$$

$$A_{sb}=\pi D_{es}\delta_{es}=\pi\times3000\times20=1.884\times10^5\text{mm}^2$$

所以

$$\frac{1}{\cos\theta}\left(\frac{M_{max}^{0-0}}{Z_{sb}}+\frac{m_0 g}{A_{sb}}\right)=\frac{1}{\cos4.728°}\left(\frac{6.572\times10^9}{1.413\times10^8}+\frac{256225.7\times9.81}{1.884\times10^5}\right)$$
$$=60.1<139.2\text{MPa}$$

$$\frac{1}{\cos\theta}\left(\frac{0.3M_w^{0-0}+M_e}{Z_{sb}}+\frac{m_{max}g}{A_{sb}}\right)=\frac{1}{\cos4.728°}\left(\frac{0.3\times6.572\times10^9+0}{1.413\times10^8}+\frac{517700\times9.81}{1.884\times10^5}\right)$$
$$=41.05\text{MPa}<124.23\text{MPa}$$

② Ⅰ-Ⅰ截面（人孔所在截面）

Ⅰ-Ⅰ截面：$A=0.094\frac{\delta_{e1}}{R_0}=0.094\times\frac{20}{1222}=0.00154$，查 GB 150.3 图 4-5 得 $B=125.1\text{MPa}$。

人孔 $l_m=250\text{mm}$；$b_m=500\text{mm}$；$\delta_m=18\text{mm}$；$D_{im}=2834.98\text{mm}$；$m_0^{Ⅰ-Ⅰ}=268655\text{kg}$

$$A_{sm}=\pi D_{im}\delta_{es}-\sum[(b_m+2\delta_m)\delta_{es}-A_m]$$
$$=\pi\times2834.98\times20-2\times[(500+2\times8.5)\times20-2\times250\times8.5]$$
$$=165856.74\text{mm}^2$$

$$Z_m=2\delta_m\sqrt{\left(\frac{D_{im}}{2}\right)^2-\left(\frac{b_m}{2}\right)^2}=2\times8.5\times250\times\sqrt{\left(\frac{2834.98}{2}\right)^2-\left(\frac{500}{2}\right)^2}$$
$$=1.395\times10^7\text{mm}^2$$

$$Z_{sm}=\frac{\pi}{4}D_{im}^2\delta_{es}-\sum\left(b_m D_{im}\frac{\delta_{es}}{2}-Z_m\right)$$
$$=\frac{\pi}{4}\times2834.98^2\times20-\left(500\times2834.98\times\frac{20}{2}-1.395\times10^7\right)$$
$$=1.26\times10^8\text{mm}^3$$

$$\frac{1}{\cos\beta}\left(\frac{M_{max}^{Ⅰ-Ⅰ}}{Z_{sm}}+\frac{m_0^{Ⅰ-Ⅰ}g}{A_{sm}}\right)=\frac{1}{\cos4.728°}\left(\frac{6.43\times10^9}{1.26\times10^8}+\frac{268655\times9.81}{165856.74}\right)$$
$$=67.15\text{MPa}<139.2\text{MPa}$$

$$\frac{1}{\cos\beta}\left(\frac{0.3M_w^{Ⅰ-Ⅰ}+M_e}{Z_{sm}}+\frac{m_{max}^{Ⅰ-Ⅰ}g}{A_{sm}}\right)=\frac{1}{\cos4.728°}\left(\frac{0.3\times6.43\times10^9}{1.26\times10^8}+\frac{518475\times9.81}{165856.74}\right)$$
$$=46.1\text{MPa}<124.23\text{MPa}$$

（10）塔式容器立置液压试验时的应力校核（校核Ⅱ-Ⅱ截面）

由试验压力引起的周向应力：

$$\sigma=\frac{(p_T+液柱静压力)(D_i+\delta_{ei})}{2\delta_{ei}}=\frac{(2.75+0.68)(2400+19)}{2\times19}=218.35\text{MPa}$$

由试验压力引起的轴向应力：

$$\sigma_1=p_T D_i/4\delta_{ei}=2.75\times2400/(4\times19)=86.84\text{MPa}$$

由质量引起的轴向应力：

$$\sigma_2=m_g^{Ⅱ-Ⅱ}/\pi D_i^2\delta_{ei}=\frac{192195.3\times9.81}{\pi\times2400\times19}=13.17\text{MPa}$$

由弯矩引起的轴向应力：

$$\delta_3 = 4(0.3M_w^{\text{II}-\text{II}} + M_e)/\pi D_i^2 \delta_{ei} = 4 \times (0.3 \times 6.034 \times 10^9)/(\pi \times 2400^2 \times 19)$$
$$= 21.07\text{MPa}$$

液压试验时周向应力：

$$\sigma = 207.52\text{MPa} < 0.9R_{eL}\phi = 248.625\text{MPa}$$

液压试验时最大组合拉应力：

$$\sigma_1 - \sigma_2 + \sigma_3 = 94.74 < [\sigma]_{cr} = \begin{cases} B \\ 0.9R_{eL} \end{cases} = 139.51\text{MPa}$$

液压试验时最大组合压应力：$\sigma_2 + \sigma_3 = 34.24 < 0.9R_{eL}\phi = 0.9 \times 325 \times 0.85 = 248.6\text{MPa}$
校核合格。

（11）基础环厚度计算

基础环外径 $D_{ob} = D_{is} + (160 \sim 400) = 3024 + 240 = 3264\text{mm}$

基础环内径 $D_{ib} = D_{is} - (160 \sim 400) = 3024 - 240 = 2784\text{mm}$

$$Z_b = \frac{\pi(D_{ob}^4 - D_{ib}^4)}{32D_{ob}} = \frac{\pi(3264^4 - 2784^4)}{32 \times 3264} = 1.6062 \times 10^9 \text{mm}^3$$

$$A_b = \frac{\pi}{4}(D_{ob}^2 - D_{ib}^2) = \frac{\pi}{4}(3264^2 - 2784^2) = 2.278 \times 10^6 \text{mm}^2$$

$$\sigma_{bmax} = \begin{cases} \dfrac{M_{max}^{0-0}}{Z_b} + \dfrac{m_0 g}{A_b} = \dfrac{6.572 \times 10^9}{1.6062 \times 10^9} + \dfrac{256225.7 \times 9.81}{2.278 \times 10^6} = 5.20\text{MPa} \\[4mm] \dfrac{0.3M_w^{0-0} + M_e}{Z_b} + \dfrac{m_{max} g}{A_b} = \dfrac{0.3 \times 6.572 \times 10^9}{1.6062 \times 10^9} + \dfrac{517700 \times 9.81}{2.278 \times 10^6} = 3.46\text{MPa} \end{cases}$$

取 $\sigma_{bmax} = 5.20\text{MPa}$

$b/l = 0.5 \times (3264 - 3044)/212.22 = 0.518$，查 NB/T 47041 表 15 得 C_x、C_y，则：

$$M_x = -0.27648 \times 110^2 \sigma_{bmax} = -3345.41\sigma_{bmax} = -17396.1$$

$$M_y = 0.02925 \times 212.22^2 \sigma_{bmax} = 1317.3\sigma_{bmax} = 6850.2$$

因为 $|M_y| < |M_x|$ 所以 $M_s = |M_x| = 17396.1\text{N} \cdot \text{mm/mm}$

因此基础环厚度（$[\sigma]_b = 147\text{MPa}$）为：

$$\delta_b = \sqrt{6M_s/[\sigma]_b} = \sqrt{6 \times 17396.1/147} = 26.65，取 \delta_b = 28\text{mm}$$

（12）地脚螺栓计算

地脚螺栓材料选择：Q345（$[\sigma]_{bt} = 170\text{MPa}$）

地脚螺栓承受的最大拉应力 σ_B 按下式计算：

$$\sigma_B = \begin{cases} \dfrac{M_w^{0-0} + M_e}{Z_b} - \dfrac{m_{min} g}{A_b} = \dfrac{6.572 \times 10^9}{1.6062 \times 10^9} - \dfrac{164200 \times 9.81}{2.278 \times 10^6} \\[4mm] \qquad\qquad = 3.385\text{MPa}（此式中 M_w^{0-0} = M_{ew}^{0-0}） \\[4mm] \dfrac{M_E^{0-0} + 0.25M_w^{0-0} + M_e}{Z_b} - \dfrac{m_0 g - F_v^{0-0}}{A_b} = \dfrac{5.65 \times 10^8 + 0.25 \times 6.572 \times 10^9}{1.6062 \times 10^9} - \\[4mm] \qquad\qquad \dfrac{2.72 \times 10^5 \times 9.81 - 208129}{2.278 \times 10^6} \\[4mm] \qquad\qquad = 0.295\text{MPa} \end{cases}$$

取 $\sigma_B = 3.385\text{MPa}$

地脚螺栓的螺纹小径 d_1 为：

$$d_1 = \sqrt{\frac{4\sigma_B A_b}{\pi n [\sigma]_{bt}}} + C_2 = \sqrt{\frac{4 \times 3.385 \times 2.278 \times 10^6}{\pi \times 28 \times 170}} + 3 = 48.43\text{mm}$$

取地脚螺栓为 M56，28 个。

（13）筋板

$$n_1 = 2 \quad \delta_G = 22\text{mm} \quad l_2 = 160\text{mm} \quad l_k = 279\text{mm}$$

$$F = \frac{\sigma_B A_b}{n} = \frac{3.385 \times 2.278 \times 10^6}{28} = 2.754 \times 10^5 \text{mm}^2$$

$$\lambda = \frac{0.5 l_k}{\rho_i} = \frac{0.5 \times 279}{0.289 \times 22} = 21.94$$

$$\lambda_c = \sqrt{\frac{\pi^2 E}{0.6 [\sigma]_G}} = \sqrt{\frac{\pi^2 \times 1.962 \times 10^5}{0.6 \times 147}} = 148.1$$

因为 $\lambda < \lambda_c$

所以 $[\sigma]_c = \dfrac{\left[1 - 0.4\left(\frac{\lambda}{\lambda_c}\right)^2\right][\sigma]_G}{v} = \dfrac{\left[1 - 0.4\left(\frac{21.94}{148.1}\right)^2\right] \times 147}{1.5 + \frac{2}{3} \times \left(\frac{21.94}{148.1}\right)^2} = 96.2$

筋板压应力 $\sigma_G = \dfrac{F}{n_1 \delta_G l_2} = \dfrac{2.754 \times 10^5}{2 \times 22 \times 160} = 39.1 < 96.2\text{MPa}$

（14）盖板（盖板为环形盖板加垫板结构）

$l_2 = 160\text{mm}, l_3 = 110\text{mm}, l_4 = 110\text{mm}, d_3 = 75\text{mm},$

$d_2 = 59\text{mm}, \delta_e = 40\text{mm}, \delta_z = 22\text{mm}$

$\sigma_z = \dfrac{3Fl_3}{4(l_2 - d_3)\delta_e^2 + 4(l_4 - d_2)\delta_z^2} = \dfrac{3 \times 2.754 \times 10^5 \times 110}{4 \times (160 - 75) \times 40^2 + 4 \times (110 - 59) \times 22^2}$

$= 141.4 < 147\text{MPa}$

（15）裙座与塔壳连接焊缝验算（对接焊缝）

$M_{max}^{J-J} \approx M_{max}^{II-II} = 6.034 \times 10^9 \text{N} \cdot \text{mm}$

$M_0^{J-J} \approx M_0^{II-II} = 256225.7\text{kg}$

$\dfrac{4M_{max}^{J-J}}{\pi D_{it}^2 \delta_{es}} - \dfrac{m_0^{J-J} g}{\pi D_{it} \delta_{es}} = \dfrac{4 \times 6.034 \times 10^9}{3.14 \times 2400^2 \times 20} - \dfrac{256225.7 \times 9.81}{3.14 \times 2400 \times 20} = 50.04\text{MPa} < 0.6K[\sigma]_w^t$

$= 132.48\text{MPa}$

验算合格。

第7章　存储设备设计

7.1　概　　述

存储设备又称储罐，主要是指用于存储或盛装气体、液体、液化气体等介质的设备，是储运系统设施、炼油、化工装置的重要组成部分，在石油、化工、能源、轻工、环保、制药及食品等行业得到广泛应用，如液化石油气储罐、液氨储罐、石油储罐等。

存储设备设计是集工艺要求、介质性质、容量大小、设置位置、钢材耗量、施工条件及场地条件（包括环境温度、风载荷、地震载荷、雪载荷、地基条件等）于一体的综合性问题。因此，在设计时应综合考虑上述因素，确定最佳的设计方案。储罐的种类较多，本章主要重点介绍球形储罐和卧式储罐。

7.1.1　储罐设计的基本要求

①安全可靠：材料的强度高、韧性好，材料与介质相容，结构有足够的刚度和抗失稳能力，密封性能好。

②满足过程要求，功能要求和寿命要求。

③综合经济好：生产效率高、消耗系数低，结构合理、制造简便，易于运输和安装。

④操作简单，可维护性和可修理性好，便于控制。

⑤优良的环境性能。

7.1.2　储罐的分类

储罐一般是按照几何形状来分类，可分为三大类，即立式圆筒形储罐、球形储罐和双曲率储罐（即滴形储罐）、卧式圆筒形储罐。在以上的三大类中，圆柱形储罐占绝大多数，大型的储油罐大部分是圆柱形储罐；滴形储罐适于储存易挥发的油品，但这种储罐的结构复杂，施工困难，建造费用很高，因此应用的很少。圆柱形储罐根据其顶部结构的不同，可以分为锥顶储罐、无力矩储罐、拱顶储罐、浮顶储罐和内浮顶储罐。球形储罐根据其工作温度可以分为常温球罐和低温球罐；按形状分有圆球形椭球形、水滴形或上述几种形式的混合；按分瓣方式有桔瓣式、足球瓣式、混合式等；按支撑方式分有支柱式、裙座式、半埋式、V形支撑等。

7.1.3 设计条件与考虑因素

（1）建罐地区的温度

建罐地区的温度高低与储液的蒸发损失、能量损耗、储罐材料和检测仪表的选用密切相关，或者说对储液的储存成本产生直接影响。

对同一种介质，气温越高和持续天数越长，储罐内储液温度也增高，相应其气压越大，蒸发损失越多（建罐地区的昼夜温差和大气压的变化越大所引起的储罐"小呼吸"也会使蒸损失增加）。为降低其蒸发损失，在高温季节往往对储罐采用水喷淋装置以降低其罐体温度。对一些液体需要在低于室温状态下储存（如液化气、液态氧、氨和氯乙烯等），除保冷措施外，还需要采用冷冻装置供给其冷以维持其较低温度。在这里储存压力和储存温度是互相依赖的，在储罐能承受一定压力的情况下，要寻找一个适当的储存温度，以尽可能减少冷冻装置的能量。

在寒冷季节，对储存黏性较大或凝固点较低的介质，储罐除保温外还需加热，使其保持便于输送的流动状态。

（2）风载荷

建罐地区的风荷载对储罐的稳定性和经济性产生影响。在风荷载较大地区，往往把储罐设计成"矮胖"较为经济。在强风季节要注意储罐的位移和倾覆（空罐或储液很少时）。

在计算风力时，必须考虑储罐的绝热层厚度、梯子、平台、管线、顶盖的形状等产生的影响。在风沙较多较大的地区，为了保证储液的纯度和洁净必须十分注意储罐形式的选择。

（3）雪荷载

建罐地区的雪荷载对储罐的罐顶设计和运行都产生影响，特别是雪荷载较大地区，对直径较大的大型储罐的罐顶载荷增大，对储液的洁净度或纯度有要求的介质更要注意储罐类型的选择。对储罐的附加设施，如泵、呼吸阀、阻火器、检测仪表、绝热层等，要采取防冻、保温、防水措施或采用全天候结构产品。

（4）地震荷载

地震时，储罐是受地震损害最严重设备之一，因此在地震烈度为7度或7度以上的地区建罐时（烈度为9度区是不适宜建罐地区）应采取抗震措施。

（5）地基的地耐力和地价

（6）外部环境腐蚀（包括大气和土坡腐蚀）

储罐外表面的腐蚀往往比内表面腐蚀更不好处理。特别在化工区大气中经常有酸雾、碱或盐尘，这些杂质与露水或蒸汽和大气中的氧形成一个活泼的腐蚀介质。

几乎每一种腐蚀（一般腐蚀、点腐蚀、局部漫出腐蚀、电化学腐蚀、缝隙晶间腐蚀和应力腐蚀等），都可能在储罐中发生。对储罐来说常见外部环境腐蚀有：安置在基础上的储罐底板的腐蚀；空中夹杂的氯化物引起的不锈钢储罐应力腐蚀；冷凝的水蒸气，特别是在绝热层下冷凝的蒸汽腐蚀；焊接、加强板、螺栓的缝隙腐蚀。

储罐的外部环境腐蚀，使储罐的维护检修周期缩短，甚至使储罐提前报废，影响了储运的正常运行。

7.2 球形储罐设计

7.2.1 球形储罐基本结构

球罐的结构参照 GB/T 17261《钢制球形储罐型式与基本参数》进行确定，球罐各部分名称见图 7-1。

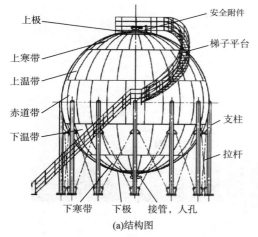

(a)结构图   (b)现场实物图

图 7-1 球罐总体结构

（1）球壳

球壳是球罐结构的主体，它是球罐贮存物料并承受物料工作压力和液体静压力的构件。它是由许多块球壳板拼焊而成的一个球形容器，由于球罐直径大小不同，球壳板的数量也不一样。球壳结构型式主要分为桔瓣式、足球瓣式和混合式三种，国内自行设计、制造、安装的球罐多为桔瓣式和混合式，如图 7-2 所示。其中桔瓣式是指球壳全部按桔瓣瓣片的形状进行分割成型再组合的结构，特点是球壳拼装焊接较规则，施焊组装容易，加快组装进度并可对其实施自动焊。由于分块分带对称，便于布置支柱，因此罐体焊接接头受力均匀，质量较可靠，适用于各种容量的球罐，为世界各国普遍采用。其缺点是球瓣在各带位置尺寸大小不一，只能在本带内或上、下对称的带之间进行互换；下料及成型较复杂，板材的利用率低；球极板往往尺寸较小，当需要布置人孔或众多接管时可能出现接管拥挤，有时焊接不易错开。

足球瓣式球罐的球壳划分和足球壳一样，所有球壳板大小相同，所以又叫均分法。优点是每块球壳板尺寸相同，下料成型规格化，材料利用率高，互换性好，组装焊缝较短，

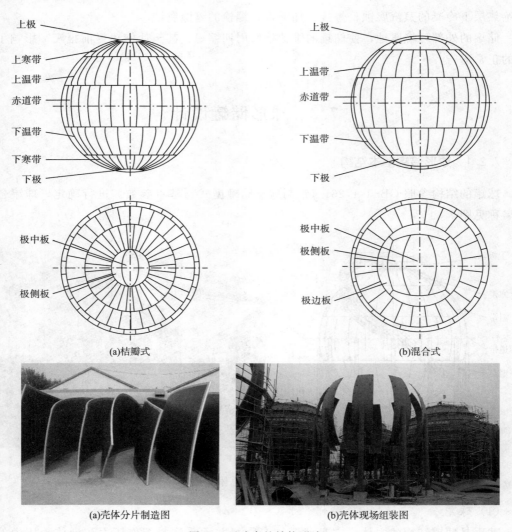

图 7-2　球壳的结构形式

焊接及检验工作量小，缺点是焊缝布置复杂，不适合支柱支撑结构，施工组装困难，对球壳板的制造精度要求高，由于受钢板规格及自身结构的影响，一般只适用于制造容积小于1000m³的球罐。

混合式球壳的组成是赤道带和温带才有桔瓣式结构，而极带采用足球瓣式结构。由于取其桔瓣式和足球瓣式两种结构型式的优点，材料利用率高，焊缝长度缩短，球壳数量减少，特别适合于大型球罐。极板尺寸比纯桔瓣式大，容易布置人孔及接管。

（2）支座

球罐支座是球罐中用以支撑本体质量和物料质量的重要结构部件。由于球罐设置在室外，受到各种环境的影响，如风载荷、地震载荷和环境温度变化的作用，为此支座的结构形式比较多。

①球罐的支座分类

球罐的支座分为柱式支座和裙式支座两大类。柱式支座中又以赤道正切柱式支座用得最多,为国内外普遍采用。赤道正切柱式支座结构特点是多根圆柱状支柱在球壳赤道带等距离布置,支柱中心线与球壳相切或相割而焊接起来。当支柱中心线与球壳相割时,支柱的中心线与球壳交点同球心连线与赤道平面的夹角为 $10°\sim20°$。为了使支柱支撑球罐质量的同时,还能承受风载荷和地震载荷,保证球罐的稳定性,必须在支柱之间设置连接拉杆。这种支座的优点是受力均匀,弹性好,能承受热膨胀的变形,安装方便,施工简单,容易调整,现场操作和检修也方便。它的缺点主要是球罐重心高,相对而言稳定性较差。

②支柱结构

如图 7-3 所示,主要由支柱、底板和端板三部分组成。支柱分单段式和双段式两种。

单段式支柱由一根圆管或卷制圆筒组成,其上端与球壳相接层的圆弧形状通常由制造厂完成,下端与底板焊好,然后运到现场与球罐进行组装和焊接。单段式支柱主要用于常温球罐。

双段式支柱适用于低温球罐(设计温度为 $-20\sim100℃$)、深冷球罐(设计温度 $<-100℃$)等特殊材质的支座。按低温球罐设计要求,与球壳相连接的支柱必须选用与壳体相同的低温材料。为此,支柱设计为两段,上段支柱一般在制造厂内与球进行组对焊接,并对连接焊缝进行焊后消除应力的热处理,其设计高度一般为支柱总高度的 $30\%\sim40\%$,上下两段支柱采用相同尺寸的圆管或圆筒组成。在现场进行地面组对,下段支柱可采用一般材料。常温球罐有时为了改善柱头与球壳的连接应力状况,也常采用双段式支柱结构,不过此时不要求上段支柱采用与球壳相同的材料。双段式支柱结

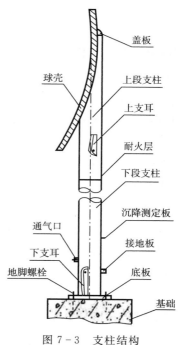

图 7-3 支柱结构

构较为复杂,但它与球壳相焊处的应力水平较低,故得到广泛应用。

GB 12337《钢制球形储罐》还规定:支柱应采用钢管制作,分段长度不宜小于支柱总长的 1/3,段间环向接头应采用带垫板对接接头,应全熔透;支柱顶部应设有球形或椭圆形的防雨盖板;支柱应设置通气口;储存易燃物料及液化石油气的球罐,还应设置防火层;支柱底板中心应设置通孔;支柱底板的地脚螺栓孔应为径向长圆孔。

③支柱与球壳的连接

支柱与球壳连接处可采用直接连接结构形式、加托板的结构形式、U 形柱结构形式和支柱翻边结构形式,如图 7-4 所示。支柱与球壳连接端部结构分平板式、半球式和椭圆式三种。平板式结构边角易造成高应力状态,不常采用。半球式和椭圆式结构属弹性结构,不宜形成高应力状态,抗拉断能力较强,故为中国球罐标准所推荐。

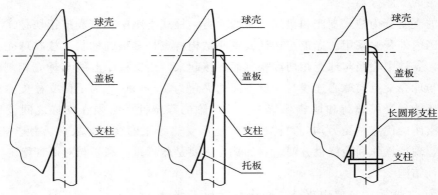

图 7-4 支柱与球壳的连接

支柱与球壳连接采用直接连接结构，对大型球罐比较合适；对于加托板结构，可解决由于连接部下端夹角小、间隙狭窄难以施焊的问题；U 形柱结构则特别适合低温球罐对材料的要求，翻边结构不但解除了连接部位下端施焊的困难，确保了焊接质量，而且对该部位的应力状态也有所改善，但由于翻边工艺问题，故尚未被广泛采用。

（3）拉杆

拉杆的作用是用以承受风载荷与地震载荷，增加球罐的稳定性。拉杆结构分可调式和固定式两种。

①可调式拉杆

有三种形式，如图 7-5 所示为单层交叉可调式拉杆，每根拉杆的两段之间采用可调螺母连接，以调节拉杆的松紧度；如图 7-6 所示为相隔一柱单层交叉可调式拉杆，均可以改善拉杆的受力状况，从而获得更好的球罐稳定性；如图 7-7 所示为双层交叉可调式拉杆。目前，国内自行建造的球罐和引进球罐大部分都采用可调式拉杆结构。当拉杆松动时应及时调节松紧。

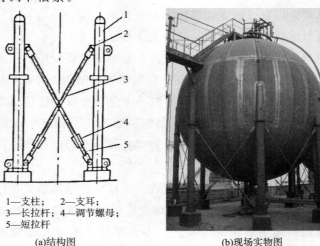

1—支柱； 2—支耳；
3—长拉杆；4—调节螺母；
5—短拉杆；

(a)结构图　　　　　(b)现场实物图

图 7-5 单层交叉可调式拉杆

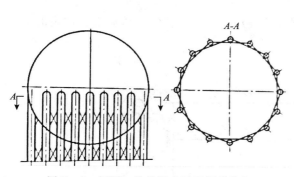

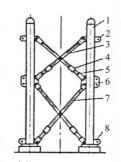

1—支柱；　　　　2—上部支耳；
3—上部长拉杆；　4—调节螺母；
5—短拉杆；　　　6—中部支耳；
7—下部长拉杆；　8—下部支耳

图7-6　相隔一柱单层交叉可调式拉杆　　　　图7-7　双层交叉可调式拉杆

②固定式拉杆

其结构如图7-8所示，其拉杆通常采用钢管制作，管状拉杆必须开设排气孔。拉杆的一端焊在支柱的加强板上，另一端则焊在交叉节点的中心固定板上，也可以取消中心板面将拉杆直接十字焊接。固定式拉杆的优点是制作简单、施工方便，但不可调于拉杆可承受拉伸和压缩载荷，从而大大提高了支柱的承载能力，近年来国外已在大应用。

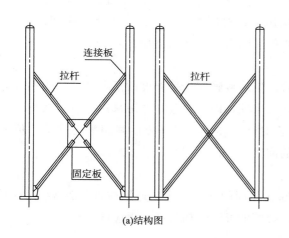

(a)结构图　　　　　　　　　　　　(b)现场实物图

图7-8　固定式拉杆图

（4）人孔和接管

①人孔

球罐设置人孔是作为工作人员进出球罐以进行检验和维修之用。球罐在施工过程中，罐内的通风、烟尘的排除、脚手架的搬运甚至内件的组装等亦需通过人孔；若球罐需进行消除应力的整体热处理时，球罐的上人孔被用于调节空气和排烟，球罐的下人孔被用于通进柴油和放置喷火嘴。

人孔的位置应适当，人孔直径必须保证工作人员能携带工具进出球罐方便。球罐应开设两个人孔，分别设置在上下极板上，若球罐必须进行焊后整体热处理，则人孔应设置在上下极板的中心。球罐人孔直径以 DN500 为宜，小于 DN500 人员进出不便；大于DN500，开孔削弱较大，往往导致补强元件结构过大。人孔的材质应根据球罐的不同工艺操作条件选取。

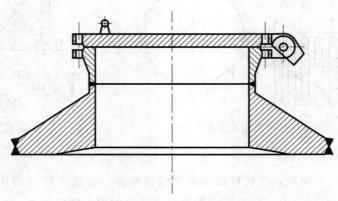

图 7—9　回转盖整体锻件凸缘补强人孔

人孔结构在球罐上最好采用回转盖及水平吊盖两种。补强可采用整体锻件凸缘补强及补强板补强两种。如图 7-9 所示为国内设计的一种回转盖整体锻件凸缘补强人孔。

在有压力的情况下，人孔法兰一般采用带颈对焊法兰。密封面大都采用凹凸面形式，也有采用平面形式的，但此时应选用带内外加固圈的缠绕式垫片。

②接管

由于工艺操作需要球罐应有各种接管。球罐接管部分是强度的薄弱环节，国内较多事故是从接管焊接处发生的。为了提高该处安全性，国外制造的球罐采用厚度管或整体锻件凸缘等补强措施，以及在接管上加焊筋条支撑等办法来提高强度和耐疲劳性能，值得借鉴。下面介绍几个与接管结构设计有关的问题。

a）接管材料

与球壳相焊的接管材质最好选用与球壳相同的材料，低温球罐应选用低温用的钢管，并保证在低温下具有足够大的冲击韧性，接管的补强结构材料，也应同样要求。

b）开孔位置

球罐开孔应尽量设计在上、下极带上，便于集中控制，并使接管焊接能在制造厂完成，并进行焊后消除应力的热处理，保证接管焊接部位的质量。开孔应与焊缝错开，其间距应大于 3 倍的板厚，并且必须大于 100mm。在球罐焊缝上不应开孔。如不得不在焊缝上开孔时，则被开孔中心两侧，各不少于 6.5 倍开孔直径的焊缝长度必须经 100% 探伤合格。

c）开孔的补强尺寸

一般压力容器规范都规定了不需补强的最大接管开孔尺寸，但在球罐上不宜采用"不需补强的最大接管开孔尺寸"的概念。由于球罐容积大，一般其壳体壁厚都较接管厚得多，为了保证焊接质量，应加厚接管的管壁。即使对小直径接管，例如 DN20 也应采用厚壁管焊接结构。

d) 球罐接管的补强结构

有补强壳体的补强圈补强或厚板补强，补强接管的厚壁管补强或厚壁短管补强，补强球壳和接管的整体凸缘补强。接管最好采用厚壁管补强，而尽量不要用补强圈补强。

7.2.2 球形储罐设计计算

(1) 球壳计算

设计温度下球壳的计算厚度按式 (7-1) 计算：

$$\delta = \frac{p_c D_i}{4 [\sigma]^t \phi - p_c} \tag{7-1}$$

设计温度下球壳的计算应力按式 (7-2) 校核：

$$\sigma^t = \frac{p_c (D_i + \delta_e)}{4\delta_e} \leqslant [\sigma]^t \phi \tag{7-2}$$

设计温度下球壳的最大允许工作压力按式 (7-3) 计算：

$$p_w = \frac{4\delta_e [\sigma]^t \phi}{D_i + \delta_e} \tag{7-3}$$

需要说明的是，球壳的计算须计入液柱静压力，因球壳直径较大，即使不足 5% 设计压力的液柱静压力，也对球壳的厚度计算有较大的影响。

(2) 球罐质量计算

操作状态下的球罐质量

$$m_0 = m_1 + m_2 + m_4 + m_5 + m_6 + m_7 \tag{7-4}$$

液压试验状态下的球罐质量

$$m_T = m_1 + m_3 + m_6 + m_7 \tag{7-5}$$

球罐最小质量

$$m_{min} = m_1 + m_6 + m_7 \tag{7-6}$$

式中 m_1——球壳质量，kg；按 $m_1 = \pi D_c^2 \delta_n \rho_1 \times 10^{-9}$ 进行计算，其中 ρ_1 是球壳材料密度，kg/m^3；D_c 是球壳平均直径，mm；δ_n 是球壳名义厚度，mm；

m_2——介质质量，kg；按 $m_2 = \frac{\pi}{6} D_i^3 \rho_2 k \times 10^{-9}$ 进行计算，其中 ρ_2 是介质密度，kg/m^3；D_i 是球壳内直径，mm；k 是装量系数；

m_3——液压试验时液体的质量，kg；按 $m_3 = \frac{\pi}{6} D_i^3 \rho_3 \times 10^{-9}$ 进行计算，其中 ρ_3 是液压试验时液体的密度，kg/m^3；

m_4——积雪质量，kg；按 $m_4 = \frac{\pi}{4g} D_o^2 q C_s \times 10^{-6}$ 进行计算，其中 g 是重力加速度，取 $9.81 m/s^2$；D_o 是球壳外直径（当有保温层时，为保温层外直径），mm；

q 是基本雪压值，N/m^2；C_s 是球面的积雪系数，取 $C_s = 0.4$；

m_5——保温层质量，kg；

m_6——支柱和拉杆的质量，kg；

m_7——附件质量，包括人孔、接管、液位计、内件、喷淋装置、安全阀、梯子平台等，kg。

（3）地震载荷计算

①自振周期

球罐因结构的对称性和形状特点，质量可近似地集中于球壳中心，故球罐可视为一个单自由度体系，其基本自振周期

$$T = \pi \sqrt{\frac{m_0 H_0 \xi \times 10^{-3}}{3nE_s I}} \qquad (7-7)$$

式中　H_0——支柱底板面至球壳赤道平面的距离，mm；

ξ——拉杆影响系数，按 $\xi = 1 - \left(\frac{1}{H_0}\right)^2 \left(3 - \frac{2l}{H_0}\right)$ 进行计算，其中 l 是支柱底板底面至上支耳销子中心的距离，mm；也可由表 7-1 查取。

n——支柱数目；

E_s——支柱材料的室温弹性模量，MPa；

I——支柱横截面的惯性矩，mm^4。

表 7-1　拉杆影响系数 ξ

l/H_0	0.90	0.80	0.75	0.70	0.65	0.60	0.50
ξ	0.028	0.104	0.156	0.216	0.282	0.352	0.50

注：中间值用内插法计算

②地震载荷

抗震设防烈度和设计基本地震加速度的对应关系应符合表 7-2 的规定。

表 7-2　抗震设防烈度和设计基本地震加速度的对应关系

抗震设防烈度	7	8	9
设计基本地震加速度	$0.10g$ $(0.15g)$	$0.20g$ $(0.30g)$	$0.40g$

球罐水平地震力计算

$$F_e = am_0 g \qquad (7-8)$$

式中　a——对应于球罐自振周期 T 的地震影响系数，按图 7-10 选取。

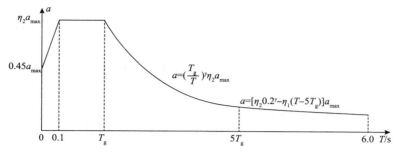

图 7 - 10 地震影响系数

图中 a_{max} 是水平地震影响系数最大值，按表 7 - 3 选取。

表 7 - 3 水平地震影响系数最大值 a_{max}

抗震设防烈度	7	8	9
地震影响系数最大值 a_{max}	0.08 (0.12)	0.16 (0.24)	0.32

注：括号中数值分别用于设计基本地震加速度为 $0.15g$ 和 $0.30g$ 的地区

图中 T_g 是各类场地的特征周期，按表 7 - 4 选取，场地类别的划分参考 GB/T 12337 附录 G 的规定。

表 7 - 4 场地的特征周期 T_g

设计地震分组	场地类别				
	I_0	I_1	II	III	IV
第一组	0.20	0.25	0.35	0.45	0.65
第二组	0.25	0.30	0.40	0.55	0.75
第三组	0.30	0.35	0.45	0.65	0.90

图中 γ 是曲线下降段的衰减指数

$$\gamma = 0.9 + \frac{0.05 - \zeta}{0.3 + 6\zeta} \tag{7-9}$$

式中 ζ——阻尼比，应根据实测值确定，无实测值时，可取 $\zeta = 0.035$。

图中 η_1 是直线下降段下降斜率的调整系数，按式（7 - 9）计算，小于 0 时取 0。

$$\eta_1 = 0.02 + \frac{0.05 - \zeta}{4 + 32\zeta} \tag{7-10}$$

图中 η_2 是阻尼调整系数，按式（7 - 11）计算，小于 0.55 时，应取 0.55。

$$\eta_2 = 1 + \frac{0.05 - \zeta}{0.08 + 1.6\zeta} \tag{7-11}$$

（4）风载荷计算

球罐的水平风力计算

$$F_w = \frac{\pi}{4} D_0{}^2 k_1 k_2 q_0 f_1 f_2 \times 10^{-6} \tag{7-12}$$

式中　k_1——风载荷体型系数，取 0.4；

　　　k_2——球罐的风振系数；按 $k_2 = 1 + 0.35\xi_1$ 进行计算，其中 ξ_1 为系数，根据球罐的
基本自振周期按表 7-5 选取。

　　　q_0——基本风压值，按 GB 50009 的规定或当地气象部门资料选取，但均不应小于
300N/m²；

　　　f_1——风压高度变化系数，由表 7-6 选取；

　　　f_2——球罐附件增大系数，取 1.1。

表 7-5　系数 ξ_1

T/s	<0.25	0.5	1.0	1.5	2.0	2.5	3.0	4.0	≥5.0
ξ_1	1.0	1.4	1.7	2.0	2.3	2.5	2.7	3.0	3.2

注：中间值用内插法计算

表 7-6　风压高度变化系数 f_1

距地面高度 H_0/m	地面粗糙类别			
	A	B	C	D
5	1.09	1.00	0.65	0.51
10	1.28	1.00	0.65	0.51
15	1.42	1.13	0.65	0.51
20	1.52	1.23	0.74	0.51
30	1.67	1.39	0.88	0.51
40	1.79	1.52	1.00	0.60

注：1. A 类指近海海面和海岛、海岸、湖岸及沙漠地区；

　　　B 类指田野、乡村、丛林、丘陵以及房屋比较稀疏的乡镇；

　　　C 类指有密集建筑群的城市市区；

　　　D 类指有密集建筑群且房屋较高的城市市区。

　　2. 中间值可采用线性内插法求取。

（5）弯矩计算

视地震载荷和风载荷为一作用于球壳中心的集中水平载荷，则由水平地震力和水平风
力引起的最大弯矩

$$M_{max} = F_{max}L \qquad (7-13)$$

式中　F_{max}——最大水平力，取（$F_e + 0.25F_w$）与 F_w 的较大值，N；

　　　L——力臂，mm，$L = H_0 - l$。

（6）支柱计算

①单个支柱的垂直载荷

a）重力载荷计算

操作状态下的重力载荷

$$G_0 = \frac{m_0 g}{n} \tag{7-14}$$

液压试验状态下的重力载荷

$$G_T = \frac{m_T g}{n} \tag{7-15}$$

b）最大弯矩对支柱产生的垂直载荷

$$F_i = \frac{2M_{max}\cos\theta_i}{nR} \tag{7-16}$$

式中　F_i——最大弯矩对 i 支柱产生的垂直载荷，N；

θ_i——支柱的方位角，（°），见图 7-11、图 7-12，按式（7-17）、式（7-18）
计算。

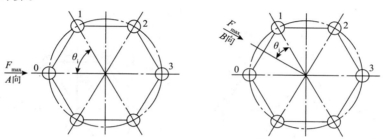

图 7-11　A 向受力时支柱方位角

注：i 表示支柱在 $0°\sim180°$ 范围内的顺序号。

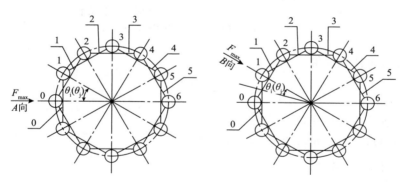

图 7-12　B 向受力时支柱方位角

A 向受力时支柱方位角

$$\theta_i = i\frac{360°}{n} \tag{7-17}$$

B 向受力时支柱方位角

$$\theta_i = \left(i - \frac{1}{2}\right)\frac{360°}{n} \tag{7-18}$$

c）拉杆作用在支柱上的垂直载荷

所有相邻两支柱间用拉杆连接时，拉杆作用在支柱上的垂直载荷

$$P_{i-j} = \frac{lF_{\max}\sin\theta_j}{nR\sin\dfrac{180°}{n}} \qquad (7-19)$$

每隔一支柱用拉杆连接时，拉杆作用在支柱上的垂直载荷

$$P_{i-j} = \frac{lF_{\max}\sin\theta_j}{nR\sin\dfrac{360°}{n}} \qquad (7-20)$$

式中 P_{i-j}——j 拉杆作用在 i 支柱上的垂直载荷，N；$i=j+1$，$j=0$、1、2、3……；

        θ_j——拉杆 j 的方位角，(°)，按式（7-21）～式（7-23）计算。

当所有相邻两支柱用拉杆连接时，见图 7-13。

A 向受力时拉杆方位角

$$\theta_j = \left(j+\frac{1}{2}\right)\frac{360°}{n} \qquad (7-21)$$

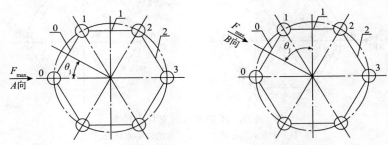

图 7-13   所有相邻两支柱用拉杆连接时，拉杆方位角

注：j 表示拉杆在在 0°～180°范围内的顺序号

B 向受力时拉杆方位角

$$\theta_j = j\frac{360°}{n} \qquad (7-22)$$

当每隔一支柱用拉杆连接时，见图 7-12。

A 向受力时拉杆方位角按式（7-21）计算。

B 向受力时拉杆方位角

$$\theta_j = \left(j-\frac{1}{2}\right)\frac{360°}{n} \qquad (7-23)$$

d）支柱的最大垂直载荷

操作状态下支柱的最大垂直载荷

$$W_0 = G_0 + (F_i + P_{i-j})_{\max} \qquad (7-24)$$

液压试验状态下支柱的垂直载荷

$$W_T = G_T + 0.3\,(F_i + P_{i-j})_{\max}\frac{F_w}{F_{\max}} \qquad (7-25)$$

式中 $(F_i + P_{i-j})_{\max}$—— 各 支柱 $(F_i + P_{i-j})$ 中的最大值，N。

在 A 向或 B 向受力状态下，最大弯矩对支柱产生的垂直载荷的最大值$(F_i)_{\max}$、拉杆

作用在支柱上的垂直载荷的最大值$(P_{i-j})_{max}$及两者之和的最大值$(F_i+P_{i-j})_{max}$按表7-7的公式计算，最大值$(F_i+P_{i-j})_{max}$的支柱位置见表7-7。

表7-7 载荷$(F_i)_{max}$、$(P_{i-j})_{max}$、$(F_i+P_{i-j})_{max}$

拉杆连接方式	支柱数目	$(F_i)_{max}/N$	$(P_{i-j})_{max}/N$	$(F_i+P_{i-j})_{max}/N$
所有相邻两支柱间用拉杆连接	4	$0.5000a$	$0.5000b$	$0.5000a+0.5000b$　A向2号柱
	5	$0.3236a$	$0.3236b$	$0.3236a+0.3236b$　A向2号柱
	6	$0.3333a$	$0.3333b$	$0.3333a+0.3333b$　A向3号柱
	8	$0.2500a$	$0.3266b$	$0.1768a+0.3018b$　A向3号柱
	10	$0.2000a$	$0.3236b$	$0.1176a+0.3078b$　B向4号柱
	12	$0.1667a$	$0.3220b$	$0.0833a+0.3110b$　A向4号柱
	14	$0.1429a$	$0.3210b$	$0.0620a+0.3129b$　B向5号柱
	16	$0.1250a$	$0.3204b$	$0.0478a+0.3142b$　A向5号柱
	18	$0.1111a$	$0.3199b$	$0.0380a+0.3151b$　B向6号柱
	20	$0.1000a$	$0.3196b$	$0.0309a+0.3157b$　A向6号柱
每隔一支柱用拉杆连接	8	$0.2500a$	$0.2500b$	$0.2500a+0.2500b$　A向4号柱
	10	$0.2000a$	$0.2000b$	$0.2000a+0.2000b$　A向5号柱
	12	$0.1667a$	$0.1667b$	$0.1667a+0.1667b$　A向6号柱
	14	$0.1429a$	$0.1646b$	$0.1429a+0.1429b$　A向7号柱
	16	$0.1250a$	$0.1633b$	$0.0694a+0.1602b$　B向6号柱
	18	$0.1111a$	$0.1624b$	$0.1094a+0.1624b$　B向9号柱
	20	$0.1000a$	$0.1618b$	$0.0988a+0.1469b$　B向10号柱

$a=M_{max}/R$；$b=lF_{max}/R_o$

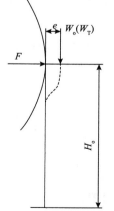

图7-14 支柱承受的偏心弯矩和附加弯矩

当设计未采用表7-7中所列的支柱数目时，则$(F_i)_{max}$、$(P_{i-j})_{max}$和$(F_i+P_{i-j})_{max}$应按式（7-12）、式（7-20）、式（7-21）计算F_i和P_{i-j}，取F_i的最大值，P_{i-j}的最大值和(F_i+P_{i-j})的最大值。

②单个支柱弯矩

支柱在操作或液压试验时，在内压力作用下，球壳直径增大，使支柱承受偏心弯矩和附加弯矩，见图7-14。

a）偏心弯矩

操作状态下支柱的偏心弯矩

$$M_{o1}=\frac{\sigma_{oe}R_iW_o}{E}(1-\mu) \tag{7-26}$$

液压试验状态下支柱的偏心弯矩

$$M_{T1}=\frac{\sigma_{Te}R_iW_T}{E}(1-\mu) \tag{7-27}$$

式中　σ_{oe}——操作状态下球壳赤道线的薄膜应力，MPa，按 $\sigma_{oe} = (p + p_{oe})(D_i + \delta_e)/(4\delta_e)$ 计算；

　　　p_{oe}——操作状态下介质在赤道线的液柱静压力，MPa；

　　　σ_{Te}——液压试验状态下球壳赤道线的薄膜应力，MPa，按 $\sigma_{Te} = (p_T + p_{Te})(D_i + \delta_e)/(4\delta_e)$ 计算；

　　　p_{oe}——液压试验状态下介质在赤道线的液柱静压力，MPa。

b）附加弯矩

操作状态下支柱的附加弯矩

$$M_{o2} = \frac{6E_S I \sigma_{oe} R_{io}}{H_o^2 E}(1 - \mu) \tag{7-28}$$

液压试验状态下支柱的附加弯矩

$$M_{T2} = \frac{6E_S I \sigma_{Te} R_{io}}{H_o^2 E}(1 - \mu) \tag{7-29}$$

c）总弯矩

操作状态下支柱的总弯矩

$$M_o = M_{o1} + M_{o2} \tag{7-30}$$

液压试验状态下支柱的总弯矩

$$M_T = M_{T1} + M_{T2} \tag{7-31}$$

③支柱稳定性校核

操作状态下支柱的稳定性校核

$$\frac{W_o}{\phi_p A} + \frac{\beta_m M_o}{\gamma Z (1 - 0.8 \frac{W_o}{W_{EX}})} \leqslant [\sigma]_c \tag{7-32}$$

液压试验状态下支柱的稳定性校核

$$\frac{W_T}{\phi_p A} + \frac{\beta_m M_T}{\gamma Z (1 - 0.8 \frac{W_T}{W_{EX}})} \leqslant [\sigma]_c \tag{7-33}$$

式中　ϕ_p——弯矩作用平面内的轴心受压支柱稳定系数，根据支柱长细比、支柱类型和支柱材料，按表 7-8～表 7-11 选取；

　　　λ——支柱长细比，按式（7-30）计算

$$\lambda = \frac{k_3 H_0}{r_i} \tag{7-34}$$

　　　k_3——计算长度系数，取 1；

　　　r_i——支柱的惯性半径，mm，按 $r_i = \sqrt{I/A}$ 计算；

表 7-8～表 7-11 未列材料的 ϕ_p 按式（7-35）～式（7-37）计算。

当 $\bar{\lambda} \leqslant 0.215$ 时，ϕ_p 按式（7-35）计算

$$\phi_p = 1 - a_1 \overline{\lambda^2} \tag{7-35}$$

当 $\bar{\lambda} \geqslant 0.215$ 时，ϕ_p 按式（7-36）计算

$$\phi_p = \frac{1}{2\,\overline{\lambda^2}}\left[(a_2 + a_3\bar{\lambda} + \overline{\lambda^2}) - \sqrt{(a_2 + a_3\bar{\lambda} + \overline{\lambda^2})^2 - 4\,\overline{\lambda^2}}\,\right] \tag{7-36}$$

$\bar{\lambda}$——换算长细比，按式（7-37）计算

$$\bar{\lambda} = \frac{\lambda}{\pi}\sqrt{\frac{R_{eL}}{E_S}} \tag{7-37}$$

R_{eL}——支柱材料在室温下的屈服强度，MPa；

表 7-8　Q235A 轧制钢管截面轴心受压支柱的稳定系数 ϕ_p

λ	0	1	2	3	4	5	6	7	8	9
0	1.000	1.000	1.000	1.000	0.999	0.999	0.998	0.998	0.997	0.996
10	0.995	0.994	0.993	0.992	0.991	0.989	0.988	0.986	0.985	0.983
20	0.981	0.979	0.977	0.976	0.974	0.972	0.970	0.968	0.966	0.964
30	0.963	0.961	0.959	0.957	0.955	0.952	0.950	0.948	0.946	0.944
40	0.941	0.939	0.937	0.934	0.932	0.929	0.927	0.924	0.921	0.919
50	0.916	0.913	0.910	0.907	0.904	0.900	0.897	0.894	0.890	0.886
60	0.883	0.879	0.875	0.871	0.867	0.863	0.858	0.854	0.849	0.844
70	0.839	0.834	0.829	0.824	0.818	0.813	0.807	0.801	0.795	0.789
80	0.783	0.776	0.770	0.763	0.757	0.750	0.743	0.736	0.728	0.721
90	0.714	0.706	0.699	0.691	0.684	0.676	0.668	0.661	0.653	0.645
100	0.638	0.630	0.622	0.615	0.607	0.600	0.592	0.585	0.577	0.570

注：中间值用内插法计算。

表 7-9　Q235A 焊接钢管截面轴心受压支柱的稳定的系数 ϕ_p

λ	0	1	2	3	4	5	6	7	8	9
0	1.000	1.000	1.000	0.999	0.999	0.998	0.997	0.996	0.995	0.994
10	0.992	0.991	0.989	0.987	0.985	0.983	0.981	0.978	0.976	0.973
20	0.970	0.967	0.963	0.960	0.957	0.953	0.950	0.946	0.943	0.939
30	0.936	0.932	0.929	0.925	0.922	0.918	0.914	0.910	0.906	0.903
40	0.899	0.895	0.891	0.887	0.882	0.878	0.874	0.870	0.865	0.861
50	0.856	0.852	0.847	0.842	0.838	0.833	0.828	0.823	0.818	0.813
60	0.807	0.802	0.797	0.791	0.786	0.780	0.774	0.769	0.763	0.757
70	0.751	0.745	0.739	0.732	0.726	0.720	0.714	0.707	0.701	0.694
80	0.688	0.681	0.675	0.668	0.661	0.655	0.648	0.641	0.635	0.628
90	0.621	0.614	0.608	0.601	0.594	0.588	0.581	0.575	0.568	0.561
100	0.555	0.549	0.542	0.536	0.529	0.523	0.517	0.511	0.505	0.499

注：中间值用内插法计算。

表 7 - 10　Q235 轧制钢管截面轴心受压支柱的稳定的系数 ϕ_p

λ	0	1	2	3	4	5	6	7	8	9
0	1.000	1.000	1.000	0.999	0.999	0.998	0.997	0.997	0.996	0.994
10	0.993	0.992	0.990	0.988	0.986	0.984	0.982	0.980	0.978	0.975
20	0.973	0.971	0.969	0.967	0.964	0.962	0.960	0.957	0.955	0.952
30	0.950	0.947	0.944	0.941	0.939	0.936	0.933	0.930	0.927	0.923
40	0.920	0.917	0.913	0.909	0.906	0.902	0.898	0.894	0.889	0.885
50	0.881	0.876	0.871	0.866	0.861	0.855	0.850	0.844	0.838	0.832
60	0.825	0.819	0.812	0.805	0.798	0.791	0.783	0.775	0.767	0.759
70	0.751	0.742	0.734	0.725	0.716	0.707	0.698	0.689	0.680	0.671
80	0.661	0.652	0.643	0.633	0.624	0.615	0.606	0.596	0.587	0.578
90	0.570	0.561	0.552	0.543	0.535	0.527	0.518	0.510	0.502	0.494
100	0.487	0.479	0.471	0.464	0.457	0.450	0.443	0.436	0.429	0.423

注：中间值用内插法计算。

表 7 - 11　Q345 焊接钢管截面轴心受压支柱的稳定的系数 ϕ_p

λ	0	1	2	3	4	5	6	7	8	9
0	1.000	1.000	1.000	0.999	0.998	0.997	0.996	0.995	0.993	0.991
10	0.989	0.987	0.984	0.981	0.978	0.975	0.972	0.968	0.964	0.960
20	0.956	0.952	0.948	0.943	0.939	0.935	0.931	0.926	0.922	0.917
30	0.913	0.908	0.903	0.899	0.894	0.889	0.884	0.879	0.874	0.869
40	0.863	0.858	0.852	0.847	0.841	0.835	0.829	0.823	0.817	0.811
50	0.804	0.798	0.791	0.784	0.778	0.771	0.764	0.756	0.749	0.742
60	0.734	0.727	0.719	0.711	0.704	0.696	0.688	0.680	0.672	0.664
70	0.656	0.648	0.640	0.632	0.623	0.615	0.607	0.599	0.591	0.583
80	0.575	0.567	0.559	0.551	0.544	0.536	0.528	0.521	0.513	0.506
90	0.499	0.491	0.484	0.477	0.470	0.463	0.457	0.450	0.443	0.437
100	0.431	0.424	0.418	0.412	0.406	0.400	0.395	0.389	0.384	0.378

注：中间值用内插法计算。

a_1、a_2、a_3——系数，对轧制钢管截面：$a_1 = 0.41$，$a_2 = 0.986$，$a_3 = 0.152$；对焊接钢管截面：$a_1 = 0.65$，$a_2 = 0.965$，$a_3 = 0.300$；

β_m——等效弯矩系数，取 1；

Z——单个支柱的截面系数，mm^3，按 $Z = \pi(d_0^4 - d_i^4)/(32d_0)$ 计算；

W_{EX}——欧拉临界力，N，按 $W_{EX} = \pi^2 E_S A/\lambda^2$ 计算；

$[\sigma]_c$——支柱材料的许用应力，$[\sigma]_c = R_{eL}/1.5$，MPa。

（7）地脚螺栓计算

拉杆作用在支柱上的水平力

$$F_C = (P_{i \rightarrow j})_{max} \tan\beta \qquad (7-38)$$

支柱底板与基础的摩擦力

$$F_S = f_S \frac{m_{min} g}{n} \qquad (7-39)$$

式中 f_S——支柱底板与基础的摩擦系数。钢—混凝土：$f_S = 0.4$；钢—钢：$f_S = 0.3$。

当 $F_S \geqslant F_C$ 时，则球罐不需要设置地脚螺栓，但为了固定球罐位置，应设置一定数量的定位地脚螺栓。

当 $F_S < F_C$ 时，球罐必须设置地脚螺栓，地脚螺栓的螺纹小径为

$$d_B = 1.13 \sqrt{\frac{F_C - F_S}{n_d [\tau]_B}} + C_B \qquad (7-40)$$

式中 n_d——每个支柱上的地脚螺栓个数；

$[\tau]_B$——地脚螺栓材料的许用剪应力，$[\tau]_B = 0.4 R_{eL}$，MPa；

C_B——地脚螺栓的腐蚀裕量，一般取 3mm。

（8）支柱底板计算

①支柱底板直径

底板直径 D_b 按式（7-41）和式（7-42）计算，取两式中的较大值。

$$D_{b1} = 1.13 \sqrt{\frac{W_{max}}{[\sigma]_{bc}}} \qquad (7-41)$$

$$D_{b2} = (8 \sim 10)d + d_0 \qquad (7-42)$$

式中 D_{b1}、D_{b2}——支柱底板直径，mm；

$[\sigma]_{bc}$——基础材料的许用应力，MPa；

d——地脚螺栓直径，mm；

d_0——支柱外直径，mm。

②支柱底板厚度

底板厚度按式（7-43）计算。

$$\delta_b = \sqrt{\frac{3\sigma_{bc} l_b^2}{[\sigma]_b}} + C_b \qquad (7-43)$$

式中 δ_b——支柱底板厚度，mm；

σ_{bc}——底板的压应力，MPa，按 $\sigma_{bc} = 4W_{max}/(\pi D_b^2)$ 计算；

l_b——底板外边缘至支柱外表面的距离（见图 7-15），mm；

$[\sigma]_b$——底板材料的许用弯曲应力，$[\sigma]_b = R_{eL}/1.5$，MPa；

C_b——底板的腐蚀裕量，一般取 3mm。

（9）拉杆计算

①拉杆螺纹小径

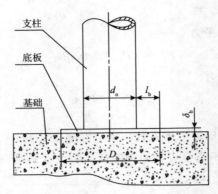

图 7-15　底板、支柱和基础结构

$$d_T = 1.13 \sqrt{\frac{F_T}{[\sigma]_T}} + C_T \tag{7-44}$$

式中　F_T——拉杆的最大拉力，N，按 $F_T = (P_{i-j})/\cos\beta$ 计算；

　　　　$[\sigma]_T$——拉杆材料的许用应力，$[\sigma]_T = R_{eL}/1.5$，MPa；

　　　　C_T——拉杆的腐蚀裕量，一般取 2mm。

②拉杆各部位计算

当拉杆采用图 7-16 所示结构时，拉杆连接部位计算如下。

a）销子直径 $d_p = 0.8\sqrt{F_T/[\tau]_p}$，其中 $[\tau]_p$ 是销子材料的许用剪应力，$[\tau]_p = 0.4R_{eL}$，MPa。

b）耳板厚度 $\delta_c = F_T/(d_p [\sigma]_c)$，其中 $[\sigma]_c$ 是耳板材料的许用压应力，$[\sigma]_c = R_{eL}/1.1$，MPa。

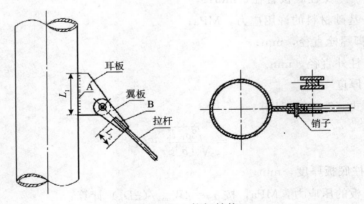

图 7-16　拉杆结构

c）翼板厚度 $\delta_c = \dfrac{\delta c}{2} \cdot \dfrac{R_{eL}}{R'_{eL}}$，其中 R_{eL} 是耳板材料的屈服强度，MPa；R'_{eL} 是翼板材料的屈服强度，MPa。

③焊缝强度验算

耳板与支柱的焊缝 A（见图 7-16）所承受的剪应力

$$\frac{F_\mathrm{T}}{1.41L_1S_1} \leqslant [\tau]_\mathrm{w} \tag{7-45}$$

式中　L_1——A 焊缝单边长度，mm；

S_1——A 焊缝焊脚尺寸，mm；

$[\tau]_\mathrm{w}$——焊缝的许用剪应力，MPa，按 $[\tau]_\mathrm{w}=0.4R_\mathrm{eL}\phi_\mathrm{a}$ 计算，R_eL 是支柱或耳板材料的屈服强度，取较小值，MPa。

拉杆与翼板的焊缝 B 所承受的剪应力为

$$\frac{F_\mathrm{T}}{2.82L_2S_2} \leqslant [\tau]_\mathrm{w} \tag{7-46}$$

式中　L_2——B 焊缝单边长度，mm；

S_2——B 焊缝焊脚尺寸，mm；

R_eL——拉杆或翼板材料的屈服强度，取较小值，MPa。

（10）支柱与球壳连接最低点 a 的应力校核（图 7-17）

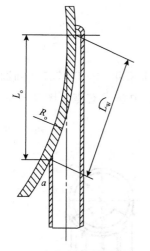

图 7-17　支柱与球壳连接最低点

①a 点的剪切应力

操作状态下 a 点的剪应力

$$\tau_0 = \frac{G_0 + (F_i)_\mathrm{max}}{2L_\mathrm{w}\delta_\mathrm{ea}} \tag{7-47}$$

液压试验状态下 a 点的剪应力

$$\tau_\mathrm{T} = \frac{G_\mathrm{T} + 0.3\,(F_i)_\mathrm{max}\dfrac{F_\mathrm{w}}{F_\mathrm{max}}}{2L_\mathrm{w}\delta_\mathrm{ea}} \tag{7-48}$$

②a 点的纬向应力

操作状态下 a 点的纬向应力

$$\sigma_\mathrm{o1} = \frac{(p + p_\mathrm{oa})(D_i + \delta_\mathrm{ea})}{4\delta_\mathrm{ea}} \tag{7-49}$$

液压试验状态下 a 点的纬向应力

$$\sigma_\mathrm{T1} = \frac{(p_\mathrm{T} + p_\mathrm{Ta})(D_i + \delta_\mathrm{ea})}{4\delta_\mathrm{ea}} \tag{7-50}$$

式中　p_oa——操作状态下介质在 a 点的液柱静压力，MPa；

p_Ta——液压试验状态下介质在 a 点的液柱静压力，MPa。

③a 点的应力校核

操作状态下 a 点的组合应力

$$\sigma_\mathrm{oa} = \sigma_\mathrm{o1} + \tau_\mathrm{o} \tag{7-51}$$

液压试验状态下 a 点的组合应力

$$\sigma_\mathrm{Ta} = \sigma_\mathrm{T1} + \tau_\mathrm{T} \tag{7-52}$$

则 a 点组合应力应满足式（7-49）的要求

$$\begin{cases} \sigma_{\mathrm{oa}} \leqslant [\sigma]^{\mathrm{t}}\phi \\ \sigma_{\mathrm{Ta}} \leqslant 0.9R_{\mathrm{eL}}\phi\,(\text{液压试验}) \\ \sigma_{\mathrm{Ta}} \leqslant 0.8R_{\mathrm{eL}}\phi\,(\text{气压试验或气液组合试验}) \end{cases} \qquad (7-53)$$

（11）支柱与球壳连接焊缝的强度校核

支柱与球壳连接焊缝所承受的剪应力校核

$$\tau_{\mathrm{w}} = \frac{W}{1.41L_{\mathrm{w}}S} \leqslant [\tau]_{\mathrm{w}} \qquad (7-54)$$

式中　W——取 $G_{\mathrm{o}}+(F_i)_{\mathrm{max}}$ 和 $G_{\mathrm{o}}+0.3(F_i)_{\mathrm{max}}\dfrac{F_{\mathrm{w}}}{F_{\mathrm{max}}}$ 两者中的较大值，MPa。

S——支柱与球壳连接焊缝焊脚尺寸，mm；

$[\tau]_{\mathrm{w}}$——焊缝许用剪应力，MPa，按 $[\tau]_{\mathrm{w}}=0.4R_{\mathrm{eL}}\phi_{\mathrm{a}}$ 进行计算；

R_{eL}——支柱或球壳材料的屈服强度，取较小值，MPa。

对于承受外压的球壳应按照 GB/T 150.3 或 JB/T 4732 进行设计计算。

7.3　卧式储罐设计

7.3.1　卧式储罐基本结构

卧式储罐主要由圆筒、封头和支座三部分组成。封头通常采用 JB/T 4737《椭圆形封头》中的标准椭圆形封头。支座采用 JB/T 4712《鞍式支座》中鞍式支座 [图 7 - 18（a）] 或圈座 [图 7 - 18（b）]。

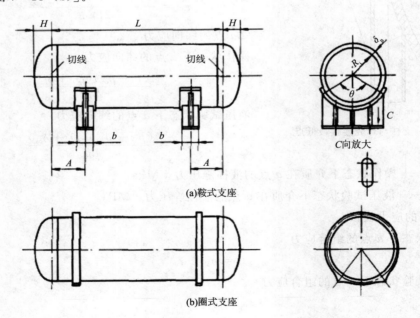

(a)鞍式支座

(b)圈式支座

(c)卧式储罐现场实物图

图 7-18　卧式储罐基本结构

　　卧式储罐普遍使用双鞍座支撑，这是因为若采用多鞍座支撑，难于保证各鞍座均匀受力。虽然多支座罐的弯曲应力较小，但是要求各支座严格保持在同一水平面上，对于各类大型卧式储罐则很难达到。同时，由于地基的不均匀下沉，多支座罐体在支座处的支座反力并不能均匀分配，故一般卧式储罐最好采用双鞍座支撑。

　　为了防止卧式储罐因操作温度与安装温度不同引起的热膨胀，以及由于圆筒及物料质量使圆筒弯曲等原因对卧式储罐引起附加应力，对于双鞍座支撑设计时只允许将其中一个支座固定，而另一个应能沿轴向移动。活动支座的基础螺栓孔应沿圆筒轴向开成长圆形，为使活动支座在热变形时灵活地移动，有时可采用滚动支撑。必须注意：固定支座通常设置在卧式储罐配管较多的一侧，活动支座则应设置在没有配管或配管较少的另一端。

　　鞍座包角 B 大小不仅直接影响鞍座处圆筒截面上的应力分布，而且也影响卧式储罐的稳定性与储罐支座系统的重心高低。鞍座包角小，则鞍座重量轻，但是储罐支座系统的重心较高，且鞍座处圆筒上的应力较大。一般常用的鞍座包角为 120°、135°、150°三种。JB/T 4712 规定的鞍座包角有 120°和 150°两种形式。

　　鞍座的选用必须充分考虑设计温度、地震烈度、鞍座允许载荷和是否设置垫板等要求。此外，对基础垫板也有相应的要求。

　　圈座卧式储罐在下列情况下可采用圈座：①因自身质量可能造成严重挠曲的薄壁容器；②多于两个支撑的长容器。除常温常压下操作的容器外，至少应有一个圈座是滑动支撑结构。

　　当容器采用两个圈座支撑时，圆筒所承受的支座反力、轴向弯矩及其相应的轴向应力的计算及校核均与鞍式支座相同。

7.3.2　卧式储罐设计计算

（1）载荷分析

　　卧式储罐的载荷有：①压力，可以是内压或外压（真空）；②储罐重量，包括圆筒、封头及其附件等的重量；③物料重量，正常操作时为物料重量，而在水压试验时为充水重量；④其他载荷，如必要时计算雪载荷、风载荷、地震载荷等。假设卧式储罐的总重为 $2F$，此总重包括储罐重量及物料重量，必要时还包括雪载荷。对于盛装气体或轻于水的液体储罐，因水压试验时重量最大，此时物料重量均按水重量计算。对于半球形、椭圆形或碟形等凸形封头，折算为直径等于容器直径、长度为 $2H/3$ 的圆筒（H 为封头的曲面深度），故储罐两端为凸形封头时，总重作用的总长度为

$$L' = L + \frac{4}{3}H \tag{7-55}$$

设储罐总重沿长度方向均匀分布，则作用在总长度上的单位长度均布载荷为

$$q = \frac{2F}{L'} = \frac{2F}{L + \dfrac{4}{3}H} \tag{7-56}$$

工程上常用双鞍座卧式储罐简化为长度为 L、受均布载荷 q 作用的外伸简支梁，如图 7-19 所示。

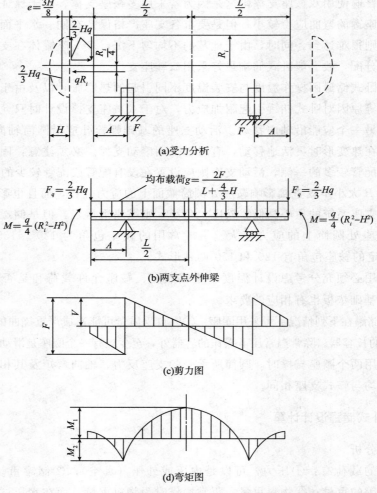

(a)受力分析

(b)两支点外伸梁

(c)剪力图

(d)弯矩图

图 7-19 双鞍座卧式储罐受力分析的弯矩图与剪力

储罐内介质的密度为 ρ，且略去储罐重量，则 $\rho \approx \pi R_i^2 \rho g$。

封头本身和封头中物料的重量为 $\frac{2}{3} Hq$，此重力作用在封头（含物料）的重心上。对于半球形封头，重心的位置 $e = \frac{3}{8} H$，e 为重心到封头切线的距离。对于其他凸形封头，也近似取 $e = \frac{3}{8} H$。按照力平移原则，此重力可用作用在梁端点的剪力 $F_q = \frac{2}{3} Hq$ 和力偶 $m_1 = \frac{H^2}{4} q$ 代替。

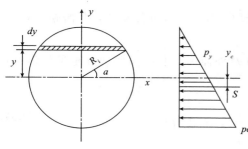

图 7-20 液体静压力及其合力

此外，当封头中充满液体时，液体静压力对封头作用一水平向外推力。因为液体压力 p_y 沿筒体高度按线性规律分布，顶部静压为零，底部静压为 $p_o = 2\rho g R_i$，所以水平推力向下偏离容器轴线，如图 7-20 所示。水平推力、偏心距离为 $S \approx q R_i$ 和 $y_c = -R_i / 4$。

则液体静压力作用在平封头上的力矩为

$$m_2 = S y_c = q R_i \frac{R_i}{4} = \frac{q R_i^2}{4}$$

当为球形封头时，由于液体静压力的方向通过球心而不存在力偶 m_2；当为椭圆或碟形封头时，可求得

$$m_2 = \frac{q R_i^2}{4}\left(1 - \frac{H^2}{R_i^2}\right)$$

为简化计算，常略去这些差异，对于各种封头，均取 m_2 为 $\frac{q R_i^2}{4}$，故梁端点的力偶 M 为

$$M = m_2 - m_1 = \frac{q^2}{4}(R_i^2 - H^2)$$

（2）内力分析

①弯矩

a）圆筒在支座跨中截面处的弯矩

$$M_1 = \frac{q^2}{4}(R_i^2 - H^2) - \frac{2}{3} Hq\left(\frac{L}{2}\right) + F\left(\frac{L}{2} - A\right) - q\left(\frac{L}{2}\right)\left(\frac{L}{4}\right)$$

整理得

$$M_1 = F(C_1 L - A) \tag{7-57}$$

式中 $C_1 = \dfrac{1 + 2\left[\left(\dfrac{R_i}{L}\right)^2 - \left(\dfrac{H}{L}\right)^2\right]}{4\left(1 + \dfrac{4}{3}\dfrac{H}{L}\right)}$。

M_1 为正值时，表示上半部圆筒受压缩，下半部圆筒受拉伸。

b）圆筒在支座截面处的弯矩

$$M_2 = \frac{q^2}{4}(R_i^2 - H^2) - \frac{2}{3}HqA - qA\left(\frac{A}{2}\right)$$

整理得

$$M_2 = \frac{FA}{C_2}\left(1 - \frac{A}{L} + C_3\frac{R_i}{A} - C_2\right) \tag{7-58}$$

式中 $C_2 = 1 + \frac{4}{3}\frac{H}{L}$，$C_3 = \frac{R_i^2 - H^2}{2R_iL}$。

M_2 一般为负值，表示圆筒上半部受拉伸，下半部受压缩。

②剪力

这里只讨论支座截面上的剪力，因为对于承受均匀载荷的外伸筒支梁，其跨距中点处截面的剪力等于零，所以不予讨论。

a）当支座离封头切线距离 $A > 0.5R$ 时，应计及外伸圆筒和封头两部分重量的影响，在支座处截面上的剪力为

$$V = F - q\left(A + \frac{2}{3}H\right) = F\left[\frac{L - 2A}{L + \frac{4}{3}H}\right] \tag{7-59}$$

b）当支座离封头切线距离 $A \leqslant 0.5R$ 时，在支座处截面上的剪力为

$$V = F \tag{7-60}$$

（3）圆筒应力计算和强度校核

①圆筒上的轴向应力

根据 Zick（齐克）试验的结论，除支座附近截面外，其他各处圆筒在承受轴向弯矩时，仍可看成抗弯截面模量为 $\pi R_i^2 \delta_e$ 的空心圆截面梁，而并不承受周向弯矩的作用。如果圆筒上不设置加强圈，且支座的设置位置 $A > 0.5R_i$ 时，由于支座处截面受剪力作用而产生周向弯矩，在周向弯矩的作用下，导致支座处圆筒的上半部发生变形，产生所谓"扁塌"现象，如图 7-21 "扁塌"现象一旦发生，支座处圆筒截面的上部就成为难以抵抗轴向弯矩的"无效截面"，而剩下的圆筒下部截面才是能够承担轴向弯矩的"有效截面"。Zick 据实验测定结果认为，与"有效截面"弧长对应的半圆心角 Δ 等于鞍座包角 θ 之半加上 $\beta/6$，即

$$\Delta = \frac{\theta}{2} + \frac{\beta}{6} = \frac{1}{12}(360° + 5\theta)$$

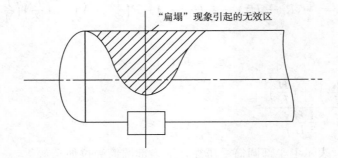

"扁塌"现象引起的无效区

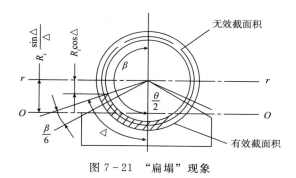

图 7-21 "扁塌"现象

知道有效截面后，则可对跨距中点处和支座截面处的圆筒进行轴向应力计算。

a）跨距中点处圆筒截面的轴向应力

最高点（压缩应力）
$$\sigma_1 = \frac{M_1}{\pi R_i^2 \delta_e} \tag{7-61}$$

最低点（拉伸应力）
$$\sigma_2 = \frac{M_1}{\pi R_i^2 \delta_e} \tag{7-62}$$

式中 δ_e——圆筒有效厚度。

b）支座截面处圆筒的轴向应力 当支座截面处的圆筒上不设置加强圈，且支座的位置 $A > 0.5 R_i$ 时，说明圆筒既不受加强圈加强，又不受封头加强则圆筒承受弯矩时存在"扁塌"现象，也即仅在 $\triangle$ 角范围内的圆筒能承受弯矩。此时绕不"扁塌"部分圆筒中性轴 $O-O$ 的惯性矩为

$$I_{oo} = I_x - Ad^2 = 2R_i^3 \delta_e \left(\frac{\triangle}{2} + \frac{\sin\triangle\cos\triangle}{2} \right) - 2\pi R_i \delta_e \left(\frac{\triangle}{\pi} \right) \left(\frac{R_i \sin\triangle}{\triangle} \right)^2 \tag{7-63}$$

$$= R_i^3 \delta \left(\triangle + \sin\triangle\cos\triangle - 2\frac{\sin^2\triangle}{\triangle} \right)$$

在不发生"扁塌"部分的上方，即靠近圆筒中心轴处的圆筒为拉伸应力

$$\sigma_3 = \frac{M_2 y_o}{I_{\infty}} = \frac{M_2 \left(R_i \frac{\sin\triangle}{\triangle} - R_i\cos\triangle \right)}{R_i^3 \delta_e \left(\triangle + \sin\triangle\cos\triangle - 2\frac{\sin^2\triangle}{\triangle} \right)} = \frac{M_2}{K_1 \pi R_i^2 \delta_e} \tag{7-64}$$

式中 $K_1 = \dfrac{\triangle + \sin\triangle\cos\triangle - 2\dfrac{\sin^2\triangle}{\triangle}}{\pi \left(\dfrac{\sin\triangle}{\triangle} - \cos\triangle \right)}$

在圆筒最低点则为压缩应力

$$\sigma_4 = \frac{M_2 y_n}{I_{\infty}} = \frac{M_2 \left(R_i - R_i \frac{\sin\triangle}{\triangle} \right)}{R_i^3 \delta_e \left(\triangle + \sin\triangle\cos\triangle - 2\frac{\sin^2\triangle}{\triangle} \right)} = \frac{M_2}{K_2 \pi R_i^2 \delta_e} \tag{7-65}$$

式中 $K_2 = \dfrac{\triangle + \sin\triangle\cos\triangle - 2\dfrac{\sin^2\triangle}{\triangle}}{\pi \left(1 - \dfrac{\sin\triangle}{\triangle} \right)}$

不存在"扁塌"现象时，$\Delta=\pi$；存在"扁塌"现象时，$\Delta=\dfrac{1}{12}$ （360°＋5θ），K_1 和 K_2 为"扁塌"现象引起的抗弯截面模量减少系数，将 Δ 值代入相应的计算式，得到的结果列于表 7 - 12。可见，对于圆筒有加强的情况，$K_1=K_2=1.0$。

表 7 - 12　系数 K_1、K_2

条件	鞍座包角 θ/(°)	K_1	K_2
$A\leqslant R_a/2$，或在鞍座平面上有加强圈的圆筒	120	1.0	1.0
	135	1.0	1.0
	150	1.0	1.0
$A>R_a/2$，且在鞍座平面上无加强圈的圆筒	120	0.107	0.192
	135	0.132	0.234
	150	0.161	0.279

按式（7 - 64）、式（7 - 65）求得的由弯矩引起的轴向拉伸、压缩应力，和由内压（或外压）引起的轴向拉伸（或压缩）应力叠加之后，计算得到的轴向拉伸应力不得超过材料在相应温度下的许用应力 $[\sigma]^t$，压缩应力不应超过轴向许用临界应力 $[\sigma]_{cr}$ 和材料的许用应力 $[\sigma]^t$。

在操作工况、试验工况和充水工况下，卧式储罐所受的载荷并不相同，应分别进行圆筒应力计算和强度校核。

（a）在操作工况下，由储罐重量、物料重量等所引起的拉伸、压缩弯曲应力，应与设计压力（内压或外压）引起的轴向拉伸（或压缩）应力进行叠加；

（b）在试验工况下，由压力试验时的试验介质（一般为水）重量、储罐重量等引起的位伸、压缩弯曲应力，应与试验压力所引起的轴向拉伸应力相叠加；

（c）在充水工况下，水压试验过程中若已充满水而水压尚未升起时，或在操作过程中充满物料后而压力尚未升起时，由充水或物料重量以及储罐重量引起的拉伸、压缩弯曲应力。

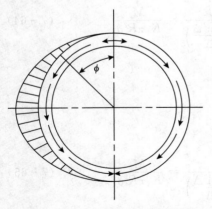

图 7 - 22　支座截面上有加强圈圆筒上的切向切应力

②支座截面处圆筒和封头上的切向切应力和封头的附加拉伸应力

对于卧式储罐，由剪力图可知，横向剪力总是在支座截面处最大，所以只须讨论支座截面处圆筒和封头上的切向切应力。

依据支座截面处圆筒的不同加强方式，切向切应力的分析分以下三种情况。

a）在支座截面处设置有加强圈的圆筒

当圆筒受到加强圈作用时，圆筒圆环形截面由剪力引起的切应力为（见图 7 - 22）。

$$\tau=\frac{V\sin\phi}{\pi R_i\delta_e}=\frac{K_3 V}{R_i\delta_e} \qquad (7-66)$$

式中 $K_3 = \dfrac{\sin\phi}{\pi_e}$。

当 $\phi = 0$、π 时，$\sin\phi = 0$，$\tau = 0$；

当 $\phi = \dfrac{\pi}{2}$ 时，$\sin\phi = 1$，$K_3 = \dfrac{1}{\pi} = 0.319$，$\tau$ 达到最大值。

b）在支座截面处无加强圈且 $A > 0.5R_i$ 的筒体

根据 Zick 研究结论认为，对于支座截面处未设加强圈的圆筒仅有部分圆筒截面承受剪力，即存在"有效截面"，且此部分切应力仍正比于 $\sin\phi$，"有效截面"的半圆心角 $\alpha' = \left(\dfrac{\theta}{2} + \dfrac{\beta}{20}\right)$，可见图 7-23。因 $\beta = \pi - \dfrac{\theta}{2}$，故 $\alpha' = \dfrac{\theta}{2} + \dfrac{\beta}{20} = \dfrac{1}{40}$（360° + 19θ）。

设无加强圈且 $A > 0.5R_i$ 时，圆筒上的切向切应力是有加强圈时圆筒上的切向切应力的 C 倍，即 $\tau_n = C\tau$。在"有效截面"内，由微内力 $\tau_n \mathrm{d}A$ 组成的力系在垂直方向合力等于支座截面的横向剪力，即

$$V = 2\int_0^\pi C \dfrac{V\sin\phi}{\pi R_i \delta_e} \sin\phi \delta_e R_i \mathrm{d}\phi$$

式中 $\alpha = \pi - \alpha' = \dfrac{19}{40}$（360° − θ）

则 $C = \dfrac{\pi}{\pi - \alpha + \sin\alpha\cos\alpha}$

切向切应力 $\tau_n = C\tau = \dfrac{V\sin\phi}{R_i\delta_e\ (\pi - \alpha + \sin\alpha\cos\alpha)}$

当 $\phi = \alpha$ 时，切应力最大；$\phi = \pi$ 时，切应力为零，故

$$\tau_{\max} = \dfrac{\sin\alpha}{\pi - \alpha + \sin\alpha\cos\alpha} \dfrac{V}{R_i\delta_e} = K_3 \dfrac{V}{R_i\delta_e} \tag{7-67}$$

式中 $K_3 = \dfrac{\sin\alpha}{\pi - \alpha + \sin\alpha\cos\alpha}$

当 $q = 120°$、$135°$ $150°$ 时，可对应求得 $K_3 = 1.171$、0.958 和 0.799。

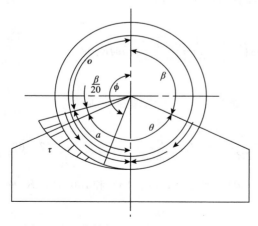

图 7-23 未被加强圆筒上的切向切应力

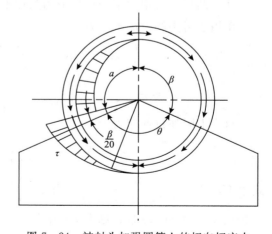

图 7-24 被封头加强圆筒上的切向切应力

c) 被封头加强的圆筒

在剪力计算时，由于忽略了外伸部分重量的影响，两支座之外可以认为不存在剪力。因而，Zick 提出支座（这里指左支座）左侧截面上，$0 \sim \alpha$ 范围内剪力指向下方，切向应力分布规律与有加强圈的圆筒相同；在 $\alpha \sim \pi$ 范围内，剪力朝上，切向切应力是有加强圈时圆筒上切向切应力的 C' 倍，如图 7 - 24 所示。为达到静力平衡，左侧截面上朝下的力必须与朝上的力相等，即

$$2\int_0^\alpha \frac{F\sin\phi}{\pi R_i\delta_e}\sin\phi\delta_e R_i \,\mathrm{d}\phi = 2\int_0^\pi C'\frac{F\sin\phi}{\pi R_i\delta_e}\sin\phi\delta_e R_i \,\mathrm{d}\phi$$

于是 $C' = \dfrac{\alpha - \sin\alpha\cos\alpha}{\pi - \alpha + \sin\alpha\cos\alpha}$

故圆筒中的切向切应力为

$$\tau = C' \frac{F\sin\phi}{\pi R_i\delta_e} = \frac{F\sin\phi}{\pi R_i\delta_e}\frac{\alpha - \sin\alpha\cos\alpha}{\pi - \alpha + \sin\alpha\cos\alpha}$$

当 $\phi = \alpha$ 时，切应力最大；$\phi = \pi$ 时，切应力为零，故

$$\tau_{\max} = \frac{\sin\alpha}{\pi}\left(\frac{\alpha - \sin\alpha\cos\alpha}{\pi - \alpha + \sin\alpha\cos\alpha}\right)\frac{F}{R_i\delta_e} = K_3\frac{F}{R_i\delta_e} \qquad (7-68)$$

式中 $K_3 = \dfrac{\sin\alpha}{\pi}\left(\dfrac{\alpha - \sin\alpha\cos\alpha}{\pi - \alpha + \sin\alpha\cos\alpha}\right)$

当 θ 分别为 120°、135°和 150°，$K_3 = 0.880$、0.645 和 0.485。

d) 封头中的附加拉伸应力（$A \leqslant 0.5R_i$，封头对圆筒起加强作用时）

当圆筒被封头加强时，封头中的切向切应力按图 7 - 24 所示的规律分布，此时封头中的微内力 $\tau_n \mathrm{d}A$ 组成的内力系在水平方向会对封头产生附加拉伸应力作用，作用范围为沿着封头的整个高度。显然，附加拉伸应力值与凸形封头的型式有关，为了便于工程计算，在计算封头中的附加拉伸应力时作如下简化。

（a）设封头为平封头，其受载面积为 $2R_i\delta_{he}$（δ_{he} 为封头的有效厚度）。

（b）凸形封头中的附加拉伸应力为按平封头计算值的 1.5 倍。

作用于封头的附加水平力

$$\int_0^\alpha \frac{F}{\pi R_i}\sin\phi\cos\phi R_i\,\mathrm{d}\phi - \int_0^\pi \frac{F}{\pi R_i}\sin\phi\left(\frac{\alpha - \sin\alpha\cos\alpha}{\pi - \alpha + \sin\alpha\cos\alpha}\right)\cos\phi R_i\,\mathrm{d}\phi$$

$$= \frac{F}{2}\left(\frac{\sin^2\alpha}{\pi - \alpha + \sin\alpha\cos\alpha}\right)$$

封头上附加拉伸应力为

$$\tau_h = \frac{F}{2}\left(\frac{\sin^2\alpha}{\pi - \alpha + \sin\alpha\cos\alpha}\right)\frac{1.5}{2R_i\delta_{he}} = K_4\frac{F}{R_i\delta_{he}} \qquad (7-69)$$

式中 $K_4 = \dfrac{3}{8}\left(\dfrac{\sin^2\alpha}{\pi - \alpha + \sin\alpha\cos\alpha}\right)$，当 $\alpha = \dfrac{19}{40}(360° - \theta)$，且 $\theta = 120°$、135°和150°时，$K_4 = 0.401$、0.344 和 0.297。见表 7 - 13。

表 7 - 13　系数 K_3、K_4

条件		鞍座包角 $\theta/(°)$	K_3	K_4
圆筒在鞍座平面上有加强圈		120	0.319	—
		135	0.319	—
		150	0.319	—
圆筒在鞍座平面上无加强圈	$A > R_a/2$，或靠近鞍座处有加强圈	120	1.171	—
		135	0.958	—
		150	0.799	—
	$A \leqslant R_a/2$，圆筒被封头加强	120	0.880	0.401
		135	0.654	0.344
		150	0.485	0.295

圆筒中的切向切应力，应小于材料的许用切应力

$$\tau \leqslant [\tau]^t = 0.8[\sigma]^t$$

一般情况下，封头与圆筒的材料均相同，其有效厚度往往不小于圆筒的有效厚度，故封头中的切向切应力不会超过圆筒，不必对封头中的切向切应力另行校核。

作用在封头上的附加拉伸应力和由内压所引起的拉伸应力（σ_h）相叠加后，应不超过 $1.25[\sigma]^t$，即

$$\tau_h + \sigma_h \leqslant 1.25[\sigma]^t \tag{7-70}$$

当封头承受外压时，式 7 - 70 中不必计算内压引起的拉伸应力 σ_h。

③支座截面处圆筒的周向应力

支座截面处圆筒的周向弯矩是由该截面上的切向切应力引起的，然而只有支座截面处圆筒被加强圈加强，即切向切应力按图 7 - 22 所示的规律分布时才能得出周向弯矩的解析解。而当支座截面处的圆筒无加强圈，且 $A \geqslant 0.5R_i$，即圆筒不受任何形式的加强，以及当 $A < 0.5R_i$，圆筒由封头加强时，都无法导出切向切应力产生的周向弯矩的解析解，只能对由加强圈所加强的圆筒的结果予以修正来处理。

a）在支座截面上有加强圈的圆筒

如图 7 - 25 所示，仅取鞍座截面上的一半圆筒来讨论（$A \leqslant 0.5R_i$；$V = F$）。在圆环顶点 A 处，存在周向弯矩 M_A 和周向力 P_t。利用边界条件，即 A 点的水平位移和转角为零，可以确定 M_A、P_t 和圆环上切向切应力 t 作用下，可得出任意角度 ϕ 处的周向弯矩 M_ϕ 为

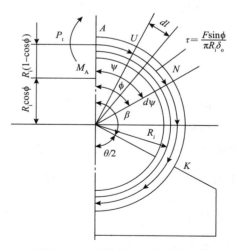

图 7 - 25　在鞍座平面内有加强圈时半环上的作用力

$$M_\phi = \frac{FR_i}{\pi}\left\{\cos\phi + \frac{\phi}{2}\sin\phi - \frac{2}{3}\frac{\sin\beta}{\beta} + \frac{\cos\beta}{2} - \frac{1}{4}\left(\cos\phi - \frac{\sin\beta}{\beta}\right)\right\}\times$$

$$\left[9 - \frac{4 - 6\left(\frac{\sin\beta}{\beta}\right)^2 + 2\cos^2\beta}{\frac{\sin\beta}{\beta}\cos\beta + 1 - 2\left(\frac{\sin\beta}{\beta}\right)^2}\right] \tag{7-71}$$

由上式可知，M_ϕ 式括弧项中仅为 β 和 ϕ 两者的函数。由于 $\beta = \pi - \frac{\theta}{2}$，在各个不同的 θ 值及 ϕ 值时，可以绘制成 $\frac{M_\phi}{FR_i} \sim f(\theta, \phi)$ 关系曲线，见图 7-26。

由图 7-26 可知，当 $\phi = \beta$ 时，$\frac{M_\phi}{FR_i}$ 具有最大值，此时可写作 $\frac{M_\phi}{FR_i} = K'_6$。

K'_6 值示于图 7-27。当 $\theta = 120°$、$135°$ 和 $150°$ 时，K'_6 分别为 0.0528、0.0413 和 0.0316。故

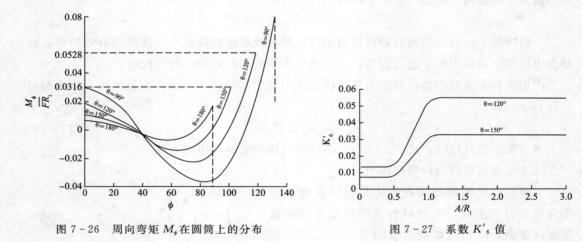

图 7-26　周向弯矩 M_ϕ 在圆筒上的分布　　　　图 7-27　系数 K'_6 值

$$M_\beta = K'_6 FR_i \tag{7-72}$$

b）支座截面处无加强圆筒

包括 $A \geqslant 0.5R_i$、封头对支座处截面的圆筒不起加强作用以及圆筒虽有加强圈，但加强圈不是位于支承截面附近时。前已述及，由于支座截面处圆筒未被加强，因而不能由整个圆筒承受切向切应力，仅由存在于半圆心角为 $\frac{\theta}{2} + \frac{\beta}{20}$ 的"有效截面"来承受切向切应力，且在 $\frac{\theta}{2} + \frac{\beta}{20}$ 处最大。但此时的周向弯矩却难以进行理论计算，由切向切应力分布可知，在鞍座边角处的最大周向弯矩小于按有加强圈时推到得出的 $K'_6 FR_i$ 值，故若按 $K'_6 FR_i$ 值计算偏安全。

Zick 研究指出，在支座截面处圆筒承受周向弯矩的有效宽度，可取 $4R_i$ 或 $L/2$ 中的较小值，因此圆筒的抗弯截面模量 W 为

当 $L \geqslant 8R_i$ 时 $W = \dfrac{1}{6}(4R_i)\delta_e^2 = \dfrac{2}{3}R_i\delta_e^2$

当 $L < 8R_i$ 时 $W = \dfrac{1}{6}\left(\dfrac{L}{2}\right)\delta_e^2 = \dfrac{1}{12}L\delta_e^2$

由此可求得周向弯矩所引起的周向弯曲应力

$L \geqslant 8R_i$ 时 $\sigma_6 = \pm\dfrac{M_\beta}{W} = \pm\dfrac{3K'_6 F}{2\delta_e^2}$

$L < 8R_i$ 时 $\sigma_6 = \pm\dfrac{M_\beta}{W} = \pm\dfrac{12K'_6 FR_i}{L\delta_e^2}$

此弯曲应力应与将在后面讨论的周向压缩应力相叠加后,再一起进行强度校核。

c)被封头加强的圆筒（$A \leqslant 0.5R_i$）

Zick 研究指出,被封头加强的圆筒的切向切应力分布如图 7-24 所示,其鞍座边角处的周向弯矩比无加强圈圆筒的周向弯矩 $K'_6 FR_i$ 还要小,可以用下式表示

$$M_\beta = K_6 FR_i$$

式中 $K_6 = \dfrac{1}{4}K'_6$

由 M_β 所产生的周向弯曲应力可按与圆筒无加强圈时同样的方法,按圆筒的有效宽度求取:

当 $L \geqslant 8R_i$ 时,$\sigma_6 = \pm\dfrac{M_\beta}{W} = \pm\dfrac{3K_6 F}{2\delta_e^2}$

当 $L < 8R_i$ 时,$\sigma_6 = \pm\dfrac{M_\beta}{W} = \pm\dfrac{12K_6 FR_i}{L\delta_e^2}$

此弯曲应力也需与将在后面讨论的周向压缩应力相叠加后,再一起进行强度校核

④支座截面处圆筒的周向压缩应力

通过鞍座作用于圆筒上的载荷导致在支座截面处圆筒上产生周向压缩,如有加强板,则应同时考虑圆筒和加强板同时承受周向压缩载荷。鞍座直接作用于圆筒上的载荷分布如图 7-28 所示。

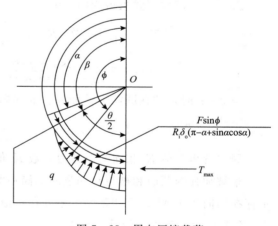

图 7-28 周向压缩载荷

a)用加强圈加强圆筒

当支座截面处圆筒被加强圈加强时,将在后面专门讨论。

b)未用任何形式加强圆筒

根据 Zick 假设,鞍座和圆筒之间无摩擦,因此,支座作用于圆筒的反力 q' 指向圆筒中心,如图 7-28 所示,即圆筒仅在接合面的局部地区承受一非均布的"外压"作用,因而在圆筒上产生周向压缩应力。

由支承反力对圆筒 ϕ 截面处所引起的周向压缩载荷 T,可由圆筒上的微内力 τdA 和鞍座作用于圆筒的径向反力 q' 对圆筒中心取力矩平衡求取。

在圆心角从 $\alpha \sim \pi$ 的圆弧中,切应力的分布如图 7-23 所示,取 $V = F$,则在 ϕ 截面处

的周向压缩力为

$$T = \int_0^\phi \frac{F\sin\phi\,\delta_e R_i \mathrm{d}\phi}{R_i\delta_e(\pi - \alpha + \sin\alpha\cos\alpha)} = F\left(\frac{-\cos\phi + \cos\alpha}{\pi - \alpha + \sin\alpha\cos\alpha}\right)$$

当 $\phi = \pi$ 时，即在圆筒底部有最大周向压缩力 T_{max}

$$T = T_{max} = F\frac{1 + \cos\alpha}{\pi - \alpha + \sin\alpha\cos\alpha} = K_5 F \tag{7-73}$$

式中 $K_5 = \dfrac{1 + \cos\alpha}{\pi - \alpha + \sin\alpha\cos\alpha}$，以 $\alpha = \dfrac{19}{40}(360° - \theta)$ 代入，当 $\theta = 120°$、$135°$ 和 $150°$ 时，K_5 值分别为 0.761、0.711 和 0.673。

c）被封头加强的圆筒

被封头加强的圆筒上的切向切应力的分布如图 7-25 所示。在圆心角从 $0 \sim \alpha$ 范围内，切应力按下式计算

$$\tau = \frac{F\sin\phi}{\pi R_i\delta_e}$$

在 $\alpha \sim \pi$ 范围内，切应力的计算公式为

$$\tau = \frac{F\sin\phi}{\pi R_i\delta_e}\left(\frac{\alpha - \sin\alpha\cos\alpha}{\pi - \alpha + \sin\alpha\cos\alpha}\right)$$

Zick 认为可按下式求得周向压缩力 T

$$T = -\int_0^\phi \frac{F\sin\phi}{R_i}\delta_e R_i \mathrm{d}\phi - \int_0^\phi \frac{F\sin\phi}{R_i\delta_e}\left(\frac{\alpha - \sin\alpha\cos\alpha}{\pi - \alpha + \sin\alpha\cos\alpha}\right)\delta_e R_i \mathrm{d}\phi$$

$$= -F\left(\frac{-\cos\phi + \cos\alpha}{\pi - \alpha + \sin\alpha\cos\alpha}\right)$$

当 $\phi = \pi$ 时，即在圆筒横截面底部的周向压缩力 T 为

$$T = T_{max} = -F\left(\frac{1 + \cos\alpha}{\pi - \alpha + \sin\alpha\cos\alpha}\right) = -K_5 F \tag{7-74}$$

周向弯矩系数 K_6 和周向压缩力系数 K_5 值列于表 7-14。

未被加强的圆筒和被封头加强的圆筒在截面最低处存在最大的压缩力 T_{max}，但在此处不存在周向弯矩 M_β，而在鞍座边角处存在最大的周向弯矩 M_β，并存在一定的周向压缩力 T，Zick 认为，其值可取 $T = F/4$。

不论在鞍座边角处的圆筒，还是横截面最低处的圆筒，承受周向压缩力的"有效长度" $b_2 = b + 1.56\sqrt{R_i\delta_e}$（$b$ 为支座的轴向宽度），故压缩应力为

$$\sigma_T = \frac{T}{b_2\delta_e} \tag{7-75}$$

表 7-14 系数 K_5、K_6 值

鞍座包角	K_5	K_6	
		$A \leqslant 0.5R_i$	$A > 0.5R_i$
120°	0.760	0.0132	0.0528
135°	0.711	0.0103	0.0413
150°	0.673	0.0070	0.0316

⑤周向弯曲应力和周向压缩应力的强度校核

如前所述，周向弯曲应力应与周向压缩应力叠加后，在一起进行强度校核，故

$$\text{支座截面上圆筒最低处}\ \sigma_5 = -\frac{K_5 F}{(b + 1.56\sqrt{R_i \delta_e})\delta_e} \leqslant [\sigma]^t \qquad (7-76)$$

支座截面上鞍座边角处

$$\text{当}\ L \geqslant 8R_i\ \text{时}\quad \sigma_6 = -\frac{F}{4(b + 1.56\sqrt{R_i \delta_e})\delta_e} - \frac{3K_6 F}{2\delta_e^2} \leqslant 1.25[\sigma]^t \qquad (7-77a)$$

$$\text{当}\ L < 8R_i\ \text{时}\quad \sigma_6 = -\frac{F}{4(b + 1.56\sqrt{R_i \delta_e})\delta_e} - \frac{12K_6 FR_i}{L\delta_e^2} \leqslant 1.25[\sigma]^t \qquad (7-77b)$$

式中 K_5 和 K_6 可由表 7-14 查取。

用式（7-76）、式（7-77）进行计算时，δ 值的确定应区分如下两种情况。

当圆筒上鞍座板的宽度不小于 b_2，且鞍座板的包角达到 $(\theta + 12°)$ 时，则可认为鞍座板起到加强作用，并与圆筒一起承受周向压缩应力及周向弯曲应力；如果以上两个条件均不满足，则认为鞍座板不起加强板的作用，即仅由圆筒承受周向压缩应力和周向弯曲应力。

当鞍座板能起加强板作用时，应由 $(\delta_e + \delta_1)$ 代替圆筒承载截面中的 δ_e 项；

而用 $(\delta_e^2 + \delta_1^2)$ 代替计算公式中的 δ_e^2 项。δ_1 为满足加强板设置条件的鞍座板厚度。

⑥加强圈设计

如卧式储罐支座因结构原因而不能设置在靠近封头处 $(A > 0.5R_i)$，且圆筒不足以承受周向弯矩时，则需在支座截面处的圆筒上设置加强圈，以便与圆筒一起承载。

加强圈可设置于鞍座截面或靠近鞍座截面的圆筒上，可设置在圆筒内侧或外侧，见图 7-29。

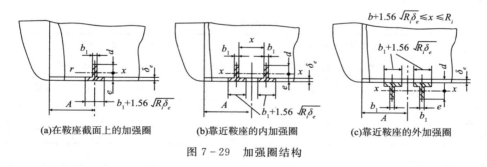

(a)在鞍座截面上的加强圈　　(b)靠近鞍座的内加强圈　　(c)靠近鞍座的外加强圈

图 7-29 加强圈结构

鞍座截面处的圆筒上和靠近鞍座截面处的圆筒上设置加强圈时，其受力分析与前述周向弯曲应力分析方法相似。

a）鞍座截面处设置内加强圈时 [图 7-29（a）]

依照周向弯曲应力分析方法求取鞍座边角处的周向弯曲应力和周向压缩应力的总和并进行强度校核。由于加强圈与圆筒紧贴为一体，则在鞍座边角处筒壁的外缘和加强圈内缘

两处分别产生的总应力 σ_7 和 σ_8

$$\sigma_7 = -\frac{K_7 FR_i e}{I_0} - \frac{K_8 F}{A_0} \leqslant 1.25 \left[\sigma\right]^t \qquad (7-78)$$

$$\sigma_8 = -\frac{K_8 FR_i d}{I_0} - \frac{K_8 F}{A_0} \leqslant 1.25 \left[\sigma\right]^t \qquad (7-79)$$

式中　A_0——加强圈与有效宽度内筒壁的组合截面积，见图 7-29（a）中的阴影线截面积；

I_0——加强圈与有效宽度内筒壁的组合截面积对中性轴的惯性矩，见图 7-29（a）的阴影线截面对 $x-x$ 轴的惯性矩；

d——图 7-29（a）中组合截面中性轴至加强圈内缘的距离；

e——图 7-29（a）中组合截面中性轴至筒壁外缘的距离。

b）靠近鞍座截面处设置加强圈时 [图 7-29（b）、（c）] 圆筒截面的最低处存在最大压缩力可由式（7-73）求取，但此处周向弯曲应力为零；鞍座边角处的总应力则按周向弯曲应力和周向压缩应力相叠加后进行强度校核，即

有圆筒截面最低处

$$\sigma_5 = -\frac{K_5}{\delta_0 \left(b + 1.56\sqrt{R_i \delta_e}\right)} \leqslant \left[\sigma\right]^t \qquad (7-80)$$

鞍座边角处

$$\sigma_7 = -\frac{K_7 FR_i e}{n I_0} - \frac{K_8 F}{n A_0} \leqslant 1.25 \left[\sigma\right]^t \qquad (7-81)$$

$$\sigma_8 = -\frac{K_8 FR_i d}{n I_0} - \frac{K_8 F}{n A_0} \leqslant 1.25 \left[\sigma\right]^t \qquad (7-82)$$

式中 n 为每个支座处加强圈的数量，I_0、A_0、d、e 分别见图 7-29（b）、（c）系数 K_5、K_7、K_8 分各种情况列于表 7-15。

表 7-15　系数 K_5、K_7、K_8

系数 条件	位于鞍座平面处的加强圈			靠近鞍座平面的加强圈					
	内环 [见图 7-29（a）]			内环 [见图 7-29（b）]			外环 [见图 7-29（c）]		
θ	120°	135°	150°	120°	135°	150°	120°	135°	150°
K_5	—	—	—	0.760	0.711	0.673	0.760	0.711	0.673
K_7	0.0528	0.0413	0.0316	0.0581	0.0471	0.0355	0.0581	0.0471	0.0355
K_8	0.340	0.323	0.303	0.271	0.248	0.219	0.217	0.248	0.219

（4）鞍座强度校核

鞍座强度校核详见第 4 章相关内容。

综上所述，卧式储罐可按图 7-30 所示的程序进行设计计算。

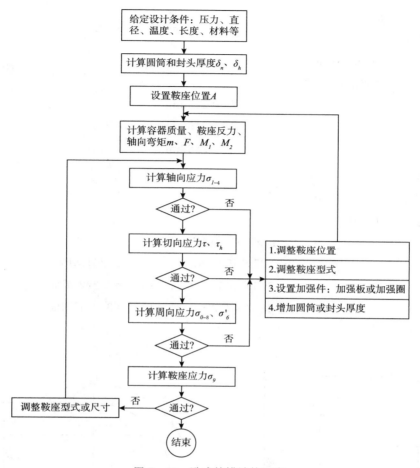

图 7-30 卧式储罐计算程序

7.4 存储设备设计计算示例

7.4.1 球形储罐计算示例

$1000m^3$乙烯球形储罐设计，设计条件如下：

储存介质：乙烯	装量系数：$k=0.9$	设计压力：$p=2.2MPa$
设计温度：$50℃/-40℃$	水压试验压力：$p_T=1.25p\dfrac{[\sigma]}{[\sigma]^t}=2.75MPa$	球壳内直径：$12300mm$（$974m^3$）
基本风压值：$600N/m^2$	地震设防烈度/加速度/地震分组：8 度/$0.20g$/第一组	基本雪压值：$600N/m^2$
支柱数目：$n=8$	支柱选用：$\phi426\times10$ Q345E 钢管	拉杆选用：$\phi60$ 圆钢
球罐建造场地：场地类别Ⅲ、地面粗糙度 B	钢材厚度负偏差：$C_1=0.3mm$	腐蚀裕量：$C_2=1.0mm$

（1）球壳计算

①计算压力

设计压力：$p=2.2\mathrm{MPa}$

球壳各带的介质液柱高度

$$h_1=325\mathrm{mm}$$
$$h_2=7159\mathrm{mm}$$
$$h_3=9862\mathrm{mm}$$

介质密度：$\rho_2=453\mathrm{kg/m^3}$

重力加速度：$g=9.81\mathrm{m/s^2}$

球壳各带的计算压力：

$$p_{ci}=p+h_1\rho_2 g\times10^{-9}\mathrm{MPa}$$
$$p_{c1}=2.2+325\times453\times9.81\times10^{-9}=2.201\mathrm{MPa}$$
$$p_{c2}=2.2+7159\times453\times9.81\times10^{-9}=2.232\mathrm{MPa}$$
$$p_{c3}=2.2+9892\times453\times9.81\times10^{-9}=2.244\mathrm{MPa}$$

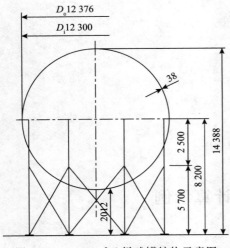

图 7-31　1000m³ 乙烯球罐结构示意图

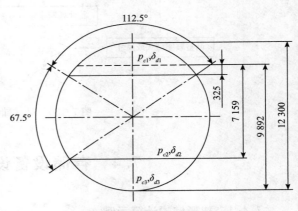

图 7-32　球壳各带的计算压力示意

②球壳各带的厚度

球壳内直径：$D_i=12300\mathrm{mm}$

设计温度下球壳材料 15MnNiNbDR 的许用应力 $[\sigma]^t=193\mathrm{MPa}$

焊接结构系数：$\phi=1.0$

厚度附加量：$C=C_1+C_2=0+1.0=1.0\mathrm{mm}$

球壳各带的设计厚度：

$$\delta_{d1}=\frac{p_{c2}D_i}{4[\sigma]^t\phi-p_{c2}}+C_2=\frac{2.201\times12300}{4\times193\times1.0-2.201}=36.17\mathrm{mm}$$

$$\delta_{d2} = \frac{p_{c3}D_i}{4[\sigma]^t\phi - p_{c3}} + C_2 = \frac{2.232 \times 12300}{4 \times 193 \times 1.0 - 2.232} = 36.66\text{mm}$$

$$\delta_{d3} = \frac{p_{c4}D_i}{4[\sigma]^t\phi - p_{c4}} + C_2 = \frac{2.244 \times 12300}{4 \times 193 \times 1.0 - 2.244} = 36.86\text{mm}$$

球壳各带名义厚度：

取 $\delta_{n1} = 38\text{mm}$；

取 $\delta_{n2} = 38\text{mm}$；

取 $\delta_{n3} = 38\text{mm}$。

③外压校核

球壳的有效厚度：$\delta_e = \delta_n - C = 38 - 1.0 = 37\text{mm}$

球壳的外直径：$R_o = 6188\text{mm}$

系数 A：$A = \dfrac{0.125}{R_o/\delta_e} = \dfrac{0.125}{6188/37} = 0.0007474$

系数 B：查 GB/T 150.3 的图 $4-6$ 得 $B = 100$

许用外压力 $[p]$：

$$[p] = \frac{B}{R_o/\delta_e} = \frac{100}{6188/37} = 0.5979\text{MPa}$$

$$[p] = 0.5979\text{MPa} > 0.1\text{MPa}$$

外压校核通过。

（2）球罐质量计算

球壳平均直径：$D_{cp} = 12338\text{mm}$

球壳材料密度：$\rho_1 = 7850 \text{ kg/m}^3$

装量系数：$k = 0.9$

水的密度：$\rho_3 = 1000 \text{ kg/m}^3$

球壳外直径：$D_o = 12376\text{mm}$

基本雪压值：$q = 600\text{N/m}^2$

球面的积雪系数：$C_S = 0.4$

球壳质量：$m_1 = \pi D_{cp}\delta_n\rho_1 \times 10^{-9} = 142657\text{kg}$

介质质量：$m_2 = \dfrac{\pi}{6}D_i{}^3\rho_2 k \times 10^{-9} = \dfrac{\pi}{6} \times 12300^3 \times 453 \times 0.9 \times 10^{-9} = 397241\text{kg}$

耐压试验时液体的质量：$m_3 = \dfrac{\pi}{6}D_i{}^3\rho_3 \times 10^{-9} = \dfrac{\pi}{6} \times 12300^3 \times 1000 \times 10^{-9} = 974348\text{kg}$

积雪质量：$m_4 = \dfrac{\pi}{4g}D_o{}^2 q C_S \times 10^{-6} = \dfrac{\pi}{4 \times 9.81} \times 12376^2 \times 600 \times 0.4 \times 10^{-6} = 2943\text{kg}$

保温层质量：$m_5 = 4240\text{kg}$

支柱和拉杆的质量：$m_6 = 12460\text{kg}$

附件质量：$m_7 = 8850\text{kg}$

操作状态下的球罐质量：

$$m_o = m_1 + m_2 + m_4 + m_5 + m_6 + m_7 = 142657 + 397241 + 2943 + 4240 + 12460 + 8850 = 568391 \text{kg}$$

耐压试验状态下的球罐质量：

$$m_T = m_1 + m_3 + m_6 + m_7 = 142657 + 974348 + 12460 + 8850 = 1138315 \text{kg}$$

球罐的最小质量：

$$m_{min} = m_1 + m_6 + m_7 = 142657 + 12460 + 8850 = 163967 \text{kg}$$

（3）地震载荷计算

①自振周期

支柱底板底面至球壳中心的距离：$H_o = 8200 \text{mm}$

支柱数目：$n = 8$

支柱材料 Q345E 的室温弹性模量：$E_s = 201 \times 10^3 \text{MPa}$

支柱外直径：$d_o = 426 \text{mm}$

支柱内直径：$d_i = 406 \text{mm}$

支柱横截面的惯性矩：$I = \pi(d_o^4 - d_i^4)/64 = \pi \times (426^4 - 406^4)/64 = 2.829 \times 10^8 \text{ mm}^4$

支柱底板底面至上支耳销子中心的距离：$l = 5700 \text{mm}$

拉杆影响系数：$\xi = 1 - \left(\dfrac{l}{H_o}\right)^2 \left(3 - \dfrac{2l}{H_o}\right) = 1 - \left(\dfrac{5700}{8200}\right)^2 \left(3 - \dfrac{2 \times 5700}{8200}\right) = 0.2222$

球罐的基本自振周期：

$$T = \pi \sqrt{\dfrac{m_o H_o^3 \xi \times 10^{-3}}{3nE_s I}} = \pi \sqrt{\dfrac{568391 \times 8200^3 \times 0.2222 \times 10^{-3}}{3 \times 8 \times 201 \times 10^3 \times 2.829 \times 10^8}} = 0.7097 \text{s}$$

②地震载荷

地震影响系数的最大值：$a_{max} = 0.16$（查 GB/T 12337 表 18）

特征周期：$T_G = 0.45 \text{s}$（查 GB/T 12337 表 19）

曲线下降段的衰减指数 γ：

ζ——阻尼比，取 $\zeta = 0.035$

$$\gamma = 0.9 + \dfrac{0.05 - \zeta}{0.3 + 6\zeta} = 0.9 + \dfrac{0.05 - 0.035}{0.3 + 6 \times 0.035} = 0.9294$$

阻尼调整系数 η_2：

$$\eta_2 = 1 + \dfrac{0.05 - \zeta}{0.08 + 1.6\zeta} = 1 + \dfrac{0.05 - 0.035}{0.08 + 1.6 \times 0.035} = 1.110$$

对应于自振周期 T 的地震影响系数：

$$a = \left(\dfrac{T_g}{T}\right)^\gamma \eta_2 a_{max} = \left(\dfrac{0.45}{0.7097}\right)^{0.9294} \times 1.110 \times 0.16 = 0.1163$$

球罐的水平地震载荷：

$$F_e = a m_o g = 0.1163 \times 568391 \times 9.81 = 6.485 \times 10^5 \text{N}$$

（4）风载荷计算

风载荷体形系数 $k_1 = 0.4$：

系数 ξ_1：$\xi_1 = 1.526$（查 GB/T 12337 表 20）

风振系数 k_2：$k_2 = 1 + 0.35\xi_1 = 1 + 0.35 \times 1.526 = 1.534$

基本风压值：$q_0 = 600\text{N/m}^2$

支柱底板底面至球壳中心的距离：$H_0 = 8200\text{mm}$

风压高度变化系数：$f_1 = 1.0$（查 GB/T 12337 表 21）

球罐附件增大系数：$f_1 = 1.1$

球罐的水平风力：$F_w = \dfrac{\pi}{4}D_o{}^2 k_1 k_2 q_0 f_1 f_2 \times 10^{-6}$

$$= \frac{\pi}{4}12376^2 \times 0.4 \times 1.534 \times 600 \times 1.0 \times 1.1 \times 10^{-6}$$

$$= 4.872 \times 10^4 \text{N}$$

（5）弯矩计算

$(F_e + 0.25F_w)$ 与 F_w 的较大值，F_{max}：

$$F_e + 0.25F_w = 6.485 \times 10^5 + 0.25 \times 4.872 \times 10^4 = 6.607 \times 10^5 \text{N}$$

$$F_w = 4.872 \times 10^4 \text{N}$$

$$F_{max} = 6.607 \times 10^5 \text{N}$$

力臂：$L = H_0 - l = 8200 - 5700 = 2500\text{mm}$

由水平地震载荷和水平风力引起的最大弯矩：

$$M_{max} = F_{max}L = 6.607 \times 10^5 \times 2500 = 1.652 \times 10^9 \text{N} \cdot \text{mm}$$

（6）支柱计算

①单个支柱的垂直载荷

a）重力载荷

操作状态下的重力载荷：

$$G_o = \frac{m_o g}{n} = \frac{568391 \times 9.81}{8} = 6.970 \times 10^5 \text{N}$$

耐压试验状态下的重力载荷：

$$G_T = \frac{m_T g}{n} = \frac{1138315 \times 9.81}{8} = 1.396 \times 10^6 \text{N}$$

b）支柱的最大垂直载荷

支柱中心圆半径：$R = R_i = 6150\text{mm}$

最大弯矩对支柱产生的垂直载荷的最大值（查 GB/T 12337 表 22）：

$$(F_i)_{max} = 0.2500 \frac{M_{max}}{R} = 0.2500 \times \frac{1.652 \times 10^9}{6150} = 6.715 \times 10^4 \text{N}$$

拉杆作用在支柱上的垂直载荷的最大值（查 GB/T 12337 表 22）：

$$(P_{i-j})_{max} = 0.3266 \frac{lF_{max}}{R} = 0.3266 \times \frac{5700 \times 6.607 \times 10^5}{6150} = 2.000 \times 10^5 \text{N}$$

以上两力之和的最大值（查 GB/T 12337 表 22）：

$$(F_i + P_{i-j}) = 0.1768 \times \frac{M_{max}}{R} + 0.3018\frac{lF_{max}}{R}$$

$$= 0.1768 \times \frac{1.652 \times 10^9}{6150} + 0.3018 \times \frac{5700 \times 6.607 \times 10^5}{6150} = 2.323 \times 10^5\,N$$

②组合载荷

操作状态下支柱的最大垂直载荷：

$$W_o = G_o + (F_i + P_{i-j})_{max} = 6.970 \times 10^5 + 2.323 \times 10^5 = 9.293 \times 10^5\,N$$

耐压试验状态下支柱的最大垂直载荷：

$$W_T = G_T + 0.3(F_i + P_{i-j})_{max}\frac{F_W}{F_{max}}$$

$$= 1.396 \times 10^6 + 0.3 \times 2.323 \times 10^5 \times \frac{4.872 \times 10^4}{6.607 \times 10^5}$$

$$= 1.401 \times 10^6\,N$$

③单个支柱弯矩

a）偏心弯矩

操作状态下赤道线的液柱高度：$h_{oe} = 3742\,mm$

耐压试验状态下赤道线的液柱高度：$h_{Te} = 6150\,mm$

操作状态下介质在赤道线的液柱静压力：

$$p_{oe} = h_{oe}\rho_2 g \times 10^{-9} = 3742 \times 453 \times 9.81 \times 10^{-9} = 0.01663\,MPa$$

耐压试验状态下介质在赤道线的液柱静压力：

$$p_{Te} = h_{Te}\rho_3 g \times 10^{-9} = 6150 \times 1000 \times 9.81 \times 10^{-9} = 0.06033\,MPa$$

球壳有效厚度：$\delta_e = \delta_n - C = 38 - 1.0 = 37.0\,mm$

操作状态下球壳赤道线的薄膜应力：

$$\sigma_{oe} = \frac{(p + p_{oe})(D_i + \delta_e)}{4\delta_e}$$

$$= \frac{(2.2 + 0.01663) \times (12300 + 37.0)}{4 \times 37.0} = 184.8\,MPa$$

耐压试验状态下球壳赤道线的薄膜应力：

$$\sigma_{Te} = \frac{(p_T + p_{Te})(D_i + \delta_e)}{4\delta_e}$$

$$= \frac{(2.75 + 0.06033) \times (12300 + 37.0)}{4 \times 37.0} = 234.3\,MPa$$

球壳内半径：$R_i = 6150\,mm$

球壳材料的泊松比：$\mu = 0.3$

球壳材料 15MnNiNbDR 的室温弹性模量：$E = 201 \times 10^3\,MPa$

操作状态下支柱的偏心弯矩：

$$M_{o1} = \frac{\sigma_{oe}R_i W_o}{E}(1 - \mu)$$

$$= \frac{184.8 \times 6150 \times 9.293 \times 10^5}{201 \times 10^3} \times (1 - 0.3) = 3.678 \times 10^6\,N \cdot mm$$

耐压试验状态下支柱的偏心弯矩：

$$M_{T1} = \frac{\sigma_{Te}R_i W_T}{E}(1-\mu)$$

$$= \frac{234.3 \times 6150 \times 1.401 \times 10^6}{201 \times 10^3} \times (1-0.3) = 7.031 \times 10^6 \, N \cdot mm$$

b）附加弯矩

操作状态下支柱的附加弯矩：

$$M_{o2} = \frac{6E_S I \sigma_{oe} R_i}{H_o{}^2 E}(1-\mu)$$

$$= \frac{6 \times 201 \times 10^3 \times 2.829 \times 10^8 \times 184.8 \times 6150}{8200^2 \times 201 \times 10^3} \times (1-0.3) = 2.008 \times 10^7 \, N \cdot mm$$

耐压试验状态下支柱的附加弯矩：

$$M_{T2} = \frac{6E_S I \sigma_{Te} R_i}{H_o{}^2 E}(1-\mu)$$

$$= \frac{6 \times 201 \times 10^3 \times 2.829 \times 10^8 \times 234.3 \times 6150}{8200^2 \times 201 \times 10^3} \times (1-0.3) = 2.546 \times 10^7 \, N \cdot mm$$

c）总弯矩

操作状态下支柱的总弯矩：

$$M_o = M_{o1} + M_{o2} = 3.678 \times 10^6 + 2.008 \times 10^7 = 2.376 \times 10^7 \, N \cdot mm$$

耐压试验状态下支柱的总弯矩：

$$M_T = M_{T1} + M_{T2} = 7.031 \times 10^6 + 2.546 \times 10^7 = 3.249 \times 10^7 \, N \cdot mm$$

④支柱稳定性校核

计算长度系数，取 $k_3 = 1$

单个支柱的横截面积：

$$A = \frac{\pi}{4}(d_o{}^2 - d_i{}^2) = \frac{\pi}{4} \times (426^2 - 406^2) = 13069 \, mm^2$$

支柱的惯性半径：

$$r_i = \sqrt{\frac{I}{A}} = \sqrt{\frac{2.829 \times 10^8}{13069}} = 147.1 mm$$

支柱长细比：

$$\lambda = \frac{k_3 H_o}{r_i} = \frac{1 \times 8200}{147.1} = 55.74$$

支柱材料 Q345E 的室温屈服强度：$R_{eL} = 345 MPa$

支柱换算长细比：

$$\bar{\lambda} = \frac{\lambda}{\pi}\sqrt{\frac{R_{eL}}{E_S}} = \frac{55.74}{\pi}\sqrt{\frac{345}{201 \times 10^3}} = 0.7351$$

$$\bar{\lambda} > 0.215$$

系数：$a_2 = 0.986$，$a_3 = 0.152$

弯矩作用平面内的轴心受压支柱稳定系数：

$$\phi_P = \frac{1}{2\,\overline{\lambda}^2}\Big[(a_2 + a_3\overline{\lambda} + \overline{\lambda}^2) - \sqrt{(a_2 + a_3\overline{\lambda} + \overline{\lambda}^2)^2 - 4\,\overline{\lambda}^2} \Big]$$

$$= \frac{1}{2 \times 0.7351^2}\Big[(0.986 + 0.152 \times 0.7351 + 0.7351^2) -$$

$$\sqrt{(0.986 + 0.152 \times 0.7351 + \overline{\lambda}^2)^2 - 4 \times 0.7351^2} \Big]$$

$$= 0.8473$$

等效弯矩系数：$\beta_m = 1$

截面塑性发展系数：$\gamma = 1.15$

单个支柱的截面系数：$Z = \dfrac{\pi\,(d_o{}^4 - d_i{}^4)}{32 d_o} = \dfrac{\pi \times (426^4 - 406^4)}{32 \times 426} = 1.328 \times 10^6\ \text{mm}^3$

欧拉临界力：

$$W_{EX} = \pi^2 E_S A / \lambda^2$$

$$= \frac{\pi^2 \times 201 \times 10^3 \times 13069}{55.74^2} = 8.345 \times 10^6\,\text{N}$$

支柱材料的许用应力：$[\sigma]_o = R_{eL}/1.5 = 345/1.5 = 230\text{MPa}$

操作状态下支柱的稳定性校核：

$$\frac{W_o}{\phi_P A} + \frac{\beta_m M_o}{\gamma Z\left(1 - 0.8\dfrac{W_o}{W_{EX}}\right)} = \frac{9.293 \times 10^5}{0.8473 \times 13069} + \frac{1 \times 2.376 \times 10^7}{1.15 \times 1.328 \times 10^6 \times \left(1 - 0.8 \times \dfrac{9.293 \times 10^5}{8.345 \times 10^6}\right)}$$

$$= 101.0\text{MPa} < [\sigma]_c，校核合格$$

耐压试验状态下支柱的稳定性校核：

$$\frac{W_T}{\phi_P A} + \frac{\beta_m M_T}{\gamma Z\left(1 - 0.8\dfrac{W_T}{W_{EX}}\right)} = \frac{1.401 \times 10^6}{0.8473 \times 13069} + \frac{1 \times 3.249 \times 10^7}{1.15 \times 1.328 \times 10^6 \times \left(1 - 0.8 \times \dfrac{1.401 \times 10^6}{8.345 \times 10^6}\right)}$$

$$= 151.1\text{MPa} < [\sigma]_c，校核合格$$

结论：稳定性校核通过。

（7）地脚螺栓计算

①拉杆作用在支柱上的水平力

拉杆和支柱间的夹角

$$\beta = \arctan\frac{2R\sin\dfrac{180°}{n}}{l} = \arctan\frac{2 \times 6150 \times \sin\dfrac{180°}{8}}{5700} = 39.55°$$

拉杆作用在支柱上的水平力

$$F_c = (P_{i-j})_{max}\tan\beta = 2.000 \times 10^5 \times \tan 39.55° = 1.652 \times 10^5\,\text{N}$$

②支柱底板与基础的摩擦力

支柱底板与基础的摩擦系数：$f_S = 0.3$（钢—钢）

支柱底板与基础的摩擦力：

$$F_s = f_s \frac{m_{\min} g}{n} = 0.3 \times \frac{163967 \times 9.81}{8} = 6.032 \times 10^4 \text{N}$$

③地脚螺栓

因为 $F_s < F_c$，球罐必须设置地脚螺栓。

每个支柱上的地脚螺栓个数：$n_d = 2$

地脚螺栓材料 Q235B 的室温屈服强度：$R_{eL} = 215 \text{MPa}$

地脚螺栓材料的许用剪应力：$[\tau]_B = 0.4 R_{eL} = 0.4 \times 215 = 86 \text{MPa}$

地脚螺栓的腐蚀裕量：$C_B = 3.0 \text{mm}$

地脚螺栓的螺纹小径：

$$d_B = 1.13 \sqrt{\frac{F_c - F_s}{n_d [\tau]_B}} + C_B = 1.13 \times \sqrt{\frac{1.652 \times 10^5 - 6.032 \times 10^4}{2 \times 86}} + 3.0 = 30.90 \text{mm}$$

取 M42 的地脚螺栓。

（8）支柱底板（图 7-33）

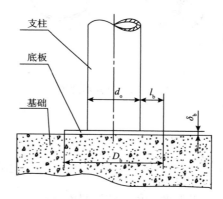

图 7-33 支柱底板示意图

①支柱底板直径

基础采用钢筋混凝土，其许用压应力：$[\sigma]_{bc} = 3.0 \text{MPa}$

地脚螺栓直径：$d = 42 \text{mm}$

支柱底板直径（取 D_{b1}，D_{b2} 中较大值）：

$$D_{b1} = 1.13 \sqrt{\frac{W_{\max}}{[\sigma]_{bc}}} = 1.13 \times \sqrt{\frac{1.401 \times 106}{3.0}} = 772.2 \text{mm}$$

$$D_{b2} = (8 \sim 10)d + d_o = (8 \sim 10) \times 42 + 426 = 762 \sim 846 \text{mm}$$

选取底板直径 $D_b = 800 \text{mm}$

②底板厚度

底板的压应力：$\sigma_{bc} = \dfrac{4 W_{\max}}{\pi D_b^2} = \dfrac{4 \times 1.401 \times 10^6}{\pi \times 800^2} = 2.787 \text{MPa}$

底板外边缘至支柱外表面的距离：$l_b = \dfrac{800 - 426}{2} = 187.0 \text{mm}$

底板材料 Q235B 的室温屈服强度：$R_{eL} = 215 \text{MPa}$

底板材料的许用弯曲应力：$[\sigma]_b = R_{eL}/1.5 = 215/1.5 = 143.3\text{MPa}$

底板的腐蚀裕量：$C_b = 3.0\text{mm}$

底板厚度：$\delta_b = \sqrt{\dfrac{3\sigma_{bc}l_b{}^2}{[\sigma]_b}} + C_b = \sqrt{\dfrac{3 \times 2.787 \times 187^2}{143.3}} + 3.0 = 48.17\text{mm}$

选取底板厚度 $\delta_b = 50\text{mm}$

（9）拉杆计算

拉杆组成结构见图 7-34。

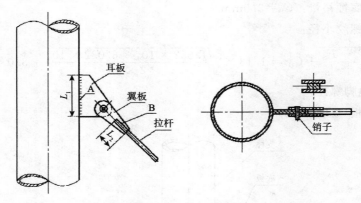

图 7-34　拉杆示意图

① 拉杆螺纹小径的计算

拉杆的最大拉力：

$$F_T = \frac{(P_{i-j})_{\max}}{\cos\beta} = \frac{2.000 \times 10^5}{\cos 39.55°} = 2.594 \times 10^5\text{N}$$

拉杆材料 Q235B 的室温屈服强度：$R_{eL} = 215\text{MPa}$

拉杆材料的许用应力：$[\sigma]_T = R_{eL}/1.5 = 215/1.5 = 143.3\text{MPa}$

拉杆的腐蚀裕量：$C_T = 2.0\text{mm}$

拉杆螺纹小径：$d_T = 1.13\sqrt{\dfrac{F_T}{[\sigma]_T}} + C_T = 1.13 \times \sqrt{\dfrac{2.594 \times 10^5}{143.3}} + 2.0 = 50.08\text{mm}$

选取拉杆的螺纹公称直径为 M60。

② 拉杆连接部位的计算

a）销子直径

销子材料 35 的室温屈服强度：$R_{eL} = 315\text{MPa}$

销子材料的许用剪应力：$[\tau]_p = 0.4R_{eL} = 0.4 \times 315 = 126\text{MPa}$

销子直径：$d_p = 0.8\sqrt{\dfrac{F_T}{[\tau]_p}} = 0.8 \times \sqrt{\dfrac{2.594 \times 10^5}{126}} = 36.30\text{mm}$

选取销子直径：$d_p = 42\text{mm}$

b）耳板厚度

耳板材料 Q235B 的室温屈服强度：$R_{eL} = 225\text{MPa}$

耳板材料的许用压应力：$[\sigma]_c = R_{eL}/1.1 = 225/1.1 = 204.5\text{MPa}$

耳板厚度：$\delta_c = \dfrac{F_T}{d_p[\sigma]_c} = \dfrac{2.594 \times 10^5}{42 \times 204.5} = 30.20\text{mm}$

选取耳板厚度为为 36mm。

c）翼板厚度

翼板材料 Q235B 的室温屈服强度：$R'_{eL} = 225\text{MPa}$

翼板厚度：$\delta_a = \dfrac{\delta c}{2} \cdot \dfrac{R_{eL}}{R'_{eL}} = \dfrac{30.20}{2} \times \dfrac{225}{225} = 15.10\text{mm}$

选取翼板厚度为 18mm。

d）连接焊缝强度验算

A 焊缝单边长度：$L_1 = 350\text{mm}$

A 焊缝焊脚尺寸：$S_1 = 10\text{mm}$

支柱或耳板材料屈服强度的较小值：$R_{eL} = 225\text{MPa}$

角焊缝系数：$\phi_a = 0.60$

焊缝的许用剪切应力：$[\tau]_w = 0.4R_{eL}\phi_a = 0.4 \times 225 \times 0.6 = 54.00\text{MPa}$

耳板与支柱连接焊缝 A 的剪切应力校核：

$$\frac{F_T}{1.41L_1S_1} = \frac{2.594 \times 10^5}{1.41 \times 350 \times 10} = 52.56\text{MPa} < [\tau]_w，校核合格$$

B 焊缝单边长度：$L_2 = 200\text{mm}$

B 焊缝焊脚尺寸：$S_2 = 18\text{mm}$

拉杆或翼板材料的屈服强度较小值：$R_{eL} = 215\text{MPa}$

焊缝的许用剪切应力：$[\tau]_w = 0.4R_{eL}\phi_a = 0.4 \times 215 \times 0.6 = 51.6\text{MPa}$

拉杆与翼板的焊缝 B 的剪切应力校核：

$$\frac{F_T}{2.82L_2S_2} = \frac{2.594 \times 10^5}{2.82 \times 200 \times 18} = 25.55\text{MPa} < [\tau]_w，校核合格$$

（10）支柱与球壳连接最低点 a 的应力校核

①a 点的剪切应力

支柱与球壳连接肝风单边的弧长：$L_w = 2240\text{mm}$

球壳 a 点处的有效厚度：$\delta_{ca} = 37.0\text{mm}$

操作状态下 a 点的剪切应力：

$$\tau_o = \frac{G_o + (F_i)_{max}}{2L_w\delta_{ca}} = \frac{6.970 \times 10^5 + 6.715 \times 10^4}{2 \times 2240 \times 37.0} = 4.610\text{MPa}$$

耐压试验状态下 a 点的剪切应力：

$$\tau_T = \frac{G_T + 0.3(F_i)_{max}\dfrac{F_w}{F_{max}}}{2L_w\delta_{ca}} = \frac{1.396 \times 10^6 + 0.3 \times 6.715 \times 10^4 \times \dfrac{4.872 \times 10^4}{6.607 \times 10^5}}{2 \times 2240 \times 37.0} = 8.431\text{MPa}$$

②a 点的纬向应力

操作状态下 a 点的液柱高度：$h_{oa} = 5933\text{mm}$

耐压试验状态下 a 点的液柱高度：$h_{Ta}=8341\text{mm}$

操作状态下介质在 a 点的液柱静压力：

$$p_{oa}=h_{oa}\rho_2 g\times 10^{-9}=5933\times 453\times 9.81\times 10^{-9}=0.02637\text{MPa}$$

耐压试验状态下介质在 a 点的液柱静压力：

$$p_{Ta}=h_{Ta}\rho_3 g\times 10^{-9}=8341\times 1000\times 9.81\times 10^{-9}=0.08183\text{MPa}$$

操作状态下 a 点的纬向应力：

$$\sigma_{o1}=\frac{(p+p_{oa})(D_i+\delta_{ea})}{4\delta_{ea}}=\frac{(2.2+0.02637)(12300+37.0)}{4\times 37.0}=185.6\text{MPa}$$

耐压试验状态下 a 点的纬向应力：

$$\sigma_{T1}=\frac{(p_T+p_{Ta})(D_i+\delta_{ea})}{4\delta_{ea}}=\frac{(2.75+0.08183)(12300+37.0)}{4\times 37.0}=236.1\text{MPa}$$

③a 点的应力校核

操作状态下 a 点的组合应力：

$$\sigma_{oa}=\sigma_{o1}+\tau_o=185.6+4.610=190.2\text{MPa}$$

耐压试验状态下 a 点的组合应力：

$$\sigma_{Ta}=\sigma_{T1}+\tau_T=236.1+8.431=244.5\text{MPa}$$

应力校核：

$$\sigma_{oa}=190.2\text{MPa}<[\sigma]^t\phi=193\times 1.0=193\text{MPa},\text{校核合格}$$

$$\sigma_{Ta}=244.5\text{MPa}<0.9R_{eL}\phi=0.9\times 350\times 1.0=315\text{MPa},\text{校核合格}$$

结论：校核通过。

(11) 支柱与球壳连接焊缝的强度校核

W 取 $G_o+(F_i)_{max}$ 和 $G_T+0.3(F_i)_{max}\dfrac{F_W}{F_{max}}$ 两者中的较大值：

$$G_o+(F_i)_{max}=6.970\times 10^5+6.715\times 10^4=7.642\times 10^5\text{N}$$

$$G_T+0.3(F_i)_{max}\frac{F_W}{F_{max}}=1.396\times 10^6+0.3\times 6.715\times 10^4\times\frac{4.872\times 10^4}{6.607\times 10^5}=1.397\times 10^6\text{N}$$

$$W=G_T+0.3(F_i)_{max}\frac{F_W}{F_{max}}=1.397\times 10^6\text{N}$$

支柱与球壳连接焊缝焊脚尺寸：$S=10\text{mm}$

支柱与球壳连接焊缝所承受的剪切应力：

$$\tau_W=\frac{W}{1.41L_WS}=\frac{1.397\times 10^6}{1.41\times 2240\times 10}=44.23\text{MPa}$$

支柱或球壳材料屈服强度的较小值：$R_{eL}=345\text{MPa}$

焊缝许用剪切应力：$[\tau]_W=0.4R_{eL}\phi_a=0.4\times 345\times$

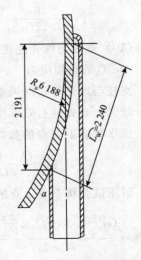

图 7-35 支柱与球壳连接示意图

0.6＝82.8MPa

应力校核：$\tau_w=44.23MPa<[\tau]_w$，则通过。

7.4.2 卧式储罐计算示例

本算例为对称布置双鞍座储罐，结构参数见图 7 - 36、图 7 - 37，设计条件见表 7 - 17。

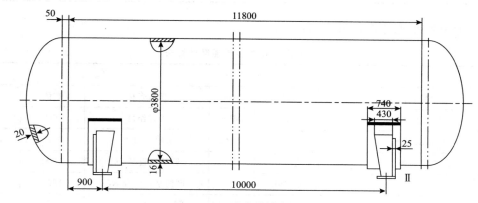

图 7 - 36 卧式储罐主视图

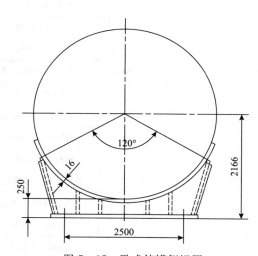

图 7 - 37 卧式储罐侧视图

表 7 - 16 卧式储罐设计数据表

设计压力 p/MPa	0.6	设计温度 t/℃	60
圆筒材料	Q345R	封头材料	Q345R
腐蚀裕量 C_2/mm	2	材料厚度负偏差 C_1/mm	0.3
焊接接头系数 ϕ	1.0	封头类型	标准椭圆封头
介质密度（kg/m³）	621	附件质量 m_3/kg	2496

续表

物料充装系数 ϕ_o	0.85	地震设防烈度	8 度 / 0.3g
鞍座底板与基础的 静摩擦系数 f	0.4	鞍座底板与基础的动摩擦系数 f_S	0.15
鞍座（型式、标准、包角）		鞍座 BI3800，JB/T 4712.1—2007，120°	
鞍座材料	Q235A	地脚螺栓材料	Q235A

解：计算结果见计算表例 7 - 17。

表 7 - 17　卧式容器强度计算表

设计参数

参数名称	数值	单位	参数名称	数值	单位
设计压力 p	0.6	MPa	设计温度	60	℃
计算压力 p_c	0.6	MPa	试验压力 p_T	0.75	MPa
圆筒材料	Q345R		圆筒内直径 D_i	3800	mm
封头材料	Q345R		圆筒平均半径 R_a	1908	mm
鞍座材料	Q235A		圆筒名义厚度 δ_n	16	mm
地脚螺栓材料	Q235A		圆筒有效厚度 δ_e	13.7	mm
圆筒材料常温许用应力 $[\sigma]$	189	MPa	封头名义厚度 δ_{hn}	20	mm
封头材料常温许用应力 $[\sigma]_h$	185	MPa	封头有效厚度 δ_{he}	17.7	mm
圆筒材料设计温度下许用应力 $[\sigma]^t$	189	MPa	两封头切线间距离 L	11900	mm
封头材料设计温度下许用用应力 $[\sigma]_h^t$	185	MPa	圆筒长度 L_c	11800	mm
圆筒材料常温屈服强度 R_{eL}	345	MPa	封头曲面深度 h_i	950	mm
圆筒材料常温弹性模量 E	2.01×10^5	MPa	操作时物料密度 ρ_o	621	kg/m³
圆筒材料设计温度下弹性模量 E^t	1.99×10^5	MPa	物料充装系数 ϕ_o	0.85	
鞍座材料许用应力 $[\sigma]_{sa}$	160	MPa	液压试验介质密度 ρ_T	1000	kg/m³
地脚螺栓材料许用应力 $[\sigma]_{bt}$	147	MPa	壳体材料密度 ρ_s	7850	kg/m³
焊接接头系数 ϕ	1.0		附件质量 m_3	2496	kg
腐蚀裕量 C_2	2	mm	隔热层质量 m_5	0	kg
材料厚度负偏差 C_1	0.3	mm	地震烈度	8 度 / 0.3g	

鞍座结构参数

鞍座包角 θ	120	(°)	鞍座底板中心至封 头切线距离 A	950	mm
鞍座垫板名义厚度 δ_{rn}	16	mm	鞍座轴向宽度 b	455	mm
鞍座垫板有效厚度 δ_{re}	15.7	mm	鞍座腹板名义厚度 b_o	25	mm
鞍座垫板实际宽度 b_4	740	mm	鞍座实际高度 H	250	mm

续表

<table>
<tr><td colspan="6" align="center">鞍座结构参数</td></tr>
<tr><td align="center">参数名称</td><td align="center">数值</td><td align="center">单位</td><td align="center">参数名称</td><td align="center">数值</td><td align="center">单位</td></tr>
<tr><td>圆筒中心至基础表面距离 H_V</td><td align="center">2166</td><td align="center">mm</td><td>腹板与筋板（小端）
组合截面积 A_{sa}</td><td align="center">1.05×10^5</td><td align="center">mm²</td></tr>
<tr><td>鞍座底板对基础垫板的静摩擦系数 f</td><td align="center">0.4</td><td align="center"></td><td>腹板与筋板（小端）组合
截面的抗弯截面系数 Z_r</td><td align="center">3.89×10^6</td><td align="center">mm³</td></tr>
<tr><td>鞍座底板对基础垫板的动摩擦系数 f_s</td><td align="center">0.15</td><td align="center"></td><td>地脚螺栓规格</td><td align="center">M24</td><td align="center"></td></tr>
<tr><td>筒体轴线两侧的螺栓间距 l_1</td><td align="center">2500</td><td align="center">mm</td><td>承受倾覆力矩的地脚
螺栓个数</td><td align="center">2</td><td align="center"></td></tr>
<tr><td>承受剪应力的地脚螺栓个数</td><td align="center">2</td><td align="center"></td><td></td><td></td><td></td></tr>
<tr><td colspan="6" align="center">支座反力计算</td></tr>
<tr><td>筒体质量（两切线间）m_1</td><td colspan="5">$m_1 = \pi(D_i + \delta_n)L\delta_n\rho_s = 17910$ kg</td></tr>
<tr><td>封头质量（曲面部分）m_2</td><td colspan="5">$m_2 = 4809$ kg</td></tr>
<tr><td>附件质量 m_3</td><td colspan="5">$m_3 = 2496$ kg</td></tr>
<tr><td>封头容积（曲面部分）V_H</td><td colspan="2">$V_H = 7.18\times10^9$ mm³</td><td>容器容积 V</td><td colspan="2">$V = \dfrac{\pi}{4}D_i^2 L + 2V_H = 1.5\times10^{11}$ mm³</td></tr>
<tr><td rowspan="2">容器内充液质量 m_4</td><td colspan="5">操作工况 $m_4 = V\rho_o\phi_o = 79178$ kg</td></tr>
<tr><td colspan="5">液压试验 $m_4' = V\rho_T = 150000$ kg</td></tr>
<tr><td>隔热层质量 m_5</td><td colspan="5" align="center">$m_5 = 0$</td></tr>
<tr><td rowspan="2">总质量 m</td><td colspan="5">操作时　$m = m_1 + m_2 + m_3 + m_4' = 104393$ kg</td></tr>
<tr><td colspan="5">水压试验　$m' = m_1 + m_2 + m_3 + m_4' = 150000$ kg</td></tr>
<tr><td rowspan="3">支座反力 F</td><td colspan="5">操作时　$F' = \dfrac{1}{2}mg = 512048$ N</td></tr>
<tr><td colspan="5">水压试验　$F'' = \dfrac{1}{2}m'g = 859430$ N</td></tr>
<tr><td colspan="5">$F = \max\{F', F''\} = 859430$ N</td></tr>
<tr><td colspan="6" align="center">系数确定</td></tr>
<tr><td>系数确定条件</td><td colspan="3" align="center">$A < R_a/2$</td><td colspan="2" align="center">$\theta = 120°$</td></tr>
<tr><td rowspan="3">系数</td><td colspan="2">查表2得：$K_1 = 1.0$</td><td colspan="2">查表2得：$K_2 = 1.0$</td><td>查表4得：$K_3 = 0.880$</td></tr>
<tr><td colspan="2">查表4得：$K_4 = 0.401$</td><td colspan="2">查表5得：$K_5 = 0.760$</td><td>查表5得：$K_6 = 0.013$</td></tr>
<tr><td colspan="2">查表5得：$K_6' = 0.011$</td><td colspan="3">查表8得：$K_9 = 0.204$</td></tr>
<tr><td colspan="6" align="center">圆筒轴向应力及校核</td></tr>
<tr><td rowspan="2" align="center">轴向弯矩</td><td rowspan="2" align="center">圆筒中间横截面</td><td colspan="4">操作工况　$M_1 = \dfrac{F'L}{4}\left[\dfrac{1 + 2(R_a^2 - h_i^2)/L^2}{1 + \dfrac{4}{3}\cdot\dfrac{h_i}{L}} - \dfrac{4A}{L}\right] = 9.44\times10^8$ N·mm</td></tr>
<tr><td colspan="4">水压试验工况　$M_{T1} = \dfrac{F''L}{4}\left[\dfrac{1 + 2(R_a^2 - h_i^2)/L^2}{1 + \dfrac{4}{3}\cdot\dfrac{h_i}{L}} - \dfrac{4A}{L}\right] = 1.59\times10^9$ N·mm</td></tr>
</table>

圆筒轴向应力及校核

轴向弯矩	鞍座平面	操作工况		$M_2 = -F'A\left[1 - \dfrac{1 - \dfrac{A}{L} + \dfrac{R_a^2 - h_i^2}{2AL}}{1 + \dfrac{4}{3}\cdot\dfrac{h_i}{L}}\right] = -2.87\times10^7\,\mathrm{N\cdot mm}$
		水压试验工况		$M_{T2} = -F''A\left[1 - \dfrac{1 - \dfrac{A}{L} + \dfrac{R_a^2 - h_i^2}{2AL}}{1 + \dfrac{4}{3}\cdot\dfrac{h_i}{L}}\right] = -4.81\times10^7\,\mathrm{N\cdot mm}$
轴向应力	操作工况（盛装物料）	内压	圆筒中间横截面最高点处	$\sigma_1 = -\dfrac{M_1}{3.14 R_a^2 \delta_e} = -6.03\mathrm{MPa}$
		未加压	鞍座平面最低点处	$\sigma_4 = -\dfrac{M_2}{3.14 K_2 R_a^2 \delta_e} = -0.19\mathrm{MPa}$
		内压	圆筒中间横截面最低点处	$\sigma_2 = \dfrac{p_c R_a}{2\delta_e} + \dfrac{M_1}{3.14 R_a^2 \delta_e} = 47.81\mathrm{MPa}$
		加压	鞍座平面最高点处	$\sigma_3 = \dfrac{p_c R_a}{2\delta_e} - \dfrac{M_2}{3.14 K_1 R_a^2 \delta_e} = 41.97\mathrm{MPa}$
	水压试验工况（充满水）	内压	圆筒中间横截面最高点处	$\sigma_{T1} = -\dfrac{M_{T1}}{3.14 R_a^2 \delta_e} = -10.16\mathrm{MPa}$
		未加压	鞍座平面最低点处	$\sigma_{T4} = -\dfrac{M_{T2}}{3.14 K_2 R_a^2 \delta_e} = -0.31\mathrm{MPa}$
		内压	圆筒中间横截面最低点处	$\sigma_{T2} = \dfrac{p_T R_a}{2\delta_e} + \dfrac{M_{T1}}{3.14 R_a^2 \delta_e} = 62.38\mathrm{MPa}$
		加压	鞍座平面最高点处	$\sigma_{T3} = \dfrac{p_T R_a}{2\delta_e} - \dfrac{M_{T2}}{3.14 K_1 R_a^2 \delta_e} = 52.54\mathrm{MPa}$
应力校核	许用压缩应力 $[\sigma]_{ac}$	外压应力系数 B		$A = 0.094\delta_e/R_o = 6.73\times10^{-4}$，根据圆筒材料，按 GB/T 150.3 规定求取 $B=88.33\mathrm{MPa}$、$B^0=89.44\mathrm{MPa}$
		操作工况		$[\sigma]_{ac}^t = \min\{[\sigma]^t,\ B\} = 88.33\mathrm{MPa}$
		充满水未加压状态		$[\sigma]_{ac} = \min\{0.9 R_{eL}(R_{p0.2}),\ B^0\} = 89.44\mathrm{MPa}$
	操作工况	内压加压		$\max(\sigma_1,\ \sigma_2,\ \sigma_3,\ \sigma_4) = 47.81 < \phi[\sigma]^t = 189$ 合格
		内压未加压		$|\min(\sigma_1,\sigma_2,\sigma_3,\sigma_4)| = 6.03 < [\sigma]_{ac}^t = 88.33$ 合格
	水压试验工况（充满水）	加压		$\max(\sigma_{T1},\ \sigma_{T2},\ \sigma_{T3},\ \sigma_{T4}) = 62.38 < 0.9\phi R_{eL}(R_{p0.2}) = 310.5$ 合格
		未加压		$|\min(\sigma_{T1},\ \sigma_{T2},\ \sigma_{T3},\ \sigma_{T4})| = 10.16 < [\sigma]_{ac} = 89.44$ 合格

圆筒切向剪应力及封头应力及校核				
圆筒切向剪应力	圆筒被封头加强($A \leqslant R_a/2$时)	$\tau = \dfrac{K_3 F}{R_a \delta_e} = 28.94\text{MPa}$		
封头应力	圆筒被封头加强($A \leqslant R_a/2$时)	$\tau_h = \dfrac{K_4 F}{R_a \delta_{he}} = 10.21\text{MPa}$		
应力校核	圆筒切向剪应力	$\tau = 28.94 < 0.8[\sigma]^t = 151.2$ 合格		
	封头应力	椭圆形	$\sigma_h = \dfrac{K p_c D_i}{2 \delta_{he}} = 64.41\text{ MPa}$	其中 $K = \dfrac{1}{6}\left[2 + \left(\dfrac{D_i}{2 h_i}\right)^2\right]$
		$\tau_h = 10.21 < 1.25[\sigma]^t - \sigma_h = 171.84$ 合格		

圆筒周向应力及校核				
无加强圈圆筒	圆筒的有效宽度	$b_2 = b + 1.56\sqrt{R_a \delta_n} = 727.57\text{mm}$		
	鞍座垫板包角	$132° \geqslant \theta + 12°$		取 $k=0.1$
	垫板起加强作用 $b_4 \geqslant b_2$	横截面最低点处	$\sigma_5 = -\dfrac{k K_5 F}{(\sigma_e + \sigma_{re}) b_2} = -3.06\text{MPa}$	
		鞍座边角处	当 $L/R_a < 8$ 时	$\sigma_6 = -\dfrac{F}{4(\sigma_e + \sigma_{re}) b_2} - \dfrac{12 K_6 F R_a}{L(\delta_e^2 + \delta_{re}^2)} = -59.56\text{MPa}$
		鞍座垫板边缘处	当 $L/R_a < 8$ 时	$\sigma_6' = -\dfrac{F}{4\sigma_e b_2} - \dfrac{12 K_6' F R_a}{L \delta_e^2} = -118.47\text{MPa}$
应力校核	$|\sigma_5| = 3.06 < [\sigma]^t = 189$ 合格			
	$|\sigma_6| = 59.65 < 1.25[\sigma]^t = 236.25$ 合格			
	$|\sigma_6'| = 118.47 < 1.25[\sigma]^t = 236.25$ 合格			

鞍座设计计算		
结构参数	鞍座计算高度	$H_s = \min\left\{H, \dfrac{1}{3} R_a\right\} = 250\text{mm}$
	鞍座垫板有效宽度	$b_r = b_2 = 727.57\text{mm}$

腹板水平拉应力及校核		
腹板水平力	$F_s = K_9 F = 175324\text{N}$	
水平拉应力	垫板起加强作用	$\sigma_9 = \dfrac{F_s}{H_s b_0 + b_r \delta_{re}} = 9.93\text{MPa}$
应力校核	$\sigma_9 = 9.93 < \dfrac{2}{3}[\sigma]_{sa} = 106.67$ 合格	

鞍座压缩应力及校核		
温差引起的腹板与筋板组合截面应力	$\sigma_{sa}^t = -\dfrac{F'}{A_{sa}} - \dfrac{F' f H}{Zr} = -18.04\text{MPa}$	
应力校核	$|\sigma_{sa}| = 13.29 < K_0[\sigma]_{sa} = 192$ 合格	
	$|\sigma_{sa}^t| = 18.04 < K_0[\sigma]_{sa} = 160$ 合格	

地震引起的地角螺栓应力及校核		
倾覆力矩	$M_{EV}^{0-0} = F_{EV} H_V - m_0 g \dfrac{l}{2} = 2.24 \times 10^8 \mathrm{N \cdot mm}$	
地角螺栓拉应力	$\sigma_{bt} = \dfrac{M_{EV}^{0-0}}{nlA_{bt}} = 132.55 \mathrm{MPa}$	
地角螺栓剪应力	$F_{EV} < mgf$，不需校核	
应力校核	拉应力	$\sigma_{bt} = 132.55 < K_0 [\sigma]_{bt} = 176.4$ 合格

附录 A　卧式储罐设计任务书示例

A.1　设计内容

设计一台双鞍座卧式储罐，工艺尺寸如图 A-1 所示。

卧式储罐装配图及零部件图，设计计算说明书。

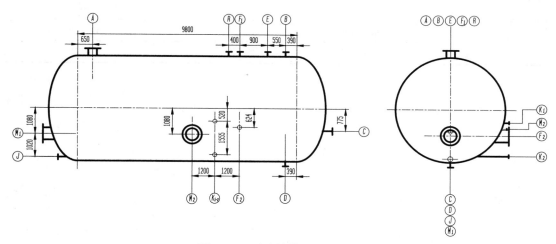

图 A-1　卧式储罐设计条件图

A.2　设计参数及技术特性指标

操作介质	常顶油、油气、水
介质特性	含 S0.03%
最高工作压力	0.03MPa
最高工作温度	40℃
设计寿命	10 年

A.3 管口表

管口符号	名　称	公称尺寸/mm	管口型式
A	油气入口	600	RF
B	气相出口	250	RF
C	液相出口	350	RF
D	排水口	200	RF
E	放空口	200	RF
F	液位计连通口	50	RF
M	人孔	600	—
J	蒸汽吹扫口	50	RF
K	液位计连通口	50	RF
R	安全发放空口	80	RF

附录 B　塔设备设计任务书示例

B.1　设计内容

设计一台板式塔（常一线油汽提塔），工艺尺寸如图 B-1 所示。

板式塔装配图及主要零部件图，设计计算说明书。

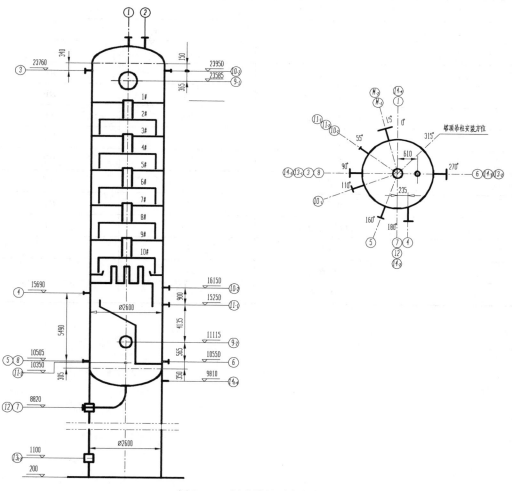

图 B-1　板式塔设计条件图

B.2 设计参数及技术特性指标

操作介质	油、油气	基本风压	750Pa
介质特性	易燃、易爆	地震设防烈度	7度（0.1g）
最高工作压力	0.17MPa	地震设防分组	第一组
最高工作温度	205℃	场地土类别	Ⅱ类
设计寿命	20年（壳体）		

B.3 管口表

管口符号	名 称	公称尺寸/mm	管口型式
1	常一线油气出口	350	RF
2	放空口	200	RF
3	常一线油入口	250	RF
4	再沸器返回口	450	RF
5	蒸汽入口	50	RF
6	再沸器抽出口	400	RF
7	常一线油出口	250	RF
8	泵溢流口	100	RF
9_{1-2}	人孔	600	RF
10_{1-2}	压力表口	20	RF
11_{1-2}	液位计连通管口	50	RF
12	引出孔	$\phi450$	—
13_{1-2}	检查孔	$\phi500$	—
14_{1-4}	透气孔	$\phi108$	—

附录 C 换热器设计任务书示例

C.1 设计内容

设计一台固定管板式换热器，工艺尺寸如图 C-1 所示。

固定管板式换热器装配图及主要零部件图，设计计算说明书。

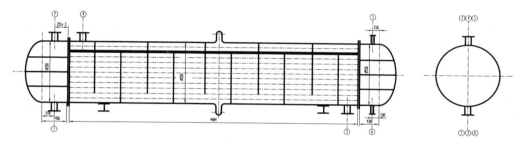

图 C-1 换热器设计条件图

C.2 设计参数及技术特性指标

项目	管程	壳程
操作介质	循环水	重石脑油
介质特性	—	—
最高工作压力	0.45MPa	1.21MPa
最高工作温度	34/39℃	50/40℃
程数	6	1
换热面积	73.2m²	

C.3 管口表

管口符号	名称	公称尺寸/mm	管口型式
1	管程入口	100	RF
2	管程出口	100	RF

管口符号	名称	公称尺寸/mm	管口型式
3	壳程入口	100	RF
4	壳程出口	100	RF
5	放空口	G1/2″	—
6	排水口	G1/2″	—

附录 D 化工设备材料许用应力表

附表 D-1 碳素钢和低合金钢钢板许用应力

钢号	钢板标准	使用状态	厚度/mm	室温强度指标		在下列温度（℃）下的许用应力/MPa																注
				R_m MPa	R_{eL} MPa	≤20	100	150	200	250	300	350	400	425	450	475	500	525	550	575	600	
Q245R	GB 713	热轧，控轧，正火	3~16	400	245	148	147	140	131	117	108	98	91	85	61	41						
			>16~36	400	235	148	140	133	124	111	102	93	86	84	61	41						
			>36~60	400	225	148	133	127	119	107	98	89	82	80	61	41						
			>60~100	390	205	137	123	117	109	98	90	82	75	73	61	41						
			>100~150	380	185	123	112	107	100	90	80	73	70	67	61	41						
Q345R	GB 713	热轧，控轧，正火	3~16	510	345	189	189	189	183	167	153	143	125	93	66	43						
			>16~36	500	325	185	185	183	170	157	143	133	125	93	66	43						
			>36~60	490	315	181	181	173	160	147	133	123	117	93	66	43						
			>60~100	490	305	181	181	167	150	137	123	117	110	93	66	43						
			>100~150	480	285	178	173	160	147	133	120	113	107	93	66	43						
			>150~200	470	265	174	163	153	143	130	117	110	103	93	66	43						

续表

钢号	钢板标准	使用状态	厚度/mm	室温强度指标 Rm MPa	室温强度指标 ReL MPa	≤20	100	150	200	250	300	350	400	425	450	475	500	525	550	575	600	注
						在下列温度（℃）下的许用应力/MPa																
Q370R	GB 713	正火	10~16	530	370	196	196	196	196	190	180	170										
			>16~36	530	360	196	196	196	193	183	173	163										
			>36~60	520	340	193	193	193	180	170	160	150										
18MnMoNbR	GB 713	正火加回火	30~60	570	400	211	211	211	211	211	211	211	207	195	177	117						
			>60~100	570	390	211	211	211	211	211	211	211	203	192	177	117						
13MnNiMoR	GB 713	正火加回火	30~100	570	390	211	211	211	211	211	211	211	203									
			>100~150	570	380	211	211	211	211	211	211	211	200									
15CrMoR	GB 713	正火加回火	6~60	450	295	167	167	167	160	150	140	133	126	122	119	117	88	58	37			
			>60~100	450	275	167	167	157	147	140	131	124	117	114	111	109	88	58	37			
			>100~150	440	255	163	157	147	140	133	123	117	110	107	104	102	88	58	37			
14Cr1MoR	GB 713	正火加回火	6~100	520	310	193	187	180	170	163	153	147	140	135	130	123	80	54	33			
			>100~150	510	300	189	180	173	163	157	147	140	133	130	127	121	80	54	33			
12Cr2Mo1R	GB 713	正火加回火	6~150	520	310	193	187	180	173	170	167	163	160	157	147	119	89	61	46	37		
12Cr1MoVR	GB 713	正火加回火	6~60	440	245	163	150	140	133	127	117	111	105	103	100	98	95	82	59	41		
			>60~100	430	235	157	147	140	133	127	117	111	105	103	100	98	95	82	59	41		
12Cr2Mo1VR	—	正火加回火	30~120	590	415	219	219	219	219	219	219	219	219	219	193	163	134	104	72			1
16MnDR	GB 3531	正火, 正火加回火	6~16	490	315	181	181	180	167	153	140	130										
			>16~36	470	295	174	174	167	157	143	130	120										
			>36~60	460	285	170	170	160	150	137	123	117										
			>60~100	450	275	167	167	157	147	133	120	113										
			>100~120	440	265	163	163	153	143	130	117	110										

续表

钢号	钢板标准	使用状态	厚度/mm	室温强度指标 Rm/MPa	室温强度指标 ReL/MPa	在下列温度（℃）下的许用应力/MPa ≤20	100	150	200	250	300	350	400	425	450	475	500	525	550	575	600	注
15MnNiDR	GB 3531	正火，正火加回火	6~16	490	325	181	181	181	173													
			>16~36	480	315	178	178	178	167													
			>36~60	470	305	174	174	173	160													
15MnNiNbDR	—	正火加回火	10~16	530	370	196	196	196	196													1
			>16~36	530	360	196	196	196	193													
			>36~60	520	350	193	193	193	187													
09MnNiDR	GB 3531	正火，正火加回火	6~16	440	300	163	163	163	160	153	147	137										
			>16~36	430	280	159	159	157	150	143	137	127										
			>36~60	430	270	159	159	150	143	137	130	120										
			>60~120	420	260	156	156	147	140	133	127	117										
08Ni3DR	—	正火，正火加回火，调质	6~60	490	320	181	181															1
			>60~100	480	300	178	178															
06Ni9DR	—	调质	6~30	680	560	252	252															1
			>30~40	680	550	252	252															
07MnMoVR	GB 19189	调质	10~60	610	490	226	226	226	226													
07MnNiVDR	GB 19189	调质	10~60	610	490	226	226	226	226													
07MnNiMoDR	GB 19189	调质	10~59	610	490	226	226	226	226													
12MnNiVR	GB 19189	调质	10~60	610	490	226	226	226	226													

注1：见 GB/T 150.2—2011 附录A。

附表 D-2 高合金钢钢板许用应力

钢号	钢板标准	厚度/mm	在下列温度（℃）下的许用应力/MPa																						注
			≤20	100	150	200	250	300	350	400	450	500	525	550	575	600	625	650	675	700	725	750	775	800	
S11306	GB 24511	1.5~25	137	126	123	120	119	117	112	109															
S11348	GB 24511	1.5~25	113	104	101	100	99	97	95	90															
S11972	GB 24511	1.5~8	154	154	149	142	136	131	125																
S21953	GB 24511	1.5~80	233	233	223	217	210	203																	
S22253	GB 24511	1.5~80	230	230	230	230	223	217																	
S22053	GB 24511	1.5~80	230	230	230	230	223	217																	
S30408	GB 24511	1.5~80	137	137	137	130	122	114	111	107	103	100	98	91	79	64	52	42	32	27					1
S30408	GB 24511	1.5~80	137	114	103	96	90	85	82	79	76	74	73	71	67	62	52	42	32	27					
S30403	GB 24511	1.5~80	120	114	103	96	90	85	82	79															1
S30403	GB 24511	1.5~80	120	114	103	96	90	85	82	79															
S30409	GB 24511	1.5~80	137	137	137	137	122	114	111	107	103	100	98	91	79	64	52	42	32	27					1
S30409	GB 24511	1.5~80	137	114	103	96	90	85	82	79	76	74	73	71	67	62	52	42	32	27					
S31008	GB 24511	1.5~80	137	137	137	137	134	130	125	122	119	115	113	105	84	61	43	31	23	19	15	12	10	8	1
S31008	GB 24511	1.5~80	137	137	137	137	134	130	125	122	119	115	113	105	84	61	43	31	23	19	15	12	10	8	
S31608	GB 24511	1.5~80	137	121	111	105	99	96	93	90	84	79													1
S31608	GB 24511	1.5~80	137	120	107	108	100	95	90	86	81	79													
S31603	GB 24511	1.5~80	120	117	107	99	93	87	84	64	62														1
S31603	GB 24511	1.5~80	120	98	87	80	74	70	67	62															
S31668	GB 24511	1.5~80	137	137	137	134	125	118	113	111	109	107	106	105	96	81	65	50	38	30					1
S31668	GB 24511	1.5~80	137	137	137	134	125	118	113	111	109	107	106	105	96	81	65	50	38	30					

续表

钢号	钢板标准	厚度/mm	在下列温度（℃）下的许用应力/MPa																						注
			≤20	100	150	200	250	300	350	400	450	500	525	550	575	600	625	650	675	700	725	750	775	800	
S31708	GB 24511	1.5~80	137	137	137	134	125	118	113	111	109	107	106	105	96	81	65	50	38	30					1
			137	117	107	99	93	87	84	82	81	79	78	78	76	73	65	50	38	30					
S31703	GB 24511	1.5~80	137	137	137	134	125	118	113	111	109														1
			137	117	107	99	93	87	84	82	81														
S32168	GB 24511	1.5~80	137	137	137	130	122	114	111	108	105	103	101	83	58	44	33	25	18	13					1
			137	114	103	96	90	85	82	80	78	76	75	74	58	44	33	25	18	13					
S39042	GB 24511	1.5~80	147	147	147	147	144	131	122																1
			147	137	127	117	107	97	90																

注1：该行许用应力仅适用于允许产生微量永久变形之元件，对于法兰或其他有微量永久变形就会引起泄漏或故障的场合不能采用。

附表 D-3 碳钢和低合金钢钢管许用应力

钢号	钢管标准	使用状态	壁厚 mm	R_m MPa	R_{eL} MPa	≤20	100	150	200	250	300	350	400	425	450	475	500	525	550	575	600	注
10	GB/T 8163	热轧	≤10	335	205	124	121	115	108	98	89	82	75	70	61	41						
20	GB/T 8163	热轧	≤10	410	245	152	147	140	131	117	108	98	88	83	61	41						
Q345D	GB/T 8163	正火	≤10	470	345	174	174	174	174	167	153	143	125	93	66	43						
10	GB 9948	正火	≤16	335	205	124	121	115	108	98	89	82	75	70	61	41						
10	GB 9948	正火	>16~30	335	195	124	117	111	105	95	85	79	73	67	61	41						
20	GB 9948	正火	≤16	410	245	152	147	140	131	117	108	98	88	83	61	41						
20	GB 9948	正火	>16~30	410	235	152	140	133	124	111	102	93	83	78	61	41						
20	GB 6479	正火	≤16	410	245	152	147	140	131	117	108	98	88	83	61	41						
20	GB 6479	正火	>16~40	410	235	152	140	133	124	111	102	93	83	78	61	41						
16Mn	GB 6479	正火	≤16	490	320	181	181	180	167	153	140	130	123	93	66	43						
16Mn	GB 6479	正火	>16~40	490	310	181	181	173	160	147	133	123	117	93	66	43						
12CrMo	GB 9948	正火加回火	≤16	410	205	137	121	115	108	101	95	88	82	80	79	77	74	50				
12CrMo	GB 9948	正火加回火	>16~30	410	195	130	117	111	105	98	91	85	79	77	75	74	72	50				
15CrMo	GB 9948	正火加回火	≤16	440	235	157	140	131	124	117	108	101	95	93	91	90	88	58	37			
15CrMo	GB 9948	正火加回火	>16~30	440	225	150	133	124	117	111	103	97	91	89	87	86	85	58	37			
15CrMo	GB 9948	正火加回火	>30~50	440	215	143	127	117	111	105	97	92	87	85	84	83	81	58	37			
12Cr2Mo1	—	正火加回火	≤30	450	280	167	167	163	157	153	150	147	143	140	137	119	89	61	46	37		1
1Cr5Mo	GB 9948	退火	≤16	390	195	130	117	111	108	105	101	98	95	93	91	83	62	46	35	26	18	
1Cr5Mo	GB 9948	退火	>16~30	390	185	123	111	105	101	98	95	91	88	86	85	82	62	46	35	26	18	
12Cr1MoVG	GB 5310	正火加回火	≤30	470	255	170	153	143	133	127	117	111	105	103	100	98	95	82	59	41		1
09MnD	—	正火	≤8	420	270	156	156	150	143	130	120	110										1
09MnNiD	—	正火	≤8	440	280	163	163	157	150	143	137	127										1
08Cr2AlMo	—	正火加回火	≤8	400	250	148	148	140	130	123	117											1
09CrCuSb	—	正火	≤8	390	245	144	144	137	127													1

附表 D-4 高合金钢钢管许用应力

钢号	钢管标准	壁厚 mm	在下列温度（℃）下的许用应力/MPa																						注
			≤20	100	150	200	250	300	350	400	450	500	525	550	575	600	625	650	675	700	725	750	775	800	
0Cr18Ni9 (S30408)	GB 13296	≤14	137	137	137	130	122	114	111	107	103	100	98	91	79	64	52	42	32	27					1
		≤28	137	114	103	96	90	85	82	79	76	74	73	71	67	62	52	42	32	27					
0Cr18Ni9 (S30408)	GB/T 14976	≤14	137	137	137	130	122	114	111	107	103	100	98	91	79	64	52	42	32	27					1
		≤28	137	114	103	96	90	85	82	79	76	74	73	71	67	62	52	42	32	27					
00Cr19Ni10 (S30403)	GB 13296	≤14	117	117	117	110	103	98	94	91	88														1
		≤28	117	97	87	81	76	73	69	67	65														
00Cr19Ni10 (S30403)	GB/T 14976	≤14	117	117	117	110	103	98	94	91	88														1
		≤28	117	97	87	81	76	73	69	67	65														
0Cr18Ni10Ti (S32168)	GB 13296	≤14	137	137	137	130	122	114	111	108	105	103	101	83	58	44	33	25	18	13					1
		≤28	137	114	103	96	90	85	82	80	78	76	75	74	58	44	33	25	18	13					
0Cr18Ni10Ti (S32168)	GB/T 14976	≤14	137	137	137	130	122	114	111	108	105	103	101	83	58	44	33	25	18	13					1
		≤28	137	114	103	96	90	85	82	80	78	76	75	74	58	44	33	25	18	13					
0Cr17Ni12Mo2 (S31608)	GB 13296	≤14	137	137	137	134	125	118	113	111	109	107	106	105	96	81	65	50	38	30					1
		≤28	137	117	107	99	93	87	84	82	81	79	78	78	76	73	65	50	38	30					
0Cr17Ni12Mo2 (S31608)	GB/T 14976	≤14	137	137	137	134	125	118	113	111	109	107	106	105	96	81	65	50	38	30					1
		≤28	137	117	107	99	93	87	84	82	81	79	78	78	76	73	65	50	38	30					
00Cr17Ni14Mo2 (S31603)	GB 13296	≤14	117	117	117	108	100	95	90	86	84														1
		≤28	117	97	87	80	74	70	67	64	62														
00Cr17Ni14Mo2 (S31603)	GB/T 14976	≤14	117	117	117	108	100	95	90	86	84														1
		≤28	117	97	87	80	74	70	67	64	62														
0Cr18Ni12Mo2Ti (S31668)	GB 13296	≤14	137	137	137	134	125	118	113	111	109	107													1
		≤28	137	117	107	99	93	87	84	82	81	79													

续表

钢号	钢管标准	壁厚 mm	在下列温度（℃）下的许用应力/MPa																						注
			≤20	100	150	200	250	300	350	400	450	500	525	550	575	600	625	650	675	700	725	750	775	800	
0Cr18Ni12Mo2Ti (S31668)	GB/T 14976	≤28	137	137	137	134	125	118	113	111	109	107	106	105	96	81	65	50	38	30					1
0Cr19Ni13Mo3 (S31708)	GB 13296	≤14	137	137	107	99	93	87	84	82	81	79	78	78	76	73									1
0Cr19Ni13Mo3 (S31708)	GB/T 14976	≤28	137	137	137	134	125	118	113	111	109	107	106	105	96	81	65	50	38	30					1
00Cr19Ni13Mo3 (S31703)	GB 13296	≤14	117	117	107	99	93	87	84	82	81	79													1
00Cr19Ni13Mo3 (S31703)	GB/T 14976	≤28	117	117	117	117	117	117	113	111	109	107													1
0Cr25Ni20 (S31008)	GB 13296	≤14	137	137	111	105	99	96	93	90	88	85	84	83	81	61	43	31	23	19	15	12	10	8	1
0Cr25Ni20 (S31008)	GB/T 14976	≤28	137	137	137	137	134	130	125	122	119	115	113	105	84	61	43	31	23	19	15	12	10	8	1
1Cr19Ni9 (S30409)	GB 13296	≤14	137	137	137	130	122	114	111	107	103	100	98	91	79	64	52	42	32	27					1
S21953	GB/T 21833	≤12	233	233	223	217	210	203																	
S22253	GB/T 21833	≤12	230	230	230	230	223	217																	
S22053	GB/T 21833	≤12	243	243	243	243	240	233																	
S25073	GB/T 21833	≤12	296	296	296	280	267	257																	
S30408	GB/T 12771	≤28	116	116	116	111	104	97	94	91	88	85	83	77	67	54	44	36	27	23					1,2
S30408		≤28	116	97	88	82	77	72	70	67	65	63	62	60	57	53	44	36	27	23					2

续表

钢号	钢管标准	壁厚 mm	≤20	100	150	200	250	300	350	400	450	500	525	550	575	600	625	650	675	700	725	750	775	800	注
S30403	GB/T 12771	≤28	99	99	99	94	88	83	80	77	75														1,2
			99	82	74	69	65	62	59	57	55														2
S31608	GB/T 12771	≤28	116	116	116	114	106	100	96	94	93	91	90	89	82	69	55	43	32	26					1,2
			116	99	91	84	79	74	71	70	69	67	66	66	65	62	55	43	32	26					2
S31603	GB/T 12771	≤28	99	99	99	92	85	81	77	73	71														1,2
			99	82	74	68	63	60	57	54	53														2
S32168	GB/T 12771	≤28	116	116	116	111	104	97	94	92	89	88	86	71	49	37	28	21	15	11					1,2
			116	97	88	82	77	72	70	68	66	65	64	63	49	37	28	21	15	11					2
S30408	GB/T 24593	≤4	116	116	116	114	104	97	94	91	88	85	83	77	67	54	44	36	27	23					1,2
			116	97	88	82	77	72	70	67	65	63	62	60	57	53	44	36	27	23					2
S30403	GB/T 24593	≤4	99	99	99	94	88	83	80	77	75														1,2
			99	82	74	69	65	62	59	57	55														2
S31608	GB/T 24593	≤4	116	116	116	114	106	100	96	94	93	91	90	89	82	69	55	43	32	26					1,2
			116	99	91	84	79	74	71	70	69	67	66	66	65	62	55	43	32	26					2
S31603	GB/T 24593	≤4	99	99	99	92	85	81	77	73	71														1,2
			99	82	74	68	63	60	57	54	53														2
S32168	GB/T 21832	≤20	116	116	116	111	104	97	94	92	89	88	86	71	49	37	28	21	15	11					1,2
			116	97	88	82	77	72	70	68	66	65	64	63	49	37	28	21	15	11					2
S21953	GB/T 21832	≤20	198	198	190	185	179	173																	2
S22253	GB/T 21832	≤20	196	196	196	196	190	185																	2
S22053	GB/T 21832	≤20	207	207	207	207	204	198																	2

注1：该许用应力仅适用于允许产生微量永久变形之元件，对于法兰或其他有微量永久变形就引起泄漏或故障的场合不能采用。

注2：该许用应力已乘焊接接头系数0.85。

附表 D-5　碳钢和低合金钢锻件许用应力

钢号	钢锻件标准	使用状态	公称厚度/mm	室温强度指标		在下列温度（℃）下的许用应力/MPa																注
				R_m MPa	R_{eL} MPa	≤20	100	150	200	250	300	350	400	425	450	475	500	525	550	575	600	
20	NB/T 47008	正火、正火加回火	≤100	410	235	152	140	133	124	111	102	93	86	84	61	41						
			>100~200	400	225	148	133	127	119	107	98	89	82	80	61	41						
			>200~300	380	205	137	123	117	109	98	90	82	75	73	61	41						
35	NB/T 47008	正火、正火加回火	≤100	510	265	177	157	150	137	124	115	105	98	85	61	41						1
			>100~300	490	245	163	150	143	133	121	111	101	95	85	61	41						
16Mn	NB/T 47008	正火、正火加回火、调质	≤100	480	305	178	178	167	150	137	123	117	110	93	66	43						
			>100~200	470	295	174	174	163	147	133	120	113	107	93	66	43						
			>200~300	450	275	167	167	157	143	130	117	110	103	93	66	43						
20MnMo	NB/T 47008	调质	≤300	530	370	196	196	196	196	196	190	183	173	167	131	84	49					
			>300~500	510	350	189	189	189	189	187	180	173	163	157	131	84	49					
			>500~700	490	330	181	181	181	181	180	173	167	157	150	131	84	49					
20MnMoNb	NB/T 47008	调质	≤300	620	470	230	230	230	230	230	230	230	230	230	177	117						
			>300~500	610	460	226	226	226	226	226	226	226	226	226	177	117						
20MnNiMo	NB/T 47008	调质	≤500	620	450	230	230	230	230	230	230	230	230									
35CrMo	NB/T 47008	调质	≤300	620	440	230	230	230	230	230	230	223	213	197	150	111	79	50				
			>300~500	610	430	226	226	226	226	226	226	223	213	197	150	111	79	50				
15CrMo	NB/T 47008	正火加回火、调质	≤300	480	280	178	170	160	150	143	133	127	120	117	113	110	88	58	37			1
			>300~500	470	270	174	163	153	143	137	127	120	113	110	107	103	88	58	37			
14Cr1Mo	NB/T 47008	正火加回火、调质	≤300	490	290	181	180	170	160	153	147	140	133	130	127	122	80	54	33			
			>300~500	480	280	178	173	163	153	147	140	133	127	123	120	117	80	54	33			

续表

钢号	钢锻件标准	使用状态	公称厚度/mm	室温强度指标 R_m/MPa	R_eL/MPa	≤20	100	150	200	250	300	350	400	425	450	475	500	525	550	575	600	注
12Cr2Mo1	NB/T 47008	正火加回火,调质	≤300	510	310	189	187	180	173	170	167	163	160	157	147	119	89	61	46	37		
12Cr2Mo1	NB/T 47008	正火加回火,调质	>300~500	500	300	185	183	177	170	167	163	160	157	153	147	119	89	61	46	37		
12Cr1MoV	NB/T 47008	正火加回火,调质	≤300	470	280	174	170	160	153	147	140	133	127	123	120	117	113	82	59	41		
12Cr1MoV	NB/T 47008	正火加回火,调质	>300~500	460	270	170	163	153	147	140	133	127	120	117	113	110	107	82	59	41		
12Cr2Mo1V	NB/T 47008	正火加回火,调质	≤300	590	420	219	219	219	219	219	219	219	219	219	193	163	134	104	72			
12Cr2Mo1V	NB/T 47008	正火加回火,调质	>300~500	580	410	215	215	215	215	215	215	215	215	215	193	163	134	104	72			
12Cr3Mo1V	NB/T 47008	正火加回火,调质	≤300	590	420	219	219	219	219	219	219	219	219	219	193							
12Cr3Mo1V	NB/T 47008	正火加回火,调质	>300~500	580	410	215	215	215	215	215	215	215	215	215								
1Cr5Mo	NB/T 47008	正火加回火,调质	≤500	590	390	219	219	219	219	217	213	210	190	136	107	83	62	46	35	26	18	
16MnD	NB/T 47009	调质	≤100	480	305	178	178	167	150	137	123	117										
16MnD	NB/T 47009	调质	>100~200	470	295	174	174	163	147	133	120	113										
16MnD	NB/T 47009	调质	>200~300	450	275	167	167	157	143	130	117	110										
20MnMoD	NB/T 47009	调质	≤300	530	370	196	196	196	196	196	190	183										
20MnMoD	NB/T 47009	调质	>300~500	510	350	189	189	189	189	187	180	173										
20MnMoD	NB/T 47009	调质	>500~700	490	330	181	181	181	181	180	173	167										
08MnNiMoVD	NB/T 47009	调质	≤300	600	480	222	222	222	222													
10Ni3MoVD	NB/T 47009	调质	≤300	600	480	222	222	222	222													
09MnNiD	NB/T 47009	调质	≤200	440	280	163	163	157	150	143	137	127										
09MnNiD	NB/T 47009	调质	>200~300	430	270	159	159	150	143	137	130	120										
08Ni3D	NB/T 47009	调质	≤300	460	260	170																

在下列温度（℃）下的许用应力/MPa

注1：该钢锻件不得用于焊接结构。

过程设备综合设计指导

附表 D-6 高合金钢锻件许用应力

| 钢号 | 钢锻件标准 | 公称厚度/mm | 在下列温度（℃）下的许用应力/MPa | | | | | | | | | | | | | | | | | | | | | | 注 |
			≤20	100	150	200	250	300	350	400	450	500	525	550	575	600	625	650	675	700	725	750	775	800	
S11306	NB/T 47010	≤150	137	126	123	120	119	117	112	109															
S30408	NB/T 47010	≤300	137	137	137	130	122	117	111	107	103	100	98	91	79	64	52	42	32	27					1
			137	137	137	137	137	114	125	122	119	115	113	105	96	81	65	50	38	30					
S30403	NB/T 47010	≤300	117	114	103	96	90	85	82	79	76	74	73	71	67	62									1
			117	117	117	110	103	98	94	91	88	85	84	83	81	73	65								
S30409	NB/T 47010	≤300	137	137	137	130	122	114	111	107	103	100	98	91	79	64	52	42	32	27					1
			137	137	137	137	134	130	125	122	119	115	106	105	96	81	65	50	38	30					
S31008	NB/T 47010	≤300	137	137	137	134	125	118	113	109	105	103	101	84	58	44	33	25	18	13					1
			137	137	137	137	134	130	125	119	115	113	106	105	84	61	43	31	23	19	15	12	10	8	
S31608	NB/T 47010	≤300	137	137	137	134	125	118	113	111	109	107	106	105	84	61	43	31	23	19	15	12	10	8	1
			137	117	107	99	93	87	84	82	81	79	78	76	81	73									
S31603	NB/T 47010	≤300	117	117	117	108	100	95	90	86	84														1
			117	117	117	80	74	70	67	64	62														
S31668	NB/T 47010	≤300	137	137	137	134	125	118	113	111	109	107	106	105	96	81									1
			137	117	107	99	93	87	84	82	81	79	78	78	76	73									
S31703	NB/T 47010	≤300	130	130	130	130	125	118	113	111	109	107													1
			130	117	107	99	93	87	84	82															
S32168	NB/T 47010	≤300	137	137	137	130	122	114	111	108	105	103	101	83	58	44	33	25	18	13					1
			137	114	103	96	90	85	82	80	78	76	75	74	58	44	33	25	18	13					
S39042	NB/T 47010	≤300	147	147	147	147	144	131	122																1
			147	137	127	117	107	97	90																
S21953	NB/T 47010	≤150	219	210	200	193	187	180																	
S22253	NB/T 47010	≤150	230	230	230	230	223	217																	
S22053	NB/T 47010	≤150	230	230	230	230	223	217																	

注：该行许用应力仅适用于允许产生微量永久变形之元件，对于法兰或其他微量永久变形就会引起泄漏或故障的场合不能采用。

附表 D-7 碳钢和低合金钢螺柱许用应力

钢号	钢棒标准	使用状态	螺柱规格 mm	室温强度指标 R_m MPa	室温强度指标 R_{eL} MPa	在下列温度（℃）下的许用应力/MPa ≤20	100	150	200	250	300	350	400	425	450	475	500	525	550	575	600
20	GB/T 699	正火	≤M22	410	245	91	81	78	73	65	60	54									
20	GB/T 699	正火	M24~M27	400	235	94	84	80	74	67	61	56									
35	GB/T 699	正火	≤M22	530	315	117	105	98	91	82	74	69									
35	GB/T 699	正火	M24~M27	510	295	118	106	100	92	84	76	70									
40MnB	GB/T 3077	调质	≤M22	805	685	196	176	171	165	162	154	143	126								
40MnB	GB/T 3077	调质	M24~M36	765	635	212	189	183	180	176	167	154	137								
40MnVB	GB/T 3077	调质	≤M22	835	735	210	190	185	179	176	168	157	140								
40MnVB	GB/T 3077	调质	M24~M36	805	685	228	206	199	196	193	183	170	154								
40Cr	GB/T 3077	调质	≤M22	805	685	196	176	171	165	162	157	148	134								
40Cr	GB/T 3077	调质	M24~M36	765	635	212	189	183	180	176	170	160	147								
30CrMoA	GB/T 3077	调质	≤M22	700	550	157	141	137	134	131	129	124	116	111	107	103	79				
30CrMoA	GB/T 3077	调质	M24~M48	660	500	167	150	145	142	140	137	132	123	118	113	108	79				
30CrMoA	GB/T 3077	调质	M52~M56	660	500	185	167	161	157	156	152	146	137	131	126	111	79				
35CrMoA	GB/T 3077	调质	≤M22	835	735	210	190	185	179	176	174	165	154	147	140	111	79				
35CrMoA	GB/T 3077	调质	M24~M48	805	685	228	206	199	196	193	189	180	170	162	150	111	79				
35CrMoA	GB/T 3077	调质	M52~M80	805	685	254	229	221	218	214	210	200	189	180	150	111	79				
35CrMoA	GB/T 3077	调质	M85~M105	735	590	219	196	189	185	181	178	171	160	153	145	111	79				
35CrMoVA	GB/T 3077	调质	M52~M105	835	735	272	247	240	232	229	225	218	207	201							
35CrMoVA	GB/T 3077	调质	M110~M140	785	665	246	221	214	210	207	203	196	189	183							

续表

钢号	钢棒标准	使用状态	螺柱规格 mm	室温强度指标 R_m MPa	室温强度指标 R_{eL} MPa	在下列温度（℃）下的许用应力/MPa ≤20	100	150	200	250	300	350	400	425	450	475	500	525	550	575	600
25Cr2MoVA	GB/T 3077	调质	≤M22	835	735	210	190	185	179	176	174	168	160	156	151	141	131	72	39		
			M24~M48	835	735	245	222	216	209	206	203	196	186	181	176	168	131	72	39		
			M52~M105	805	685	254	229	221	218	214	210	203	196	191	185	176	131	72	39		
			M110~M140	735	590	219	196	189	185	181	178	174	167	164	160	153	131	72	39		
40CrNiMoA	GB/T 3077	调质	M52~M140	930	825	306	291	281	274	267	257	244									
S45110 (1Cr5Mo)	GB/T 1221	调质	≤M22	590	390	111	101	97	94	92	91	90	87	84	81	77	62	46	35	26	18
			M24~M48	590	390	130	118	113	109	108	106	105	101	98	95	83	62	46	35	26	18

注：括号中为旧钢号。

附表 D-8 高合金钢螺柱许用应力

钢号	钢棒标准	使用状态	螺柱规格 mm	室温强度指标 R_m MPa	室温强度指标 $R_{p0.2}$ MPa	\(\leq 20\)	100	150	200	250	300	350	400	450	500	550	600	650	700	750	800
						在下列温度（℃）下的许用应力/MPa															
S42020 (2Cr13)	GB/T 1220	调质	≤M22	640	440	126	117	111	106	103	100	97	91								
			M24~M27	640	440	147	137	130	123	120	117	113	107								
S30408	GB/T 1220	固溶	≤M22	520	205	128	107	97	90	84	79	77	74	71	69	66	58	42	27		
			M24~M48	520	205	137	114	103	96	90	85	82	79	76	74	71	62	42	27		
S31008	GB/T 1220	固溶	≤M22	520	205	128	113	104	98	93	90	87	84	83	80	78	61	31	19	12	8
			M24~M48	520	205	137	121	111	105	99	96	93	90	88	85	83	61	31	19	12	8
S31608	GB/T 1220	固溶	≤M22	520	205	128	109	101	93	87	82	79	77	76	75	73	68	50	30		
			M24~M48	520	205	137	117	107	99	93	87	84	82	81	79	78	73	50	30		
S32168	GB/T 1220	固溶	≤M22	520	205	128	107	97	90	84	79	77	75	73	71	69	44	25	13		
			M24~M48	520	205	137	114	103	96	90	85	82	80	78	76	74	44	25	13		

注：括号中为旧钢号。

表 3 – 9　钢材弹性模量

在下列温度（℃）下的弹性模量 $E/10^3$ MPa

钢类	-196	-100	-40	20	100	150	200	250	300	350	400	450	500	550	600	650	700
碳素钢、碳锰钢			205	201	197	194	191	188	183	178	170	160	149				
锰钼钢、镍钢	214		205	200	196	193	190	187	183	178	170	160	149				
铬（0.5%~2%）钼（0.2%~0.5%）钢			208	204	200	197	193	190	186	183	179	174	169	164			
铬（2.25%~3%）钼（1.0%）钢			215	210	206	202	199	196	192	188	184	180	175	169	162		
铬（5%~9%）钼（0.5%~1.0%）钢			218	213	208	205	201	198	195	191	187	183	179	174	168	161	
铬钢（12%~17%）			206	201	195	192	189	186	182	178	173	166	157	145	131		
奥氏体钢（Cr18Ni8~Cr25Ni20）	209	203	199	195	189	186	183	179	176	172	169	165	160	156	151	146	140
奥氏体 – 铁素体钢（Cr18Ni5~Cr25Ni7）				200	194	190	186	183	180								

表 3 – 10　钢材平均线膨胀系数

在下列温度（℃）与20℃之间的平均线膨胀系数 $\alpha/(10^{-6}\,\mathrm{mm/mm}\cdot\text{℃})$

钢类	-196	-100	-50	0	50	100	150	200	250	300	350	400	450	500	550	600	650	700
碳素钢、碳锰钢、低铬钢	9.89	10.39		10.76	11.12	11.53	11.88	12.25	12.56	12.90	13.24	13.58	13.93	14.22	14.42	14.62		
中铬钼钢（Cr5Mo~Cr9Mo）			9.77	10.16	10.52	10.91	11.15	11.39	11.66	11.90	12.15	12.38	12.63	12.86	13.05	13.18		
高铬钢（Cr12~Cr17）			8.95	9.29	9.59	9.94	10.20	10.45	10.67	10.96	11.19	11.41	11.61	11.81	11.97	12.11		
奥氏体钢（Cr18Ni8~Cr19Ni14）	14.67	15.45	15.97	16.28	16.54	16.84	17.06	17.25	17.42	17.61	17.79	17.99	18.19	18.34	18.58	17.71	18.87	18.97
奥氏体钢（Cr25Ni20）						15.84	15.98	16.05	16.06	16.07	16.11	16.13	16.17	16.33	16.56	16.66	16.91	17.14
奥氏体 – 铁素体钢（Cr18Ni5~Cr25Ni7）						13.10	13.40	13.70	13.90	14.10								

参考文献

[1] TCED 41002—2012 化工设备图样技术要求

[2] HG/T 20668—2000 化工设备设计文件编制规定

[3] GB/T 150—2011 压力容器

[4] TSG 21—2016 固定式压力容器安全技术监察规程

[5] 匡国柱，史启才. 化工单元过程及设备课程设计（第二版）. 北京：化学工业出版社. 2008

[6] 蔡纪宁，张莉彦. 化工设备机械基础课程设计指导书. 北京：化学工业出版社. 2011

[7] 方书起. 化工设备课程设计指导. 北京：化学工业出版社. 2010

[8] 陈庆，邵泽波. 过程设备工程设计概论（第二版）. 北京：化学工业出版社. 2016

[9] 陆冬梅. 化工设备机械基础课程设计. 北京：科学出版社. 2014

[10] 陆怡. 化工设备识图与制图. 北京：中国石化出版社. 2011

[11] 周瑞芬，曹喜承. 化工制图. 北京：中国石化出版社. 2012

[12] 林大钧，于传浩，杨静. 化工制图（第二版）. 北京：高等教育出版社. 2014

[13] 陆英. 化工制图（第二版）. 北京：高等教育出版社. 2013

[14] 袁文，刘岩. 化工制图. 哈尔滨：哈尔滨工程大学出版社. 2010

[15] 林玉娟，王庆慧，丁宇齐，周俊鹏. 石油化工典型设备设计指导. 北京：中国石化出版社. 2016

[16] 王非. 化工压力容器设计选材. 北京：化学工业出版社. 2013

[17] 王非. 化工设备用钢. 北京：化学工业出版社. 2004

[18] 陈建俊. 石化设备用钢. 北京：化学工业出版社. 2008

[19] 程真喜. 压力容器材料及选用. 北京：化学工业出版社. 2016

[20] 孙文立，赵俊芳. 石油化工厂实用材料手册. 北京：化学工业出版社. 2004

[21] 潘家祯. 压力容器材料使用手册. 北京：化学工业出版社. 2000

[22] 中国石化集团洛阳石油化工工程公司. 石油化工设备设计便查手册（第二版）. 北京：中国石化出版社. 2007

[23] SH/T 3096—2012 高硫原油加工装置设备和管道设计选材导则

[24] SH/T 3129—2012 高酸原油加工装置设备和管道设计选材导则

[25] 《化工设备设计全书》编辑委员会，丁伯民，黄正林等编. 化工容器. 北京：化学工

业出版社，2006

[26] HG/T 20592～20635—2009 钢制管法兰、垫片和紧固件

[27] NB/T 47020～47027—2012 压力容器法兰、垫片和紧固件

[28] JB/T 4712—2007 容器支座

[29] HG/T 21514～21531—2014 钢制人孔与手孔

[30] JB/T 4734—2002 补强圈

[31] GB/T 25198—2010 压力容器封头

[32] GB/T 151—2014 热交换器

[33] 兰州石油机械研究所主编. 换热器（第二版）. 北京：中国石化出版社，2012

[34] NB/T 47041—2014 塔式容器

[35] NB/T 47041—2014 塔式容器标准释义与算例

[36] 郑津洋，桑芝富. 过程设备设计（第四版）. 北京：化学工业出版社，2015

[37] NB/T 47042—2014 卧式容器

[38] NB/T 47042—2014 卧式容器释义和算例

[39] GB/T 17261—2011 钢制球形储罐型式与基本参数

[40] GB/T 50094—2010 球形储罐施工规范

[41] GB/T 12337—2014 钢制球形储罐

[42] GB/T 12337—2014 钢制球形储罐标准释义及算例